大型地质体控制型矿井群冲击地压发生机理与防控技术

潘鹏志　赵善坤　李一哲　吴振华　著

科 学 出 版 社

北 京

内 容 简 介

本书以乌东煤矿、义马矿区和龙堌煤矿等冲击地压防控为背景，分析近直立岩柱、巨厚砾岩和地堑构造等大型地质体控制下矿井群冲击地压显现特征，构建矿井群冲击地压发生机理研究平台，研究矿井群相邻工作面开采条件下覆岩结构效应，揭示大型地质体控制下相邻工作面采掘扰动特征，提出不同地质体控制下矿井群协调开采和断链增耗冲击地压防控方法。

本书适合岩土工程、矿业工程领域高校教师、学生，科研院所研究人员，以及企业设计人员阅读参考。

图书在版编目（CIP）数据

大型地质体控制型矿井群冲击地压发生机理与防控技术/潘鹏志等著.—北京：科学出版社，2023.5

ISBN 978-7-03-068406-6

Ⅰ.①大… Ⅱ.①潘… Ⅲ.①矿山压力-冲击地压-研究 Ⅳ.①TD324

中国版本图书馆 CIP 数据核字（2021）第 049013 号

责任编辑：孙寓明/责任校对：高 嵘
责任印制：彭 超/封面设计：苏 波

科学出版社 出版
北京东黄城根北街 16 号
邮政编码：100717
http://www.sciencep.com
武汉市首壹印务有限公司印刷
科学出版社发行 各地新华书店经销
*
开本：787×1092 1/16
2023 年 5 月第 一 版 印张：13 1/4
2023 年 5 月第一次印刷 字数：315 000

定价：139.00 元

（如有印装质量问题，我社负责调换）

前言

随着浅部资源的枯竭，我国煤矿陆续进入深部开采阶段。随着开采深度的增加，深部矿井地质赋存环境和力学行为越来越复杂，同时大型地质体（近直立岩柱、巨厚砾岩和大型地堑构造等）控制下矿井群（相邻矿井之间的采区、同一矿井中的不同采区、煤层群、巷道群等）开采相互扰动强烈、覆岩结构联动失稳效应明显，冲击地压动力灾害的防控变得日益迫切。

本书以国家自然科学基金“工程岩体破裂机理与分析方法”（52125903）、国家重点研发计划课题“大型地质体控制型矿井群冲击地压协同防控方法与技术”（2017YFC0804203）和中国科学院前沿科学重点项目“深部工程围岩损伤时效演化机制与模拟研究”（QYZDB-SSW-DQC029）等为依托，以新疆乌东煤矿、河南义马矿区和山东龙堌煤矿为背景，开展大型地质体控制下矿井群冲击地压发生机理、防控方法与技术的初步研究。其中，乌东煤矿南采区存在近直立岩柱，煤层冲击地压显现的临界采深只有 300 m，小于大多数冲击地压发生的临界采深；义马矿区是冲击地压高发矿区，向斜构造应力、断层构造应力、上覆巨厚砾岩形成的复杂高应力场，使巷道、工作面在采掘活动中频繁发生冲击地压动力灾害；近 10 年随着采深和构造复杂程度的增加，龙堌煤矿冲击显现强度逐渐由局部微小破裂至巷道大范围破坏，对煤炭资源安全高效开采造成严重影响。

国内外学者对不同条件下的冲击地压发生机理和防控方法开展了大量研究，取得了丰硕的成果。现有的冲击地压防控方法与技术，大多针对单一矿井，且仅考虑采场范围内地质构造对煤矿冲击地压的影响，较少考虑大型地质体存在条件下因区域开采扰动而造成的结构体时空力学响应行为。工作面或者巷道处于大型地质体影响下，且受开采和掘进扰动时，研究矿井群区域应力传递规律、结构体失稳变形破坏特征及矿井群的区域开采互扰诱发冲击地压机理等具有十分重要的理论意义和实用价值。

全书共 8 章。第 1 章，阐明研究的科学意义和价值，从冲击地压发生机理、防控方法与技术等方面综述当前国内外相关研究进展。第 2 章，阐述几种典型大型地质构造特征及其对冲击地压显现的影响。第 3 章，介绍矿井群井-地一体化监控平台和三维稳定性分析软件系统。第 4 章，采用理论解析和数值模拟分析大型地质体控制下矿井群冲击地压的结构影响效应，包括近直立岩柱的撬曲效应、上覆巨厚砾岩的联动效应和地堑构造的下沉挤压效应等。第 5 章，分析相邻工作面开采互扰微震时空特征、开采全周期采动应力互扰特征和相邻巷道掘进扰动特征。第 6 章，建立基于椭球密度函数的模糊综合评估指标和基于实时微震的均值漂移冲击危险性评估指标，提出针对大型地质体条件下矿井群协调开采和断链增耗冲击地压区域防治方法。第 7 章，开展巨厚砾岩条件下井间协调开采防冲方法模拟与实践研究。第 8 章，进行近直立岩柱条件下急倾斜特厚煤层断链增耗防冲方法实践研究。

国家科技部、国家自然科学基金委员会、中国科学院、新疆乌东煤矿、河南义马煤田、山东龙堌煤矿等对相关成果的研究提供了资助和支持。齐庆新研究员、潘一山教授、韩军教授、陈建强总工、刘昆轮高工、刘旭东高工、魏向志高工、杨岁寒高工、丁传宏高工、潘俊锋研究员等对上述研究给予了指导和支持。现场工作与施工人员提供了部分工程照片、冲击地压实例。在此对上述做出贡献的专家表示衷心的感谢。

本书的相关研究工作具有一定的探索性，由于作者水平有限，书中难免存在不完善之处，恳请读者批评指正，共同探讨。

作　者

2022 年 12 月

目录

第 1 章　绪　　论

1.1　研究背景和意义

煤炭是国家能源的主要来源之一，也是国家经济的重要支柱之一。2020 年国家统计局[1]和煤炭工业协会[2]发布的数据显示（图 1.1、图 1.2），近年来，水电、核电等清洁能源消费[1]占比逐年上升，而煤炭消费占比虽然逐年下降，但煤炭仍占我国能源消费总量的大部分。2020 年和 2021 年煤炭消费量分别占能源消费总量的 56.80%和 56.00%，煤炭需求量仍旧十分巨大[3-4]。预计到 2030 年，煤炭仍将占一次能源消费的 46%左右[5]。

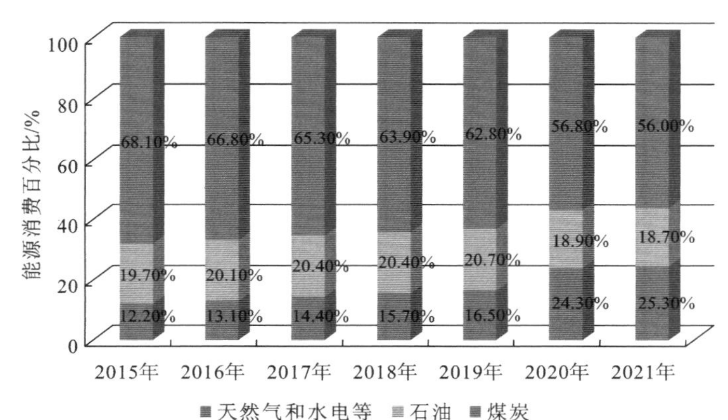

图 1.1　2015～2021 年我国能源消费结构（亿 t 标准煤）

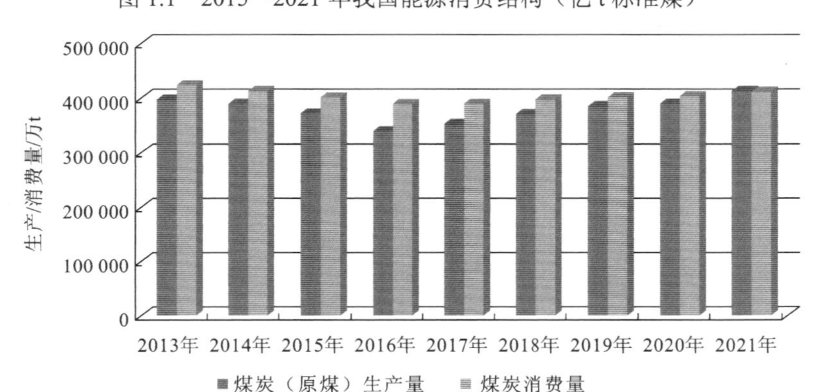

图 1.2　2013～2021 年煤炭（原煤）生产量和煤炭消费量

随着浅部煤炭资源的枯竭，煤炭开采以每年 10～25 m 的速度向深部延伸[6]。一方面，深部煤炭资源丰富，深部开采可迅速提高煤炭产量，例如，部分深采矿井年产量可达 2 500 万 t 以上；另一方面，与浅部煤炭资源相比，深部煤炭资源的赋存条件更加复杂，在高地应力、高强度开采条件下使得矿井冲击显现事故愈发频繁，加之大型地质构造的存在，导致冲击地压致灾因素更加复杂，给煤炭资源安全、高效开采和成本管控都带来了极大的技术挑战[7-8]。经国家矿山安全监察局统计，我国冲击地压矿井从 1985 年的 32 个增加到了 2019 年的 180 多个[9]。

尽管我国学者对冲击地压已经开展长达几十年的研究，但目前对冲击地压发生机制和防控技术的研究仍处于探索阶段，尤其在近直立硬厚岩柱、上覆硬厚岩层、复合断层等大型地质体控制下的冲击地压发生机制及防控技术等方面的研究仍面临巨大挑战。同时，冲击地压的显现不仅与大型地质体结构密切相关，矿井与矿井之间、矿井多煤层之间或矿井不同采区之间等矿井群条件下的开采活动（包括掘进和回采）将受到相互扰动的影响。在大型地质体控制下，开采导致的矿井群井间或者工作面间的应力扰动范围更大，扰动程度更加剧烈，诱发相邻矿井工作面煤岩动力灾害的危险性更高[10]。例如，国家能源集团神华新疆有限公司乌东煤矿南采区发生“2·27”较大冲击地压事故[11]，该煤矿属于典型的近直立特厚煤层，两相邻煤层间存在硬厚岩柱，B_{3+6} 煤层发生冲击地压时煤层开采深度仅为 300 m，冲击显现范围却达 150 m。河南大有能源股份有限公司义马矿区大部分区域煤层顶板赋存巨厚砾岩，该矿区分布有杨村、耿村、千秋、跃进和常村 5 对生产矿井，经过数十年开采，最大采深已达 1 060 m。其中，千秋、跃进两矿砾岩厚度最大，厚达数百米，最厚达 700 余米（含砂、砾岩互层，最厚近 900 m）。在对义马矿区累计发生导致巷道变形损坏的 107 次冲击事件统计中[12]，600 m 以浅发生 18 次，约占 17%；600～700 m 发生 46 次，约占 43%；超过 700 m 深的发生 43 次，约占 40%。冲击地压灾害严重的跃进矿井累计发生 37 次，其中，700 m 以浅发生 1 次，约占 3%；700～900 m 发生 6 次，约占 16%；超过 900 m 深的发生 30 次，约占 81%。据相关统计发现，冲击事件大多集中发生在顶板坚硬砾岩层厚度比较大的区域。山东新巨龙能源有限责任公司龙堌煤矿“2·22”较大冲击地压事故[13]。事故区域埋深 985～1 010 m，冲击显现发生在 2305S 上平巷，此时相邻的 2304S 工作面已回采完毕，事故发生时 2305S 工作面正在过 FD8 断层，FD8 断层与工作面形成三角区，FD8 与 FD6 断层形成楔形地堑结构，且煤层上方 60 m 范围内存在厚度为 18～40 m 的砂岩复合坚硬顶板，冲击影响因素复杂，冲击机理不明，常规的煤层注水和大直径钻孔卸压等防治措施难以满足防治需求。

对于此类大型地质体控制下矿井群的冲击地压发生机理和防控问题，需要在已有的研究成果和工程实践认知的基础上，针对不同大型地质构造条件来揭示冲击地压发生机制，进而提出针对性的防控方法，为解决大型地质构造条件下矿井群开采过程中冲击地压问题提供理论指导和技术支撑。

本书以新疆乌东煤矿、河南义马矿区和山东龙堌煤矿等大型地质体控制下的冲击地压灾害矿井为研究对象，综合现场监测、理论分析和数值模拟等研究手段，揭示大型地质体控制下矿井群冲击地压发生的机制，提出针对性的冲击地压控制方法，为大型地质体控制下矿井群冲击地压防治提供理论借鉴和技术探索，具有较高的现实意义。

1.2 国内外研究进展

为深入理解和认识大型地质体控制下矿井群冲击地压，实现冲击地压的“防”和“治”，需要对国内外在该方面的研究进展开展深度的调查，透过煤矿冲击地压灾害的现象，探寻其发生的本质，进而掌握其发生规律，为灾害防控提供支撑。

1.2.1 冲击地压的界定

李玉生教授在研究考证中指出，我国“冲击地压”一词最早出现在1959年由煤炭工业出版社出版的俄文专著中译本[14-15]。其实，“冲击地压”一词的称谓有很多，如“冲击矿压”“矿山冲击”“岩爆”“煤爆”“rock burst”“coal bump”“rock bump”“pressure bump”“strain burst”“coal burst”等。目前，对煤矿开采，中文书面语较为常用的还是“冲击地压”，英文书面语中“rock burst”“coal bump”“rock bump”都较为常见。

一般意义上，冲击地压、岩爆和矿震等动力破坏，较为简单的划分是：煤矿行业开采产生的动力破坏称为冲击地压或矿震；而水电、隧道、金属矿、露天矿等开挖产生的动力破坏称为岩爆。为了更加明确地对三者进行区分，全国科学技术名词审定委员会审定公布了三者的明确定义[16]：将地下工程开挖过程中由于应力释放等出现围岩表面自行松弛破坏并喷射的现象称为“岩爆”；一般将采矿过程中能产生动力灾害，且对巷道和工作面具有极强破坏性，以至于必须采取相应手段和措施进行治理，否则会影响安全生产的现象称为“冲击地压”；而将那些虽然有动力显现，但并无重大破坏且不影响矿井生产，不需要采取相应的措施和手段进行治理的现象称为矿震，尽管一些矿震并不会直接造成动力灾害，但岩体内积聚的高能量释放后极容易诱发冲击地压，不容小觑。反之，部分冲击地压也会引发矿震[17]。在对冲击地压研究的过程中，不同学者对三者之间的关系进行过探讨[16-20]。事实上，尽管冲击地压和岩爆之间有一定的相似性，或者两者在一定条件下可以互为因果，但是无论是在现象、构成介质的岩性上，还是发生机制和防控方法上都具有实质性的差别。

1.2.2 冲击地压发生机理

1. 冲击地压经典理论

冲击地压是煤矿开采过程中不可避免的威胁，国内外专家学者对冲击地压机理的研究已有近百年历史，国外冲击地压发生案例的最早记载是1738年发生在英国南史塔福煤田的冲击地压事故，此后苏联、美国、南非等几十个国家或地区都发生过冲击地压灾害事故[21]。冲击地压事故在我国最早发生在20世纪30年代的辽宁抚顺矿区胜利煤矿，仅在1933～1996年，全国冲击地压矿井冲击地压累计发生超4 000次[22]，平均每年发生60余次。国外冲击地压发生机理的研究工作开始于19世纪末至20世纪初[21, 23]，由南非、波兰、捷克斯洛伐克、德国、苏联等早期进入深部开采的国家最先开展，关于采矿和地震关系的第一篇文字记载来自1872年捷克斯洛伐克的Kladno煤矿[24]。我国于20世纪60年代着手开展冲击地压机理研究[25]，到20世纪80年代对冲击地压已形成比较系统的研究[26-28]。随着灾害治理难度日益凸显，研究工作也逐渐深入。自20世纪90年代至今，我国煤炭工业进入了高速发展的时期，社会经济快速及可持续发展极大增加了煤炭需求量，为保障煤矿的安全生产，国内外煤炭科技工作者针对不同开采条件、不同开采方法条件下的冲击地压发生机理进行探索，提出了许多经典的冲击地压理论，对煤矿冲击地压机理的研究逐渐从表面现象的观察和描述上升至对煤岩物理行为的揭示，从定性认识发展到本构关系的论证[29]，以及借助数学和力学的手段进行量化研究。

冲击地压机理研究过程中形成了几大经典理论，后续几乎所有的冲击地压机理研究工作都是在这基础上进行补充和完善的。冲击地压经典理论按照提出的时间顺序分别为强度理论[30]、刚度理论[31]、能量理论[32]、冲击倾向性理论[31, 33]、变形失稳理论[34]等。冲击地压研究中煤岩体强度问题是最先被关注到的点。从力学角度，材料发生破坏是由于材料所受荷载达到自身极限强度。类比到煤岩体，当煤岩体承受的荷载达到自身强度极限便会发生冲击地压，这就形成了经典的冲击地压强度理论[14, 35]。强度理论中最为著名的是德国学者布霍依诺提出的夹持煤岩体理论[28]，受观测手段和力学水平的限制，该理论主要着眼于煤岩体应力，认为当巷道或采场的围岩应力达到煤岩体极限强度时，冲击地压便会发生。随着对冲击地压现象理解的深入，夹持煤岩体理论的缺陷也逐渐凸显。实际上，煤层开采过程中煤岩体局部小范围破裂现象很常见，煤岩体破裂说明局部范围内部的煤岩体已达到自身极限强度，但其不会发生冲击地压[36]，说明强度理论中煤岩体极限强度应力是冲击地压发生的必要条件，而不是充分条件。20 世纪 60 年代中期，南非学者 Cook 认为冲击地压释放的能量和矿山开采过程中围岩势能之间必然存在某种联系[35]，在对南非金矿冲击地压研究过程中总结了南非金矿 15 年的冲击地压发生规律，结合现场破坏及诱发的岩石整体抛出动力现象，将研究对象从煤岩体扩大到“矿体-围岩”系统，从而提出著名的能量理论[14, 23, 32, 35]，即在“矿体-围岩”系统中，当煤岩体力学平衡状态被破坏所释放的能量大于其消耗的能量时就会发生冲击地压。当然，该理论存在一定的缺陷，对围岩达到能量释放及煤岩体达到平衡状态和破坏时的条件不够明确和完善。

在刚度试验机问世后，苏联学者佩图霍夫[26]最先发现柔性试验机测试的岩石试样破坏更加剧烈。此后南非学者 Cook[32]和 Deist[37]也发现不同刚度试验机试验时试样破坏剧烈程度不同，从而提出刚性压力机理论。在此基础上，Cook 等[38]把矿柱与围岩的关系比拟成刚度试验机与试件的关系，把矿柱式开采过程中发生冲击地压的原因解释为矿柱刚度大于围岩刚度，这成为刚度理论的雏形。20 世纪 70 年代，美国学者布莱克对刚性压力机理论进行完善并将其普遍化[21-22]。1984 年苏联学者佩图霍夫补充了刚度条件，明确了矿山结构刚度量化方法，进而形成较为完善的刚度理论[26]。刚度理论的核心思想与能量理论如出一辙，都只给出冲击地压发生的必要条件，而并未给出充分条件，包括此后以能量理论为核心思想的冲击倾向理论及其组合理论都未对能量释放的方式进行解释[30, 39-40]。

冲击倾向性理论最早由苏联和波兰学者提出，Bieniawski 等[41-42]认为煤岩体力学性质与煤矿冲击地压的发生有密切关系，建立了煤层冲击倾向性与冲击地压之间的初步联系。尽管我国对冲击倾向性的研究起步较晚，但对冲击倾向性理论的完善做了大量工作，并制定了煤岩冲击倾向性鉴定国家标准。冲击倾向性理论的局限性在于没有考虑地质构造环境的影响，仅从煤岩体自身的冲击危险性来判断冲击地压是否会发生是片面的，矿井赋存应力环境条件对冲击地压的发生同样至关重要。

在刚度理论形成发展的同时，1979 年，Salamon 和 Wagner[43]首次指出煤岩体加载过程中会出现应变软化，并基于德鲁克（Drucker）准则提出了冲击地压煤岩失稳准则。此后，煤岩体失稳也成为冲击地压机理研究的另一突破口。1983 年，Zubelewicz 和 Mróz[44]采用数值计算的方法对冲击地压进行了研究，认为冲击地压是一种动力条件下的非稳定问题。1985 年，由辽宁抚顺矿务局和阜新矿业学院组成冲击地压研究组[45]，探讨了冲击地压发生机理，同样认为煤岩体达到极限强度后具有应变软化的性质，从而使煤岩体发生局部变形导致裂隙扩展失稳，进而引发冲击地压。最终，国内外学者以煤岩体机理为出发点，将冲击地压的发生归因为煤岩体的力学失稳，提出了冲击地压变形失稳理论。该理论认为煤岩体变形系统平衡状态的稳定性是冲击地压是否发生的先决条件，当煤岩体系统处于非稳定状态时，很可能发生冲击地压。冲击地压变形失稳理论在能量理论的基础上增加了对煤岩体应变软化的考虑，即煤岩体系统满足具有应变软化的性质条件时，才会发生冲击地压，这个条件是冲击地压发生的必要条件，但缺乏充分条件。

基于以上各个理论的局限性，在之后的冲击地压机理研究过程中，国内外学者充分结合岩石力学方法和理论，不断尝试对冲击地压发生的充分条件和必要条件进行补充，并采用优势互补的方法将上述理论进行组合，或者在前者的基础上进行完善和补充而形成新的理论。李玉生[30]将强度理论、能量理论和冲击倾向性理论的优缺点进行对比，提出“三准则理论”，认为冲击地压的发生必须同时满足三个准则：煤岩体破坏满足强度准则，而在此基础上的突然破坏，需要满足能量准则和冲击倾向性准则。张万斌等[46]、王淑坤和张万斌[47-48]在此基础上对冲击倾向性指标进行补充和完善，从而形成了我国冲击倾向性指标的雏形。

近年来，新兴交叉学科发展，为冲击地压机理的研究提供了新的思路和方向，新的理论不断涌现。损伤力学[49-50]和断裂力学[51-52]的出现实现了使冲击地压研究从宏观到微观的转变。而分形理论[53-54]、流变理论[55]、突变理论[56]的出现极大地推动了冲击地压机理研究工作进程，通过煤岩体分形、混沌和突变等特征对冲击地压开展有益探索极大丰富了冲击地压机理发展。齐庆新等[57-58]通过试验发现在影响冲击地压的所有因素中，只有三个因素是导致冲击地压发生的关键因素，即“内在因素”“力源因素”和“结构因素”，由此提出了“三因素理论”。谢和平和 Pariseau[59-60]将分形理论引入岩石力学中，借助损伤力学和分形概念从理论上分析了冲击地压的分形和物理机理。宋振骐和蒋金泉[61]对煤层开采过程中的岩层控制问题进行了研究，提出了以覆岩运动为中心的冲击地压机理体系。潘一山和章梦涛[62]用突变理论的尖角型突变模型研究了冲击地压发生的物理过程，得到判断冲击地压发生的必要条件和充分条件，建立煤岩体失稳突变模型。费鸿禄等[63]和徐曾和等[64]用突变理论建立的势函数分析了突变模型，并用尖点突变模型对坚硬顶板下煤柱岩爆非稳定机制进行了讨论，给出了冲击地压发生准则。姜福兴等[65]建立了复合型厚煤层“震-冲”型动力灾害的力学模型，探究冲击地压发生机理。潘立友等[66-67]通过理论分析建立了深部矿井冲击地压发生力学模型，并提出冲击地压扩容理论，从而构建了冲击地压扩容模型。潘俊锋等[18, 68-69]对冲击地压发生过程的冲击启动能量判据进行分析，通过引入不确定系统分析法提出了煤矿开采冲击地压启动理论。潘一山[70]对煤矿冲击地压扰动响应失稳理论展开了研究，分析了冲击地压扰动响应的失稳机理及条件，提出了冲击地压扰动响应失稳理论，并给出了巷道冲击地压的解析解。窦林名和何学秋[49, 71]根据煤岩体混凝土等材料的变形破坏特征，建立了冲击地压冲击危险性判据，提出了煤岩体混凝土冲击破坏的弹塑脆性模型。冯增朝和赵阳升[72]通过细观非均质岩石数值试验分析了冲击倾向性指标与非均质参数的关系。尹光志等[73-74]构建了基于混沌优化神经网络的组合式冲击地压优化预测模型。张晓春等[75]给出了裂纹扩展、贯通的应力判据及形成的层裂板结构压曲失稳的条件，提出了冲击地压的层裂板模型。马念杰等[76]基于均质圆形巷道的动态破坏的力学机制，阐明了冲击地压的发生条件，提出了“蝶型冲击三准则”。王恩元等[77]基于弹塑性力学和损伤力学原理体能势函数，从能量角度建立了体元-区域-系统冲击地压模型。

2. 大型地质体控制下冲击地压发生机理

近年来，大型地质体控制下的煤矿冲击地压问题逐渐显现，大型地质构造的存在导致煤层冲击地压发生条件和机制更为复杂[78]。以坚硬顶板为例，以往的研究结果表明，中国约三分之一的煤矿煤层上方存在坚硬顶板，这些坚硬顶板分布在50%以上的矿区[79]，顶板厚度大、硬度高、极限跨度大是造成顶板垮塌、突出等冲击地压灾害的主要原因[80-81]。硬厚岩层多为砂岩、砾岩、火成岩等，完整性好，强度高，自稳定性强[80, 82]。这些问题不仅存在于我国煤矿，而且也存在于俄罗斯、印度和西欧等国家的煤矿[83-84]。我国煤矿典型的大型地质体构造主要类型有巨厚砾岩、巨厚砂岩等巨厚岩层，以及大型褶曲、地堑和断层等。国内外的许多专家学者对大型地质体条件下的煤层冲击地压影响因素和发生机理等开展了一系列研究。

针对巨厚砾岩诱发冲击地压等一系列问题，姜福兴等[85]通过理论研究和现场勘查的方法建立了静态支承压力估算模型。尹光志等[73]利用统计学原理分析了引起义马矿区冲击地压的地质原因，研究了主要地质因素作用规律，认为义马矿区的地质因素对冲击地压的发生占据主导作用。王宏伟等[86]认为冲击地压的发生是强冲击倾向性、高地应力环境的内因条件和逆冲断层及巨厚砾岩的赋存等外因条件共同作用产生的。李宝富等[87-88]采用相似模拟试验等方法对义马矿区覆岩运移规律进行了研究，研究表明与高位砾岩相比下位砾岩对冲击地压的发生影响较大。姚顺利等[89-90]通过理论分析对连续开采过程中“O-S-O”型覆岩空间结构的演化规律进行研究，揭示了煤层重复开采过程中坚硬岩层运动诱冲机理，并指出巨厚砾岩层失稳前后会引发采场应力区域性突降，对此提出了矿震诱发型冲击地压的预警机制预案。Ma 等[91]采用离散元法对全厚煤层开采活动下砾岩层厚度的影响规律进行研究，指出了不同煤层开采时砾岩层厚度、破坏和失稳状态的存在规律，研究表明铰接块体采场应力中厚砾岩层的失稳、分离和平衡是导致工作面冲击地压异常发生的主要因素。缪协兴等[92]和 Zuo 等[93]指出硬厚岩层和薄岩层在破裂、破断垮落规律上有明显区别，随着岩层厚度的增加，侧向剪应力对垮落的影响逐渐增大。美国矿务局的 Campoli 等[94]收集了冲击地压矿井的地质条件、采矿技术和工程参数信息，分析了美国东部煤矿开采对冲击地压的影响，研究表明冲击地压的发生需要满足两个条件：极其坚硬的煤层直接顶底板岩层和上覆硬厚岩层。Haramy 和 McDonnell[95]认为当煤层处于深部开采和高应力条件下，并且受坚硬顶底板岩层的夹持作用时，更容易发生冲击地压。

针对近直立岩柱特厚煤层和大型褶曲构造诱发冲击地压等一系列问题，谭云亮[96]对井田褶曲构造应力场和冲击地压的分布特点进行了分析，并对巷道布置及开采程序等进行优化。王胜本和张晓[97]采用数值模拟等方法对褶曲构造附近岩层活动进行了分析，并得到了向斜和背斜核内的应力分布规律。顾士坦等[98]基于 Winkler 弹性地基理论构造力学模型，结合数值模拟方法对背斜构造诱发冲击地压灾变机理进行了研究，结果表明褶皱向斜的核心部位比其他部位有更强烈的构造作用，更容易导致局部地应力集中，从而诱发极强冲击地压。伍永平等[99-101]认为大倾角煤层开采过程中采场围岩应力有明显的非对称特征，且顶板垮落形成的砌体结构的非均衡运动是导致系统失稳的主要原因。来兴平等[102-103]和王宁波等[104]提出褶曲构造控制下的急倾斜煤层巷道围岩破碎有明显分区特性，且两帮和顶板呈明显的非对称动态破裂演化特征。蓝航[105-106]基于区域构造应力特征和地应力实测结果建立了力学模型，提出了采空区岩柱“撬杆效应”诱发冲击地压的致灾机理，并提出了相应的防控方法。张宏伟等[107-108]采用地质动力区划方法建立了近直立特厚煤层冲击地压危险性评价方法，基于该方法对褶曲构造控制下的冲击地压主要影响因素及其相互作用关系进行了分析，计算冲击地压发生的临界能量密度。杜涛涛等[109-110]采用 PASAT-M 便携式微震监测系统和微震等监测手段对煤层开采过程中冲击地压致灾因素进行识别，对乌东煤矿高阶段区域冲击地压致灾因素和致灾关键层之间的关系进行了分析，并采用数值模拟方法对乌东煤矿上采下掘的安全距离进行了确定。李安宁等[111-112]提出了近直立煤层冲击地压的顶底板夹持诱冲机理，认为煤层顶底板的夹持作用是近直立特厚煤层冲击地压发生的力源，并提出了相应的防控方法。曹民远等[113]对乌东煤矿微震事件分布及冲击地压事故进行了统计分析，并指出上覆煤柱的存在是导致冲击地压显现的主要致灾因素。曹安业等[114]采用数值模拟和现场实测的方法分析了褶皱构造区工作面回采期间的顶底板应力演化特征，探讨了褶皱构造区冲击地压发生机理，研究认为褶皱构造区的垂直应力和水平应力表现出明显的分区特性。陆菜平等[115]采用数值模拟方法对褶皱构造区工作面开采过程中的应力演化规律进行了研究，研究表明在褶皱构造回采过程中水平应力起主要控制作用，在工作面接近背斜轴部的过程中，顶板岩层稳定性逐渐降低。欧阳振华等[116]认为乌东煤矿特殊的煤层开采方式与煤层冲击地压发生有联系，对煤层采取自保护卸压措施改变煤岩体应力环境可以有效防控冲击地压的发生。何学秋等[117]建立了近直立特厚煤层多参量预警指标体系，实现了近直立煤层的多维度和多系统预警指标的综合预警，提高了预警准确度。周澎[118]用综合指数法确定了华亭煤矿褶皱构造工作面煤岩冲击倾向性特性，并从开采技术方面入手对工作回采进行防冲设计。王存文等[119]将褶皱构造各个部位的受力状态分为 5 个区，认为褶皱构造应力和采动应力的叠加是导致冲击地压发生的主要原因。张俊文等[120]对全采高低位顶板的运移规律进行了研究，建立了煤层采空区侧向支承压力计算模型，并提出了煤层开采低位厚岩层垮落致灾机理。Guo 等[121]对京西煤田中的一个典型矿区冲击地压现象进行了分析，该矿区冲击地压发生次数约为京西煤田发生冲击地压总数的三分之一，研究表明爆破扰动对冲击地压的强度和规模有十分重要的影响，京西煤田冲击地压发生机理总结有三种情况：高地应力冲击、高采动应力冲击和两者的共同作用。Wang 等[122]认为褶皱构造控制下的近直立特厚煤层冲击地压是悬顶破断的动应力和构造条件下高静应力共同作用的结果，当两者之和超过冲击地压发生的临界应力时，冲击地压便会发生。

针对地堑构造和断层构造诱发冲击地压等一系列问题，Brace 和 Byerlee[123]通过室内剪切试验最先提出地震的断层黏滑假说，断层面的正应力是决定断层失稳滑动或稳定滑动的关键。潘一山等[124]利用黏滑失稳模型解释了断裂冲击地压的间歇性，并建立了扰动响应稳定性判别准则。齐庆新等[58]开展了煤岩体滑动试验研究，认为冲击地压是煤岩体结构摩擦滑动破坏的一种形式，表现为瞬时的黏滑失稳过程。潘岳等[125-126]建立了矿井围岩–断层系统的准静态形变平衡方程，将剪切破裂形式的断层失稳过程归结为折迭突变模型，通过理论解析方式对断层失稳前后阶段系统稳定性做出相应物理描述，计算得到断层失稳前和失稳后的错距及围岩弹性释放能量。李振雷等[127]建立了断层闭锁与解锁滑移的力学模型，将断层煤柱型冲击分为断层活化型冲击、煤柱破坏型冲击和耦合失稳型冲击，并对各冲击类型作用机制分别进行了阐述。蒋金泉等[128]采用数值模拟的方法对逆断层控制下的工作面采用应力演化及覆岩运动特征进行了研究，认为与上盘工作面相比下盘工作面更容易受断层距离影响，并得到了上下盘的临界活化距离。王高昂等[129]对采空区煤柱及关键层的组合结构的覆岩运动特征、应力演化规律进行了研究，认为采空区遗留煤柱的存在是发生冲击地压的关键因素，并建立了煤柱-关键层的冲击地压发生判别准则，经数值计算和微震监测手段验证效果良好。Islam 和 Shinjo[130]采用数值模拟的方法对煤层工作面支承压力分布规律和断层活动性进行了研究，结果表明支承压力受断层影响明显。吕进国等[131-132]对义马矿区跃进煤矿部分时间段内的冲击现象进行了归纳分析，得到微震活动特性及时空演化规律，从地质构造、微震活动和应力场三个方面共同讨论了巨厚砾岩条件下的逆冲断层诱冲原因及机制。王爱文等[133]采用相似模拟试验方法对断层控制下的煤层开采覆岩运移，提出了覆岩结构失稳与断层活化的耦合致灾机理。王涛等[134-135]采用同样的方法对采场覆岩运移规律进行了研究，分析了煤层开采引起的断层活化的机理，认为断层的滑移会对工作面产生非稳态的冲击及加卸载作用，而煤层的开采会加剧断层的滑移导致煤岩体的失稳破坏范围更大。Cai 等[136]对煤矿开采布置和断层活动关系进行了总结，提出了断层活化的概念模型，在此基础上提出了动静应力叠加的诱冲机理，包括以采动准静态应力为主的断层活化和以地震动应力为主的断层活化。朱斯陶等[137]对山东某矿特厚煤层断层活化规律进行了研究，将断层活化分为 4 个阶段，并对断层活化型冲击和断层煤柱型冲击地压发生机制进行了分析。Manouchehrian[138]使用数值模型研究了深埋隧道断层附近的冲击破坏，研究表明隧道周围的软弱面可能会改变破坏岩石的加载系统刚度，并诱发冲击，因为断层的存在会导致大量岩石能够比其完整时更容易自由地移动。Manouchehrian 和 Cai[139]分别建立了有断层和无断层的隧道模型，采用静、动载荷对隧道围岩破坏进行了模拟，对巷道围岩破坏速度、释放动能、围岩破坏区域和变形网格进行了研究，并识别了稳定和不稳定围岩破坏。Sainoki 和 Mitri[140-141]利用全矿范围的数值模型和动力学分析，研究了断层表面凹凸性对断层再激活引起的地震波的影响，建立了多种可能对断层滑动产生影响的因素诱发的断层滑动动力学模型，并通过数值模拟研究了采动诱发的断层滑动的动力学行为。Jiang 等[142]和 Zhu 等[143]研究了采动扰动下的断层应力演化，发现当采动活动接近断层时，断层的正应力和剪应力显著增大，断层重新激活的可能性增大。反过来，断层重新激活产生的不稳定动载或卸载波应力将在煤层中传播，跨越采区，最终可能导致冲击地压的发生。

通过分析可以看出，相关研究多针对既定矿区的工程地质条件展开，对地质和开采条件的系统性研究不足，且以往的研究对象多局限于单一矿井的单一采场，少有涉及区域多矿井多采场采动条件下开采互扰方式的研究。

1.2.3 冲击地压防控技术

冲击地压发生机理研究的目的是准确且顺利地完成冲击地压的防治，从而实现煤矿安全生产。科学的监测预警手段、合理的冲击地压防控方法，可以使冲击地压防治工作事半功倍。目前，国内外专家从冲击地压发生条件入手对煤层开采过程中的岩层控制、应力分布和巷道支护方面开展了深入研究，且在冲击地压的防控技术方面也取得了丰富的实践经验。冲击地压防治主要包括两方面，即局部防治和区域防治。

1. 局部防治

局部冲击地压防治措施主要有顶底板爆破、大直径钻孔卸压、巷道支护、定向水力压裂、煤层卸载爆破和小煤柱留设等[144-154]。与区域防冲技术相比，局部防治技术简便、快捷，效果立竿见影。通过区域防治技术对煤层开采过程中的整体应力进行调整，在此基础上对局部高应力地区采取局部卸压，使冲击地压防控效果更佳，且随着技术手段的进步，防治方法愈发多元。局部防治方法可分为三类：改变煤岩物理力学性能、局部应力释放及转移和增加围岩支护和吸能。何满潮等[155-156]开发了恒阻大变形耦合支护体系，该支护体系与传统支护体系相比更易吸收能量，围岩变形量更少。潘一山等[70, 157]提出了防冲支护设计的 6 项原则，并研发了相关防冲设备和防冲材料。窦林名等[158]提出冲击地压强度弱化减冲理论为冲击地压防治提供新思路。谭云亮等[159]对煤层开采过程中较为常见的三类冲击地压发生机理进行了总结研究，并对应建立了各自的煤层冲击倾向性评价体系，获得了各自的前兆信息，在此基础上提出了组合式的卸压防冲方法，将钻孔施工和预警进行同步一体化。胡国忠等[160]自主研发微波辐射装置，利用装置改变煤岩体冲击倾向性，研究了微波损伤致裂效应，并提出了煤岩微波致裂防冲机理。夏永学等[161]采用数值模拟方法对超长水平压裂硬厚顶板的卸压防冲效果进行了分析，为高位硬厚顶板的卸压难题提供解决思路。王爱文等[162]提出了冲击地压巷道三级吸能支护方式的选用原则，实现了巷道三级支护参数的量化设计。潘俊锋等[68]基于冲击地压启动理论提出了分源防治理念：冲击防治应以卸压为主，支护为辅，卸、支耦合的防冲思想，这一理念在工程应用方面取得了很好的效果。刘军等[163]提出了刚柔一体化的支护方法，与柔性让压支护相比效果更佳。赵善坤等[164]采用数值计算方法研究了深孔爆破过程及装药长度和钻孔角度对爆破效果的影响。窦林名等[165]采用数值计算方法研究了高压水射流技术对冲击地压的防治效果，确定了高压水射流的最佳施工方案，经现场实践效果较好。何江等[166]对切顶巷顶板预裂防冲技术布置参数进行了优化。张基伟[167]基于急倾斜煤层应力演化特征，开发了针对强矿压危险区采取定向能量释放的防冲方法。郝育喜[168]采用恒阻大变形锚杆索代替传统支护方式对急倾斜特厚煤层进行防冲支护，取得了良好的冲击地压防治效果。

2. 区域防治

区域冲击地压防治方法主要有解放层开采、优化开拓布置、高压区域注水压裂等。解放层开采是冲击地压防治的有效手段，通过对解放层的开采实现采动应力释放和转移，使具有冲击危险性的煤层实现应力卸载，降低煤层开采过程中的冲击地压发生概率。王洛锋等[169]和唐治等[170]分别采用相似模拟和数值计算方式对强冲击煤层工作面的解放层卸压效果进行了研究，分析了采区应力变化规律，研究表明开采解放层后原高应力区煤层应力明显降低，卸压效果明显。朱月明等[171]采用相似模拟试验和数值计算方法对北京某急倾斜特厚煤层解放层开采可行性进行了研究，为急倾斜特厚煤层保护层开采制订了合理方案技术措施。合理的开采布局可以避免采动过程中的高应力集中，这是通过控制冲击地压发生的应力条件来控制冲击地压的有效方式。而高压致裂的方法借鉴石油、页岩气工程的水力压裂方法[172]，在地表打孔对高位硬顶板进行区域卸压，改变岩层结构及失稳条件，从而实现对顶板断裂垮落而诱发冲击的控制。

3. 大型地质体控制下的冲击地压防控

近年来研究者在大型地质体控制下的冲击地压防治研究方面展开了有益的探索，所开展的工程实践在借鉴以往局部卸压经验的基础上，重点关注了大范围强卸压的效果，防冲措施实施对象包括大型地质体内部、小范围煤岩体内部及大范围煤层。

在对大型地质体直接卸压方面，朱广安[173]提出了断层带卸压爆破方法，通过理论分析和数值模拟验证，得到断层带顶板预裂爆破措施能够降低静载集中并增大动载衰减的结论。康震[174]提出了向斜翼部直立巨厚岩柱的地面深孔爆破和地面深孔爆破、向斜轴部的高压预注水，以及超前切顶爆破等方案。于斌[175-177]提出了井下近场特高压水压致裂或承压爆破技术和地面远场压裂（L 形钻井水平分段压裂和垂直井分层压裂）的坚硬岩层协同控制技术。张晓德和付金阳[178]提出工作面过大型断层的留设煤柱避绕方法。国外学者开展了远场坚硬岩层水压致裂技术[179-183]，降低了坚硬顶板的完整性的同时，弱化了岩层破断失稳释放的能量，实现了对高位坚硬岩层的直接控制。

在对小范围煤岩体卸压方面，张宁博等[184]采取深孔断顶爆破技术，防止坚硬厚顶板的大面积垮落，减弱动载对断层的扰动，减缓断层活化。于洋[185]对低位坚硬顶板实施水压致裂，弱化了上覆坚硬顶板结构。成晋峰[186]对危险区域较为薄弱的煤柱进行大直径钻孔卸压，弱化了动静载叠加诱发冲击的效果。徐大连[187]采取超前深孔卸压和顶板的预裂爆破技术，降低了断层滑移和顶板破断产生的动载荷、煤层的静载荷及顶板的应力集中系数。

在大范围煤层卸压方面，主要包括开拓布置及回采方式优化的协调开采方法、开采保护层方法和区域煤层致裂方法。针对不同矿井的不同地质条件，协调开采方法的具体设计如下。①工作面“顺序”接替方式调整优化为采区内和采区间的“跳采”接替方式[185]；②褶皱内部工作面由向斜至背斜方向进行回采[188-189]；③工作面间留设煤柱宽度超过 50 m，工作面日回采速度小于 6 m[190]；④大巷由煤层布置改为岩层布置，顺槽与大巷呈一定角度改为二者垂直布置，盘区两翼开采改为一翼开采，各盘区工作面交替开采，同一采区工作面顺序开采[191]；⑤中央向边界的顺序开采[192]。开采保护层的具体设计有：①400 m 和 500 m 巨厚砾岩及断层控制下的特厚煤层上方和下方保护层开采[193-194]；②巨厚坚硬岩层覆盖下的保护层“负煤柱”开采[195-197]；③向斜和巨厚岩柱控制下的相邻直立煤层保护层开采[198]；④向斜和断层控制的多层急倾斜煤层保护层开采[199-200]；⑤两向斜、两背斜及多断层控制下的上保护层开采[201]。区域致裂方面[202-205]，研究内容涵盖压裂区域的选取、压裂工艺的设计、压裂井形式的确定、卸压时机的选择及压裂效果的评估。

以上关于冲击地压防治方法与技术方面的研究，主要包括三个方面：①从破坏煤岩体自身储能和积聚应力的属性出发，研究煤岩体改性对冲击的弱化效果；②从破坏煤岩体局部范围的应力或能量源头的角度出发，研究局部岩体改性对煤岩体冲击的弱化效果；③从区域煤岩体应力改善的角度，研究大范围开采及岩体改性的防冲效果。当矿井受大型地质体控制时，当前研究多是以增大卸压范围和降低煤岩系统动静载输入等角度为切入点，更多关注防冲措施对单一采场局部和煤矿区域煤岩体卸压的结果。然而，如何定量化描述大型地质体、区域开采条件对煤岩体应力或能量的产生及运移影响，进而对孕灾源头的大型地质体及采场之间开采互扰开展针对性控制，从而控制应力或能量的源头输入和传递，实现对冲击地压的有效防治，是今后开展大型地质体控制下冲击地压理论与实践研究中必须重视的问题。大型地质体控制下矿井群的冲击地压防治问题，归根到底是一个工程尺度的力学问题，考虑大型地质体所具备的大型尺寸特征，仅关注单一采场这个局部的问题是远远不够的。防治过程更应加入尺寸的因素，重点关注区域的指标改善，最终使这类冲击地压问题得到较好的解决。

本书所指的大型地质体主要包括近直立岩柱、巨厚砾岩和大型地堑构造等，矿井群的研究对象主要包括矿井之间和采区之间的相邻工作面、矿井煤层群之间的相邻工作面及巷道群之间的掘进工作面等。

参 考 文 献

[1] 中华人民共和国国家统计局. 能源年度数据[Z]. [2022-05-01]. http: //data. stats. gov. cn/easyquery.htm?cn=c01.

[2] 中国煤炭工业协会. 2020 中国煤炭行业发展年度报告[M]. 北京: 中国经济出版社, 2021.

[3] 中国能源中长期发展战略研究项目组. 中国能源中长期(2030、2050)发展战略研究. 北京: 科学出版社, 2011.

[4] 中国产业调研网. 2022—2028 年中国清洁能源行业发展研究分析与发展趋势预测报告[R]. 2021.

[5] 陈浮，于昊辰，卞正富，等. 碳中和愿景下煤炭行业发展的危机与应对[J]. 煤炭学报，2021，46(6): 1808-1820.

[6] 谢和平, 高峰, 鞠杨. 深部岩体力学研究与探索[J]. 岩石力学与工程学报, 2015, 34(11): 2161-2178.

[7] 谢和平，高峰，鞠杨，等. 深地煤炭资源流态化开采理论与技术构想[J]. 煤炭学报，2017，42(3): 547-556.

[8] XU L M, LU K X, PAN Y S, et al. Study on rock burst characteristics of coal mine roadway in China[J]. Energy Sources, Part A: Recovery, Utilization, and Environmental Effects, 2019, 8: 1-20.

[9]谭云亮, 郭伟耀, 赵同彬, 等. 深部煤巷帮部失稳诱冲机理及“卸-固”协同控制研究[J]. 煤炭学报, 2020, 45(1): 66-81.

[10] 齐庆新，李一哲，赵善坤，等. 矿井群冲击地压发生机理与控制技术探讨[J]. 煤炭学报，2019，44(1): 141-150.

[11] 杜涛涛, 李国营, 陈建强, 等. 新疆地区冲击地压发生及防治现状[J]. 煤矿开采, 2018, 23(2):5-10.

[12] 许胜铭，李松营，李德翔，等. 义马煤田冲击地压发生的地质规律[J]. 煤炭学报，2015，40(9): 2015-2020.

[13] 煤矿安全网. 山东新巨龙能源有限责任公司 2·22 冲击地压事故调查报告[R]. (2021-11-26)[2022-06-30]. https://www.mining120.com/news/show-htm-itemid-511249.html.

[14] 王刚，黄滚. 冲击地压机理研究综述[J]. 中国矿业, 2012 (S1): 6.

[15] 李玉生. 矿山冲击名词探讨: 兼评“冲击地压”[J]. 煤炭学报, 1982(2): 91-97.

[16] 姜耀东，潘一山，姜福兴，等. 我国煤炭开采中的冲击地压机理和防治[J]. 煤炭学报，2014，39(2): 205-213.

[17] 齐庆新, 陈尚本, 王怀新, 等. 冲击地压、岩爆、矿震的关系及其数值模拟研究[J]. 岩石力学与工程学报, 2003, 22(11): 1852-1858.

[18] 潘俊锋，毛德兵，蓝航，等. 我国煤矿冲击地压防治技术研究现状及展望[J]. 煤炭科学技术，2013,

41(6): 21-25.
[19] 朱建波, 马斌文, 谢和平, 等. 煤矿矿震与冲击地压的区别与联系及矿震扰动诱冲初探[J]. 煤炭学报, 2022, 47(9): 3396-3409.
[20] 宫凤强, 潘俊锋, 江权. 岩爆和冲击地压的差异解析及深部工程地质灾害关键机理问题[J]. 工程地质学报, 2021, 29(4): 933-961.
[21] 齐庆新, 窦林名. 冲击地压理论与技术[M]. 徐州: 中国矿业大学出版社, 2008.
[22] 李文, 纪洪广, 魏小文. 矿井冲击地压分类、机理和预测预报研究进展[J]. 中国矿业, 2007, 16(4): 86-88.
[23] 潘立友, 张立俊, 刘先贵. 冲击地压预测与防治实用技术[M]. 徐州: 中国矿业大学出版社, 2006.
[24] 周晓军, 鲜学福. 煤矿冲击地压理论与工程应用研究的进展[J]. 重庆大学学报, 1998, 21(1): 126-132.
[25] 胡克智, 刘宝琛, 马光, 等. 煤矿的冲击地压[J]. 科学通报, 1966, 11(9): 430-432.
[26] 佩图霍夫. 煤矿冲击地压[M]. 王佑安, 译. 北京: 煤炭工业出版社, 1980.
[27] 章梦涛, 赵本钧, 徐曾和. 冲击地压机理、预报及防治[J]. 煤矿安全, 1988(5): 43-44.
[28] 布霍依诺. 矿山压力和冲击地压[M]. 李玉生, 译. 北京: 煤炭工业出版社, 1985.
[29] 齐庆新, 李一哲, 赵善坤, 等. 我国煤矿冲击地压发展 70 年: 理论与技术体系的建立与思考[J]. 煤炭科学技术, 2019, 47(9): 1-40.
[30] 李玉生. 冲击地压机理及其初步应用[J]. 中国矿业大学学报, 1985(3): 42-48.
[31] PETUKHOV I M, LINKOV A M. The theory of post-failure deformations and the problem of stability in rock mechanics[J]. International Journal of Rock Mechanics and Mining Sciences & Geomechanics Abstracts, 1979, 16(2): 57-76.
[32] COOK N. A note on rockbursts considered as a problem of stability[J]. Journal of the Southern African Institute of Mining and Metallurgy, 1965, 65(8): 437-446.
[33] 潘一山. 煤矿冲击地压[M]. 北京: 科学出版社, 2018.
[34] 章梦涛. 冲击地压失稳理论与数值模拟计算[J]. 岩石力学与工程学报, 1987, 6(3): 15-22.
[35] COOK N. The basic mechanics of rockbursts[J]. Journal of the Southern African Institute of Mining and Metallurgy, 1963, 64(3): 71-81.
[36] 窦林名, 何学秋. 冲击矿压防治理论与技术[M]. 徐州: 中国矿业大学出版社, 2001.
[37] DEIST F. A nonlinear continuum approach to the problem of fracture zones and rockbursts[J]. Journal of the Southern African Institute of Mining and Metallurgy, 1965, 65(10): 502-522.
[38] COOK N, HOEK E P, PRETORIUS J P G, et al. Rock mechanics applied to the study of rockbursts[J]. Journal-South African Institute of Mining and Metallurgy, 1966, 66(10): 435-528.
[39] SINGH S P. Burst energy release index[J]. Rock Mechanics & Rock Engineering, 1988, 21(2): 149-155.
[40] BIENIAWSKI Z T. Mechanism of brittle fracture of rock: PartII[J]. International Journal of Rock Mechanics & Mining Sciences & Geomechanics Abstracts, 1967, 4(4): 407-423.
[41] BIENIAWSKI Z T. Mechanism of brittle fracture of rock: Parts I, II and III[J]. International Journal of Rock Mechanics & Mining Sciences & Geomechanics Abstracts, 1967, 4(4): 395-406.
[42] BIENIAWSKI Z T, DENKHAUS H G, VOGLER U W. Failure of fractured rock[J]. International Journal of Rock Mechanics & Mining Sciences & Geomechanics Abstracts, 1969, 6(3): 323-341.
[43] SALAMON M, WAGNER H. Role of stabilizing pillars in the alleviation of rock burst hazard in deep

mines[J]. International Journal of Rock Mechanics and Mining Sciences, 1979(2): 561-566.
[44] ZUBELEWICZ A, MRÓZ Z. Numerical simulation of rockburst processes treated as problems of dinamic instability[J]. Rock Mechanics & Engineering, 1983, 16(4): 253-274.
[45] 冲击地压研究组. 冲击地压机理的探讨[J]. 阜新矿业学院学报, 1985(S1): 65-72.
[46] 张万斌, 王淑坤, 吴耀焜, 等. 以动态破坏时间鉴定煤的冲击倾向[J]. 煤炭科学技术, 1986(3): 31-34.
[47] 王淑坤, 张万斌, 潘清莲. 水对煤的冲击倾向特性影响的研究[J]. 矿山压力, 1987(1): 50-56.
[48] 王淑坤, 张万斌. 煤层顶板冲击倾向分类的研究[J]. 煤矿开采, 1991(1): 43-48.
[49] 窦林名, 何学秋. 煤岩冲击破坏模型及声电前兆判据研究[J]. 中国矿业大学学报, 2004(5): 14-18.
[50] 蓝航. 节理岩体采动损伤本构模型及其在露井联采工程中的应用[D]. 北京: 煤炭科学研究总院, 2007.
[51] VARDOULAKIS I. Rock bursting as a surface instability phenomenon[J]. International Journal of Rock Mechanics & Mining Sciences & Geomechanics Abstracts, 1984, 21(3): 137-144.
[52] DYSKIN A, GERMANOVICH L. Model of rockburst caused by cracks growing near free surface[J]. Rockbursts and Seismicity in Mines, 1993, 93: 169-175.
[53] 谢和平, 周宏伟. 基于分形理论的岩石节理力学行为研究[J]. 中国科学基金, 1998(4): 17-22.
[54] 谢和平. 分形理论在采矿科学中的应用与展望[J]. 科学中国人, 1996(12): 4-8.
[55] 张力, 何学秋. 安全流变理论及其在煤矿事故中的应用[J]. 中国安全科学学报, 2001(1): 9-13, 82.
[56] 尹光志, 李贺, 鲜学福, 等. 煤岩体失稳的突变理论模型[J]. 重庆大学学报(自然科学版), 1994(1): 23-28.
[57] 齐庆新, 刘天泉, 史元伟, 等. 冲击地压的摩擦滑动失稳机理[J]. 矿山压力与顶板管理, 1995(Z1): 174-177, 200.
[58] 齐庆新, 史元伟, 刘天泉. 冲击地压粘滑失稳机理的实验研究[J]. 煤炭学报, 1997(2): 34-38.
[59] 谢和平, PARISEAU W G. 岩爆的分形特征和机理[J]. 岩石力学与工程学报, 1993(1): 28-37.
[60] XIE H P, PARISEAU W G. Fractal character and mechanism of rock bursts[J]. International Journal of Rock Mechanics and Mining Sciences & Geomechanics Abstracts, 1993, 30(4): 343-350.
[61] 宋振骐, 蒋金泉. 煤矿岩层控制的研究重点与方向[J]. 岩石力学与工程学报, 1996(2): 33-39.
[62] 潘一山, 章梦涛. 用突变理论分析冲击地压发生的物理过程[J]. 阜新矿业学院学报(自然科学版), 1992(1): 12-18.
[63] 费鸿禄, 徐小荷, 唐春安. 地下硐室岩爆的突变理论研究[J]. 煤炭学报, 1995, 20(1): 29-33.
[64] 徐曾和, 徐小荷, 唐春安. 坚硬顶板下煤柱岩爆的尖点突变理论分析[J]. 煤炭学报, 1995, 20(5): 485-491.
[65] 姜福兴, 王平, 冯增强, 等. 复合型厚煤层“震-冲”型动力灾害机理、预测与控制[J]. 煤炭学报, 2009, 34(12): 1605-1609.
[66] 潘立友, 孙刘伟, 范宗乾. 深部矿井构造区厚煤层冲击地压机理与应用[J]. 煤炭科学技术, 2013, 41(9): 126-128, 137.
[67] 潘立友, 杨慧珠. 冲击地压前兆信息识别的扩容理论[J]. 岩石力学与工程学报, 2004(S1): 4528-4530.
[68] 潘俊锋. 煤矿冲击地压启动理论及其成套技术体系研究[J]. 煤炭学报, 2019, 44(1): 173-182.
[69] 潘俊锋, 宁宇, 毛德兵, 等. 煤矿开采冲击地压启动理论[J]. 岩石力学与工程学报, 2012, 31(3): 586-596.
[70] 潘一山. 煤矿冲击地压扰动响应失稳理论及应用[J]. 煤炭学报, 2018, 43(8): 2091-2098.

[71] 窦林名，何学秋．煤岩混凝土冲击破坏的弹塑脆性模型[C]// 中国岩石力学与工程学会第七次学术大会．西安, 2002.

[72] 冯增朝，赵阳升．岩石非均质性与冲击倾向的相关规律研究[J]．岩石力学与工程学报，2003(11): 1863-1865.

[73] 尹光志，谭钦文，魏作安．基于混沌优化神经网络的冲击地压预测模型[J]．煤炭学报，2008，33(8): 871-875.

[74] 尹光志，代高飞，皮文丽，等．冲击地压的滑块模型研究[J]．岩土力学, 2005, 26(3): 359-364.

[75] 张晓春，缪协兴，杨挺青．冲击矿压的层裂板模型及实验研究[J]．岩石力学与工程学报，1999(5): 507-511.

[76] 马念杰，郭晓菲，赵志强，等．均质圆形巷道蝶型冲击地压发生机理及其判定准则[J]．煤炭学报，2016, 41(11): 2679-2688.

[77] 王恩元，李学龙，胡少斌，等．体元-区域-系统冲击地压模型及应用[J]．中国矿业大学学报，2017, 46(6): 1188-1193.

[78] HEDLEY D. Rockburst handbook for Ontario hardrock mines[M]. Ontario : Energy, Mines and Resources, 1992.

[79] LU Y Y, GONG T, XIA B W, et al. Target stratum determination of surface hydraulic fracturing for far-field hard roof control in underground extra-thick coal extraction: A case study[J]. Rock Mechanics and Rock Engineering, 2019, 52(8): 2725-2740.

[80] ZHAO T, LIU C Y, YETILMEZSOY K, et al. Fractural structure of thick hard roof stratum using long beam theory and numerical modeling[J]. Environmental Earth Sciences, 2017, 76(21): 1-13.

[81] LU C P, LIU G J, LIU Y, et al. Microseismic multi-parameter characteristics of rockburst hazard induced by hard roof fall and high stress concentration[J]. International Journal of Rock Mechanics and Mining Sciences, 2015, 76: 18-32.

[82] KLEMETTI T M, VAN DYKE M A, TULU I B, et al. A case study of the stability of a non-typical bleeder entry system at a US longwall mine[J]. International Journal of Mining Science and Technology, 2020, 30(1): 25-31.

[83] SINGH G S P, SINGH U K. Influence of strata characteristics on face support requirement for roof control in longwall workings: A case study[J]. Mining Technology, 2012, 121(1): 11-19.

[84] KAISER P K, CAI M. Design of rock support system under rockburst condition[J]. Journal of Rock Mechanics and Geotechnical Engineering, 2012, 4(3): 215-227.

[85] 姜福兴，魏全德，王存文，等．巨厚砾岩与逆冲断层控制型特厚煤层冲击地压机理分析[J]．煤炭学报, 2014, 39(7): 1191-1196.

[86] 王宏伟，姜耀东，邓代新，等．义马煤田复杂地质赋存条件下冲击地压诱因研究[J]．岩石力学与工程学报, 2017, 36(S2): 4085-4092.

[87] 李宝富，李小军，任永康．采场上覆巨厚砾岩层运动对冲击地压诱因的实验与理论研究[J]．煤炭学报, 2014, 39(S1): 31-37.

[88] 李宝富．巨厚砾岩层下回采巷道底板冲击地压诱发机理研究[D]．焦作：河南理工大学, 2014.

[89] 姚顺利．巨厚坚硬岩层运动诱发动力灾害机理研究[D]．北京：北京科技大学, 2015.

[90] 姚顺利，孟广峰，张胜泉，等．巨厚岩层稳定性与冲击地压防治关系研究[J]．煤矿安全，2015，46(5):

63-66.

[91] MA L Q, QIU X X, DONG T, et al. Huge thick conglomerate movement induced by full thick longwall mining huge thick coal seam[J]. International Journal of Mining Science and Technology, 2012, 22(3): 399-404.

[92] 缪协兴, 陈荣华, 浦海, 等. 采场覆岩厚关键层破断与冒落规律分析[J]. 岩石力学与工程学报, 2005(8): 1289-1295.

[93] ZUO J P, YU M L, LI C Y, et al. Analysis of surface cracking and fracture behavior of a single thick main roof based on similar model experiments in western coal mine, China[J]. Natural Resources Research, 2021, 30(1): 657-680.

[94] CAMPOLI A A, KERTIS C A, GOODE C A. Coal mine bumps: Five case studies in the eastern United States[R]. US Department of the Interior, Bureau of Mines, 1987.

[95] HARAMY K Y, MCDONNELL J P. Causes and control of coal mine bumps[R]. US Department of the Interior, Bureau of Mines, 1988.

[96] 谭云亮. 门头沟井田构造应力场与冲击地压的关系[J]. 山东科技大学学报(自然科学版), 1990(3): 59-62.

[97] 王胜本, 张晓. 煤矿井下地质构造与地应力的关系[J]. 煤炭学报, 2008, 33(7): 738-742.

[98] 顾士坦, 黄瑞峰, 谭云亮, 等. 背斜构造成因机制及冲击地压灾变机理研究[J]. 采矿与安全工程学报, 2015, 32(1): 59-64.

[99] 伍永平, 解盘石, 王红伟, 等. 大倾角煤层开采覆岩空间倾斜砌体结构[J]. 煤炭学报, 2010, 35(8): 1252-1256.

[100] 伍永平, 解盘石, 任世广. 大倾角煤层开采围岩空间非对称结构特征分析[J]. 煤炭学报, 2010, 35(2): 182-184.

[101] 伍永平, 解盘石, 杨永刚, 等. 大倾角煤层群开采岩移规律数值模拟及复杂性分析[J]. 采矿与安全工程学报, 2007, 24(4): 391-395.

[102] 来兴平, 崔峰, 曹建涛, 等. 特厚煤体爆破致裂机制及分区破坏的数值模拟[J]. 煤炭学报, 2014(8): 1642-1649.

[103] LAI X P, SUN H, SHAN P F, et al. Structure instability forecasting and analysis of giant rock pillars in steeply dipping thick coal seams[J]. International Journal of Minerals, Metallurgy and Materials, 2015, 22(12): 1223.

[104] 王宁波, 张农, 崔峰, 等. 急倾斜特厚煤层综放工作面采场运移与巷道围岩破裂特征[J]. 煤炭学报, 2013, 38(8): 1312-1318.

[105] 蓝航. 近直立特厚两煤层同采冲击地压机理及防治[J]. 煤炭学报, 2014, 39(S2): 308-315.

[106] 蓝航. 浅埋煤层冲击地压发生类型及防治对策[J]. 煤炭科学技术, 2014, 42(1): 9-13.

[107] 张宏伟, 荣海, 陈建强, 等. 基于地质动力区划的近直立特厚煤层冲击地压危险性评价[J]. 煤炭学报, 2015, 40(12): 2755-2762.

[108] 张宏伟, 荣海, 陈建强, 等. 近直立特厚煤层冲击地压的地质动力条件评价[J]. 中国矿业大学学报, 2015, 44(6): 1053-1060.

[109] 杜涛涛, 李康, 蓝航, 等. 近直立特厚煤层冲击地压致灾过程分析[J]. 采矿与安全工程学报, 2018, 35(1): 140-145.

[110] 杜涛涛, 陈建强, 蓝航, 等. 近直立特厚煤层上采下掘冲击地压危险性分析[J]. 煤炭科学技术, 2016, 44(2): 123-127.
[111] 李安宁, 窦林名, 王正义, 等. 近直立煤层水平分段开采夹持煤体型冲击机理及防治[J]. 煤炭学报, 2018, 43(12): 3302-3308.
[112] 李安宁, 窦林名, 王正义, 等. 动载诱发近直立煤层水平分段开采冲击矿压的数值模拟研究[J]. 煤炭工程, 2018, 50(9): 83-87.
[113] 曹民远, 陈建强, 闫瑞兵, 等. 基于数据分析的近直立煤层冲击地压致灾因素研究[J]. 煤炭科学技术, 2019, 47(12): 32-37.
[114] 曹安业, 薛成春, 吴芸, 等. 煤矿褶皱构造区冲击地压机理研究及防治实践[J]. 煤炭科学技术, 2021, 49(6): 82-87.
[115] 陆菜平, 张修峰, 肖自义, 等. 褶皱构造对深井采动应力演化的控制规律研究[J]. 煤炭科学技术, 2020, 48(2): 44-50.
[116] 欧阳振华, 周鑫鑫, 孙秉成, 等. 近直立煤层冲击地压自保护卸压机制与防控[J]. 中国安全科学学报, 2021, 31(4): 64-71.
[117] 何学秋, 陈建强, 宋大钊, 等. 典型近直立煤层群冲击地压机理及监测预警研究[J]. 煤炭科学技术, 2021, 49(6): 13-22.
[118] 周澎. 华亭煤矿综放煤柱区冲击地压防治研究[D]. 西安: 西安科技大学, 2010.
[119] 王存文, 姜福兴, 刘金海. 构造对冲击地压的控制作用及案例分析[J]. 煤炭学报, 2012, 37(S2): 263-268.
[120] 张俊文, 董续凯, 柴海涛, 等. 厚煤层一次采全高低位厚硬岩层垮落致冲机理与防治[J]. 煤炭学报, 2022, 47(2): 734-744.
[121] GUO W Y, ZHAO T B, TAN Y L, et al. Progressive mitigation method of rock bursts under complicated geological conditions[J]. International Journal of Rock Mechanics and Mining Sciences, 2017, 96: 11-22.
[122] WANG Z Y, DOU L M, WANG G F. Coal burst induced by horizontal section mining of a steeply inclined, extra-thick coal seam and its prevention: A case study from Yaojie No. 3 coal mine, China[J]. Shock and Vibration, 2019(8): 1-13.
[123] BRACE W F, BYERLEE J D. Stick-slip as a mechanism for earthquakes[J]. Science, 1966, 153(3739): 990-992.
[124] 潘一山, 王来贵, 章梦涛, 等. 断层冲击地压发生的理论与试验研究[J]. 岩石力学与工程学报, 1998(6): 642-649.
[125] 潘岳, 刘英, 顾善发. 矿井断层冲击地压的折迭突变模型[J]. 岩石力学与工程学报, 2001(1): 43-48.
[126] 潘岳, 解金玉, 顾善发. 非均匀围压下矿井断层冲击地压的突变理论分析[J]. 岩石力学与工程学报, 2001(3): 310-314.
[127] 李振雷, 窦林名, 蔡武, 等. 深部厚煤层断层煤柱型冲击矿压机制研究[J]. 岩石力学与工程学报, 2013, 32(2): 333-342.
[128] 蒋金泉, 武泉林, 曲华. 硬厚岩层下逆断层采动应力演化与断层活化特征[J]. 煤炭学报, 2015, 40(2): 267-277.
[129] 王高昂, 朱斯陶, 姜福兴, 等. 倾斜厚煤层综放工作面煤柱–关键层结构失稳型矿震机理研究[J]. 煤炭学报, 47(6): 2289-2299.

[130] ISLAM M R, SHINJO R. Mining-induced fault reactivation associated with the main conveyor belt roadway and safety of the Barapukuria Coal Mine in Bangladesh: Constraints from BEM simulations[J]. International Journal of Coal Geology, 2009, 79(4): 115-130.
[131] 吕进国, 姜耀东, 李守国, 等. 巨厚坚硬顶板条件下断层诱冲特征及机制[J]. 煤炭学报, 2014, 39(10): 1961-1969.
[132] 吕进国. 巨厚坚硬顶板条件下逆断层对冲击地压作用机制研究[D]. 北京: 中国矿业大学(北京), 2013.
[133] 王爱文, 潘一山, 李忠华, 等. 断层作用下深部开采诱发冲击地压相似试验研究[J]. 岩土力学, 2014, 35(9): 2486-2492.
[134] 王涛, 姜耀东, 赵毅鑫, 等. 断层活化与煤岩冲击失稳规律的实验研究[J]. 采矿与安全工程学报, 2014, 31(2): 180-186.
[135] 王涛, 王曌华, 姜耀东, 等. 开采扰动下断层滑移过程围岩应力分布及演化规律的实验研究[J]. 中国矿业大学学报, 2014, 43(4): 588-592.
[136] CAI W, DOU L M, SI G Y, et al. Fault-induced coal burst mechanism under mining-induced static and dynamic stresses[J]. Engineering, 2021, 7(5): 687-700.
[137] 朱斯陶, 姜福兴, KOUAME K J A, 等. 深井特厚煤层综放工作面断层活化规律研究[J]. 岩石力学与工程学报, 2016, 35(1): 50-58.
[138] MANOUCHEHRIAN A. Numerical modeling of unstable rock failure[D]. Sudbury, Ontario, Canada: Laurentian University, 2016.
[139] MANOUCHEHRIAN A, CAI M. Analysis of rockburst in tunnels subjected to static and dynamic loads[J]. Journal of Rock Mechanics and Geotechnical Engineering, 2017, 9(6): 1031-1040.
[140] SAINOKI A, MITRI H S. Simulating intense shock pulses due to asperities during fault-slip[J]. Journal of Applied Geophysics, 2014, 103: 71-81.
[141] SAINOKI A, MITRI H S. Effect of slip-weakening distance on selected seismic source parameters of mining-induced fault-slip[J]. International Journal of Rock Mechanics and Mining Sciences, 2015, 73: 115-122.
[142] JIANG Y D, WANG T, ZHAO Y X, et al. Experimental study on the mechanisms of fault reactivation and coal bumps induced by mining[J]. Journal of Coal Science and Engineering (China), 2013, 19(4): 507-513.
[143] ZHU G A, DOU L M, LIU Y, et al. Dynamic behavior of fault slip induced by stress waves[J]. Shock and Vibration, 2016 (1): 1-13.
[144] 赵善坤, 齐庆新, 李云鹏, 等. 煤矿深部开采冲击地压应力控制技术理论与实践[J]. 煤炭学报, 2020, 45(S2): 626-636.
[145] 赵善坤. 深孔顶板预裂爆破与定向水压致裂防冲适用性对比分析[J]. 采矿与安全工程学报, 2021, 38(4): 706-720.
[146] 赵善坤, 李英杰, 柴海涛, 等. 陕蒙地区厚硬砂岩顶板定向水力压裂预割缝倾角优化及防冲实践[J]. 煤炭学报, 2020, 45(S1): 150-160.
[147] 赵善坤, 黎立云, 吴宝杨, 等. 底板型冲击危险巷道深孔断底爆破防冲原理及实践研究[J]. 采矿与安全工程学报, 2016, 33(4): 636-642.
[148] 赵善坤, 张广辉, 柴海涛, 等. 深孔顶板定向水压致裂防冲机理及多参量效果检验[J]. 采矿与安全工

程学报, 2019, 36(6): 1247-1256.

[149] 赵善坤，苏振国，侯煜坤，等. 采动巷道矿压显现特征及力构协同防控技术研究[J]. 煤炭科学技术, 2021, 49(6): 61-71.

[150] 赵善坤，刘军，王永仁. 煤岩结构体多级应力控制防冲实践及动态调控[J]. 地下空间与工程学报, 2013, 32(11): 1411-1417.

[151] 赵善坤，王永仁，吴宝杨. 超前深孔顶板爆破防冲数值模拟及应用研究[J]. 地下空间与工程学报, 2015(1): 89-97.

[152] 赵善坤, 欧阳振华, 李晓璐. "顶板-煤层"结构体多场应力控制防冲技术原理及优化设计[J]. 煤矿安全, 2014, 45(1): 21-25.

[153] 赵善坤，李宏艳，刘军，等. 深部冲击危险矿井多参量预测预报及解危技术研究[J]. 煤炭学报, 2011(S2): 339-345.

[154] ZHAO S H, ZUO J P, LIU L, et al. Study on the retention of large mining height and small coal pillar under thick and hard roof of Bayangaole coal[J]. Advances in Civil Engineering, 2021(20): 8837189.1-8837189.17.

[155] 何满潮，郭志飚. 恒阻大变形锚杆力学特性及其工程应用[J]. 岩石力学与工程学报，2014，33(7): 1297-1308.

[156] 何满潮, 王炯, 孙晓明, 等. 负泊松比效应锚索的力学特性及其在冲击地压防治中的应用研究[J]. 煤炭学报, 2014, 39(2): 214-221.

[157] 潘一山，肖永惠，李国臻. 巷道防冲液压支架研究及应用[J]. 煤炭学报, 2020, 45(1): 90-99.

[158] 窦林名，陆菜平，牟宗龙，等. 冲击矿压的强度弱化减冲理论及其应用[J]. 煤炭学报，2005(6): 690-694.

[159] 谭云亮，郭伟耀，辛恒奇，等. 煤矿深部开采冲击地压监测解危关键技术研究[J]. 煤炭学报，2019, 44(1): 160-172.

[160] 胡国忠，王春博，许家林，等. 微波辐射降低硬煤冲击倾向性试验研究[J]. 煤炭学报，2021，46(2): 450-465.

[161] 夏永学，潘俊锋，谢非，等. 冲击地压回采巷道长孔压裂卸压防冲机理及应用研究[J/OL]. 煤炭学报: 1-11[2022-07-01]. DOI:10.13225/j.cnki.jccs.2021.0895.

[162] 王爱文，范德威，潘一山，等. 基于能量计算的冲击地压巷道三级吸能支护参数确定[J]. 煤炭科学技术, 2021, 49(6): 72-81.

[163] 刘军，欧阳振华，齐庆新，等. 深部冲击地压矿井刚柔一体化吸能支护技术[J]. 煤炭科学技术，2013, 41(6): 17-20.

[164] 赵善坤，欧阳振华，刘军，等. 超前深孔顶板爆破防治冲击地压原理分析及实践研究[J]. 岩石力学与工程学报, 2013, 32(S2): 3768-3775.

[165] 窦林名，杨增强，丁小敏，等. 高压射流割煤技术在防治冲击地压中的应用[J]. 煤炭科学技术，2013, 41(6): 10-13.

[166] 何江，窦林名，巩思园，等. 倾斜薄煤层切顶巷预裂顶板防治冲击矿压技术研究[J]. 煤炭学报，2015, 40(6): 1347-1352.

[167] 张基伟. 王家山矿急倾斜煤层长壁开采覆岩破断机理及强矿压控制方法[D]. 北京：北京科技大学, 2015.

[168] 郝育喜. 乌东近直立煤层组冲击地压及恒阻大变形防冲支护研究[D]. 北京: 中国矿业大学(北京), 2016.
[169] 王洛锋, 姜福兴, 于正兴. 深部强冲击厚煤层开采上、下解放层卸压效果相似模拟试验研究[J]. 岩土工程学报, 2009, 31(3): 442-446.
[170] 唐治, 潘一山, 李忠华, 等. 深部强冲击地压易发矿区厚煤层开采解放层卸压效果数值模拟[J]. 中国地质灾害与防治学报, 2011, 22(1): 128-132.
[171] 朱月明, 张玉林, 潘一山. 急倾斜煤层冲击地压防治的可行性研究[J]. 辽宁工程技术大学学报, 2003(3): 332-333.
[172] 高瑞. 远场坚硬岩层破断失稳的矿压作用机理及地面压裂控制研究[D]. 徐州: 中国矿业大学, 2018.
[173] 朱广安. 深地超应力作用效应及孤岛工作面整体冲击失稳机理研究[D]. 徐州: 中国矿业大学, 2017.
[174] 康震. 向斜构造对乌东煤矿冲击地压的影响研究[D]. 阜新: 辽宁工程技术大学: 2016.
[175] 于斌, 杨敬轩, 高瑞. 大同矿区双系煤层开采远近场协同控顶机理与技术[J]. 中国矿业大学学报, 2018, 47(3): 486-493.
[176] 于斌, 刘长友, 刘锦荣. 大同矿区特厚煤层综放回采巷道强矿压显现机制及控制技术[J]. 岩石力学与工程学报, 2014, 33(9): 1863-1872.
[177] 于斌, 高瑞, 孟祥斌, 等. 大空间远近场结构失稳矿压作用与控制技术[J]. 岩石力学与工程学报, 2018, 37(5): 1134-1145.
[178] 张晓德, 付金阳. 煤矿井下冲击地压治理设计的几点思考[J]. 河南科技, 2014, 6(12): 20-21.
[179] SALIMZADEH S, USUI T, PALUSZNY A, et al.. Finite element simulations of interactions between multiple hydraulic fractures in a poroelastic rock[J]. International Journal of Rock Mechanics and Mining Sciences, 2017, 99: 9-20.
[180] KANAUN S. Hydraulic fracture crack propagation in an elastic medium with varying fracture toughness[J]. International Journal of Engineering Science, 2017, 120: 15-30.
[181] KHANNA A, LUONG H, KOTOUSOV A, et al. Residual opening of hydraulic fractures created using the channel fracturing technique[J]. International Journal of Rock Mechanics and Mining Sciences, 2017, 100: 124-137.
[182] KIM H, XIE L, MIN K B, et al. Integrated in situ stress estimation by hydraulic fracturing, borehole observations and numerical analysis at the EXP-1 borehole in Pohang, Korea[J]. Rock Mechanics and Rock Engineering, 2017, 50(12): 3141-3155.
[183] LLANOS E M, JEFFREY R G, HILLIS R, et al. Hydraulic fracture propagation through an orthogonal discontinuity: A laboratory, analytical and numerical study[J]. Rock Mechanics and Rock Engineering, 2017, 50(8): 2101-2118.
[184] 张宁博, 赵善坤, 邓志刚, 等. 动静载作用下逆冲断层力学失稳机制研究[J]. 采矿与安全工程学报, 2019, 36(6): 1186-1192.
[185] 于洋. 特厚煤层坚硬顶板破断动载特征及巷道围岩控制研究[D]. 徐州: 中国矿业大学, 2015.
[186] 成晋峰. 褶曲构造区沿空巷道底板冲击机理及防治[J]. 山西焦煤科技, 2020, 6: 31-34.
[187] 徐大连. 临断层区下层煤外错工作面冲击矿压防控技术研究[D]. 徐州: 中国矿业大学, 2019.
[188] 陈国祥. 最大水平应力对冲击矿压的作用机制及其应用研究[D]. 徐州: 中国矿业大学, 2009.
[189] 陈国祥, 郭兵兵, 窦林名. 褶皱区工作面开采布置与冲击地压的关系探讨[J]. 煤炭科学技术, 2010,

38(10): 27-30.
[190] 孙鹏. 雨田煤矿冲击地压综合防治技术[D]. 西安: 西安科技大学, 2018.
[191] 刘虎, 冯超辉. 深部超高地应力煤层冲击地压区域防范技术研究[J]. 陕西煤炭, 2016, 6: 54-56.
[192] 何峰华, 陶可, 高雷. 准东煤田二号矿井冲击地压灾害防治设计与研究[J]. 煤炭工程, 2013, 12: 31-33.
[193] 姜福兴, 刘烨, 刘军, 等. 冲击地压煤层局部保护层开采的减压机理研究[J]. 岩土工程学报, 2019, 41(2): 179-186.
[194] 赵善坤, 刘军, 姜红兵, 等. 巨厚砾岩下薄保护层开采应力控制防冲机理[J]. 煤矿安全, 2013, 44(9): 47-49.
[195] 王志强, 乔建永, 武超, 等. 基于负煤柱巷道布置的煤矿冲击地压防治技术研究[J]. 煤炭科学技术, 2019, 47(1): 69-78.
[196] 舒凑先, 魏全德, 刘涛, 等. 强冲击厚煤层上保护层尖灭区域冲击地压防治技术[J]. 煤矿安全, 2017, 48(6): 87-89.
[197] 翟明华, 姜福兴, 朱斯陶, 等. 巨厚坚硬岩层下基于防冲的开采设计研究与应用[J]. 煤炭学报, 2019, 44(6): 1707-1715.
[198] 荣海, 张宏伟, 朱志洁, 等. 近直立特厚冲击煤层保护层优选方案研究[J]. 安全与环境学报, 2019, 19(4): 1182-1191.
[199] 兰天伟. 大台井冲击地压动力条件分析与防治技术研究[D]. 阜新: 辽宁工程技术大学, 2011.
[200] 张瑞玺. 开滦矿区深部煤层冲击地压监测与防治体系研究[D]. 北京: 中国矿业大学(北京), 2015.
[201] 刘振江. 千米深井下山保护煤柱区诱冲机理及防治研究[D]. 徐州: 中国矿业大学, 2014.
[202] LOPEZ-COMINO J A, CESCA S, HEIMANN S, et al. Characterization of hydraulic fractures growth during the Aspo hard rock laboratory experiment (Sweden) [J]. Rock Mechanics and Rock Engineering, 2017, 50(11): 2985-3001.
[203] GUPTA P, DUARTE C A. Coupled hydromechanical-fracture simulations of nonplanar three-dimensional hydraulic fracture propagation[J]. International Journal for Numerical and Analytical Methods in Geomechanics, 2018, 42(1): 143-180.
[204] BOLINTINEANU D S, RAO R R, LECHMAN J B, et al. Simulations of the effects of proppant placement on the conductivity and mechanical stability of hydraulic fractures[J]. International Journal of Rock Mechanics and Mining Sciences, 2017, 100: 188-198.
[205] CASWELL T E, MILLIKEN R E. Evidence for hydraulic fracturing at Gale crater, Mars: Implications for burial depth of the Yellowknife Bay formation[J]. Earth and Planetary Science Letters, 2017, 468: 72-84.

第 2 章　大型地质体控制下矿井群冲击地压显现特征

2.1　赋存环境特征

大量工程实践表明，煤岩体所处的地质环境条件与采矿工程条件对冲击地压的发生有很大的影响，如断层、褶皱等地质构造区域的煤岩体更容易积聚高能量而诱发冲击地压[1-2]。这些广泛存在的构造是由地球动力运动产生的，其应力场的形成与演化对成矿作用的影响及采区应力分布状况直接决定了冲击地压等动力灾害的发生条件[3-9]。

2.1.1　地质构造特征

常见的地质构造有水平构造、倾斜构造、褶曲构造和断裂构造[10]，当存在一些特殊地质构造条件时便称为特殊地质构造。例如，水平构造是指水平岩层不受地壳运动影响保持近水平而未发生褶曲的产状结构，当水平构造中存在厚度几百米、分布范围极大的砾岩层时，则认为是水平构造中所形成的特殊水平构造。同理，正常的倾斜构造岩层层面与水平面夹角范围为 5°～85°，而当褶曲构造和倾斜构造结合，使岩层经构造变动弯曲后的岩层层面与水平夹角超过 85° 时，则形成特殊的褶曲构造；断裂构造主要分布为节理和断层，而当断层间进行组合形成地堑、地垒、阶梯状断层、环状或放射状断层等构造时，便形成了大型地质构造。对“巨厚岩层”一词的定义，国内外专家学者没有给出明确的划分范围，对此李一哲将国内外含“巨厚岩层”的文献进行筛选汇总，并认为厚度大于 90 m 的岩层即为巨厚岩层[11]，本书参考此划分标准。根据国家煤矿安全监察局制定的《防治煤矿冲击地压细则》[12]，当褶曲幅度超过 30 m，长度超过 1 000 m，断层落差大于 20 m 时，可认定该构造为大型地质构造。在此，以乌东煤矿、义马矿区和龙堌煤矿为例，对大型地质体的构造特征进行说明。

1. 乌东煤矿大型褶曲和近直立硬厚岩柱构造

1）大型褶曲构造

乌东煤矿位于乌鲁木齐市东北部约 34 km，受乌鲁木齐市米东区管辖。乌东煤矿由铁厂沟、碱沟、小洪沟、大洪沟 4 个煤矿整合而成。乌东煤矿处于乌鲁木齐山前拗陷次级褶皱八道湾向斜南北两翼。煤矿内较大型地质构造包括七道湾背斜、八道湾向斜、碗窑沟逆冲断层、白杨南沟背斜、红山嘴—白杨北沟逆冲断层等[图 2.1（a）]。乌东煤矿南采区位于八道湾向斜南翼[图 2.1（b）]，含 32 煤层，现主采煤层为 B_{1+2}、B_{3+6} 两组，B_{1+2} 煤层平均厚度为 37 m，B_{3+6} 煤层平均厚度为 50 m，煤层最大倾角为 87°，为近直立特厚煤层。

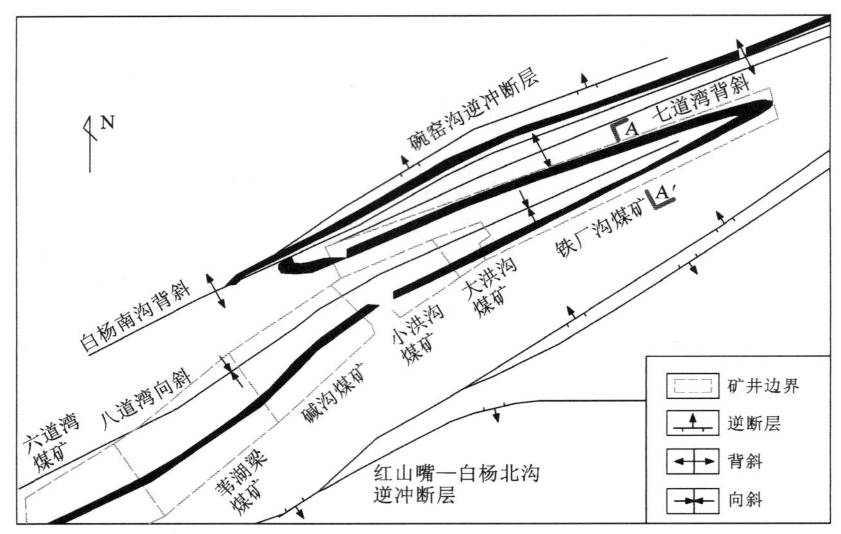

(a) 乌东煤矿构造平面图

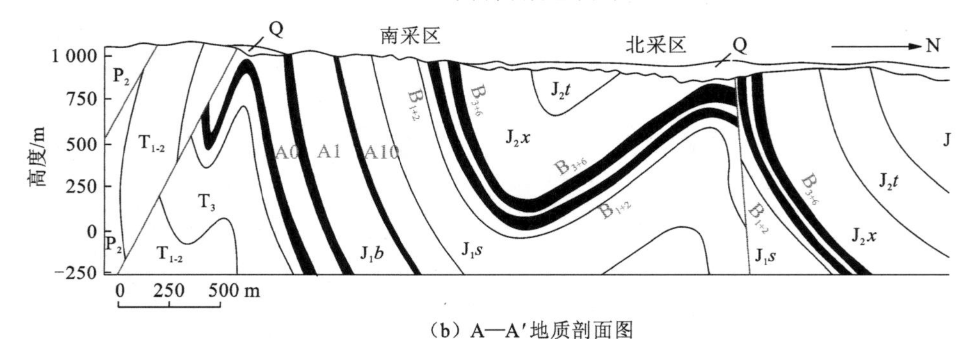

(b) A—A′地质剖面图

图 2.1 乌东煤矿构造及井田分布图

P_2—二叠系瓜德普鲁统；T_{1-2}—下—中三叠统；J—侏罗系；J_1b—下侏罗统八道湾组；J_1s—下侏罗统三工河组；J_2x—中侏罗统西山窑组；J_2t—中侏罗统头屯河组；T_3—上三叠统；Q—第四系

2）近直立硬厚岩柱构造

乌东煤矿南采区主采煤层 B_{1+2} 和 B_{3+6} 之间由岩柱分开，岩柱自西向东逐渐变窄，厚度为 53～110 m，煤层的顶底板岩性分布如图 2.2 所示。乌东煤矿采用水平分段开采方法[13-14]，分层阶段高度为 22～25 m，如图 2.3 所示，煤层上部采空区部分采用黄土覆盖。目前，B_{3+6} 煤层综采面水平标高为+425 m，采深 375 m，设计走向长度为 2 520 m。

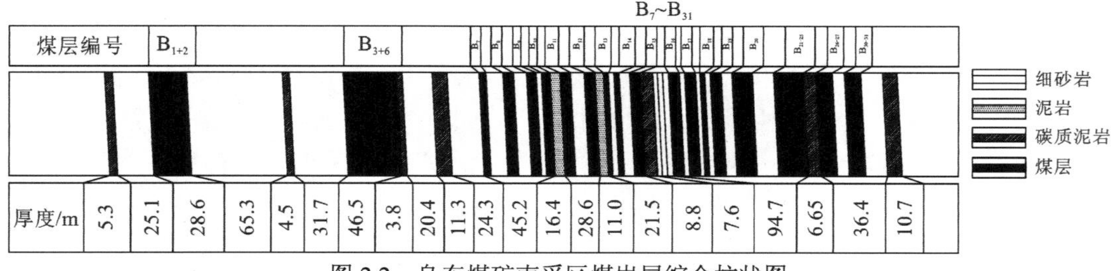

图 2.2 乌东煤矿南采区煤岩层综合柱状图

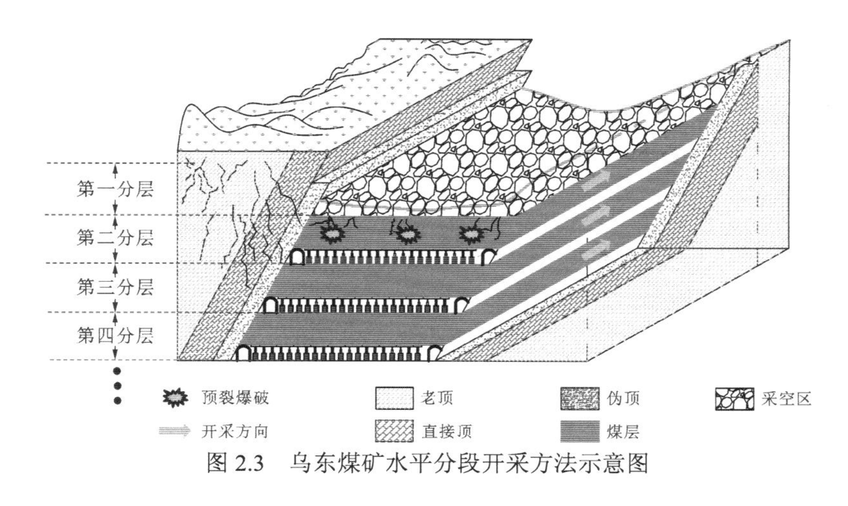

图 2.3　乌东煤矿水平分段开采方法示意图

2. 义马矿区大型巨厚砾岩和逆冲断层构造

1）巨厚砾岩构造

义马矿区位于河南省西部义马市渑池县，煤田面积约为 100 km^2。矿区内分布有千秋、常村、跃进、杨村、耿村 5 个生产矿井和一个露天煤矿［图 2.4（a）］，整体上呈极不对称向斜构造［图 2.4（b）］。国内煤层赋存巨厚岩层类型有沉积岩、变质岩和火成岩等，义马矿区上覆巨厚岩层为沉积岩中的砾岩。义马矿区煤层直接顶板一般为厚度 20 余米的泥岩，之上为几十米至数百米的砾岩互层和巨厚砾岩层。如图 2.5 所示，千秋、跃进两矿砾岩厚度最大，达数百米，最厚达 700 m（含砂、砾岩互层，最厚近 900 m）。煤层底板分布有薄层泥岩、煤矸互叠层或与几米至十余米的底砾岩直接相连。

2）逆冲断层构造

义马矿区南部存在控制 5 座煤矿的大型逆冲断层[15-18]，逆冲断层为向压扭性逆冲断层，走向 110°，延展长度约 45 km，走向近东西，倾向南略偏东，落差 50～500 m，水平错距 120～1 080 m，部分断裂面在倾向上呈上陡下缓的犁形，浅部倾角较大，而深部逐渐平缓。断层对煤层产状的改变程度相对较高，挤压作用下煤层厚度出现明显变化，煤岩体发生碎裂化或糜棱化，导致其整体强度变低。该区域逆冲推覆构造体系中挤压运动所致的挤压应力是逆冲断层形成的关键动力机制。

3. 龙堌煤矿大型地堑构造

龙堌煤矿二采区南翼 2305S 工作面位于−810 m 水平二采区南翼第五个工作面，工作面走向长度 1 904 m，煤层平均厚度 9 m，属于典型的深井特厚煤层综放工作面，且在煤层上方存在厚 18～40 m 的砂岩复合坚硬顶板。2305S 工作面存在 6 条断层，相邻的 2304S 工作面存在 1 条断层。对工作面影响最大的断层有 2 条，分别为 FD8 和 FD6 断层。两条断层均为正断层，且倾角均为 70°。FD8 断层倾向西北，走向东北，实际揭露落差 10～15 m，自北向南呈逐渐增大趋势，断层延展长度 720 m。FD6 断层倾向东南，走向东北，实际揭露断层落差 0～10 m，延展长度 400 m。FD6 和 FD8 断层间距 278 m，走向基本一致，形成楔形地堑结构，如图 2.6 所示。

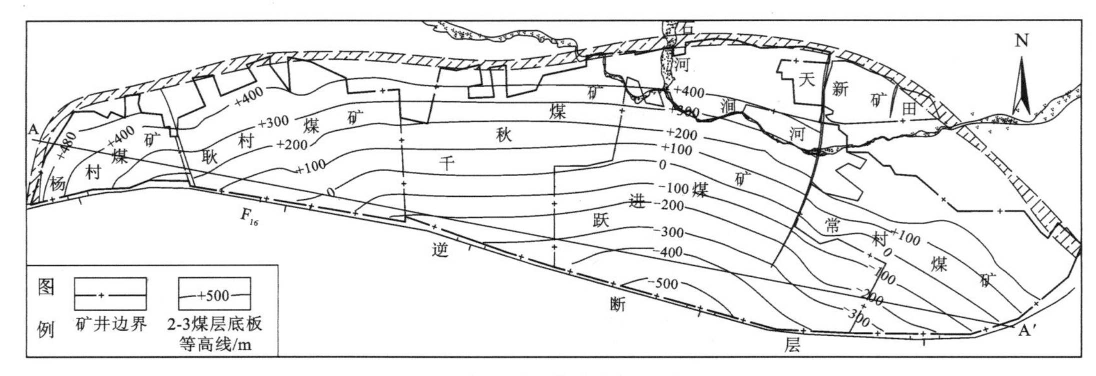

（a）义马矿区煤矿分布平面图

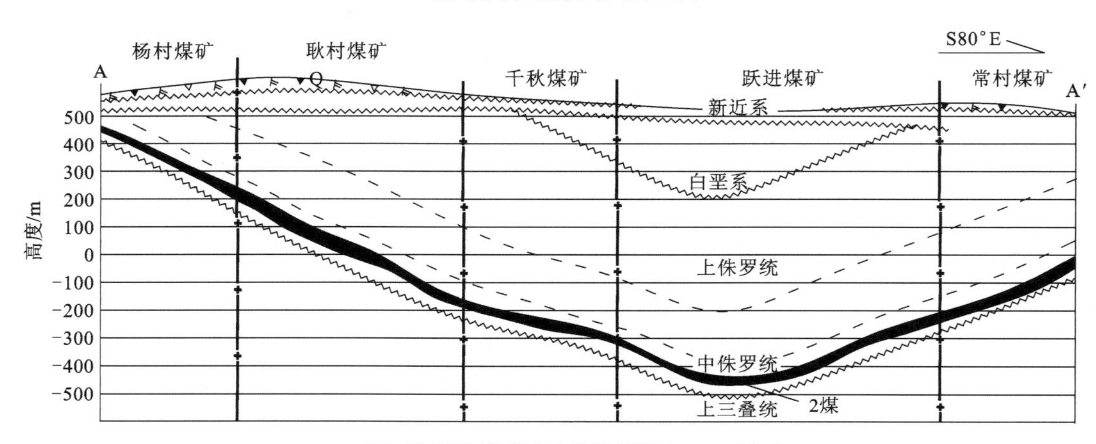

（b）义马矿区深部走向地质剖面（A—A′剖面）

图 2.4　义马矿区平面图

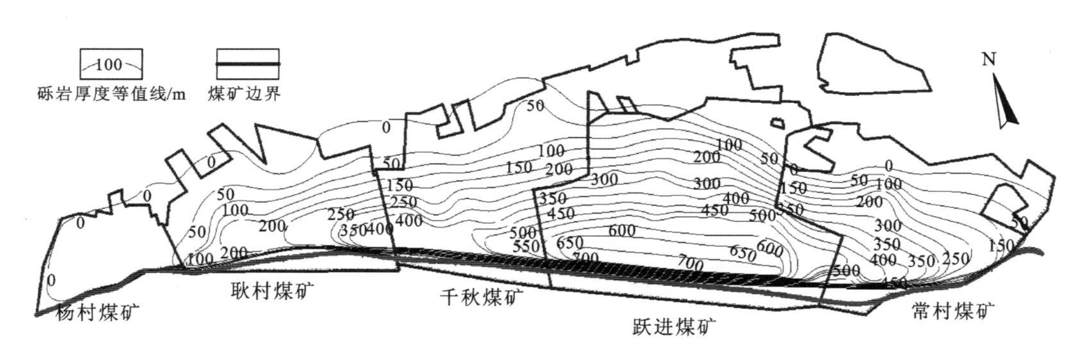

图 2.5　义马矿区顶板巨厚砾岩等厚线示意图

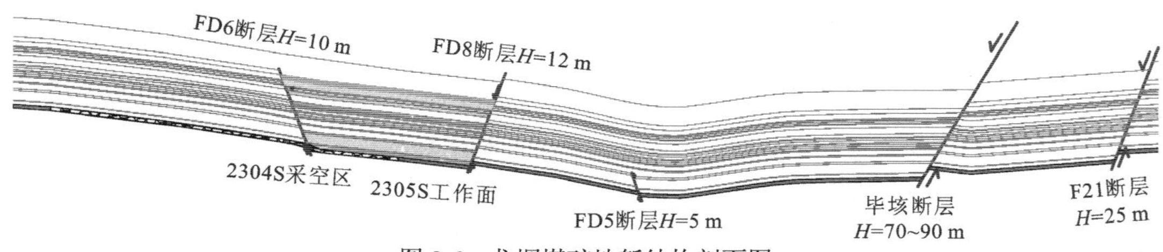

图 2.6　龙堌煤矿地堑结构剖面图

根据以上矿井的大型地质体构造特征可以发现，与常规地质构造相比，大型地质体的覆盖范围更广，可以同时影响几个采区、单一矿井，甚至整个矿区。不仅如此，大型地质体中的岩层厚度较大，完整性好，不易发生断裂，在这种大型地质体作用下的工作面应力环境特征也必然与常规地质条件不同。

2.1.2 地应力分布特征

1. 采深对地应力分布的影响

对全国范围内几个含有典型大型地质体的矿区进行地应力数据统计，包括华亭矿区[19]、淮南矿区[20]、晋城矿区[21]、京西矿区[22]、开滦矿区[23]和开平矿区[24]，如图 2.7 所示。本次统计的地应力数据最小采深 131 m，最大采深 1 076 m，共计 164 组数据，基本可以满足目前煤矿开采的极大多数深度条件，图中虚线表示相同开采深度下的我国大陆平均水平。可以发现垂直应力虽有一定程度的离散，但总体与采深满足一定的线性关系。当矿区内存在大型地质体时，煤层最大水平主应力和最小水平主应力明显整体较高。

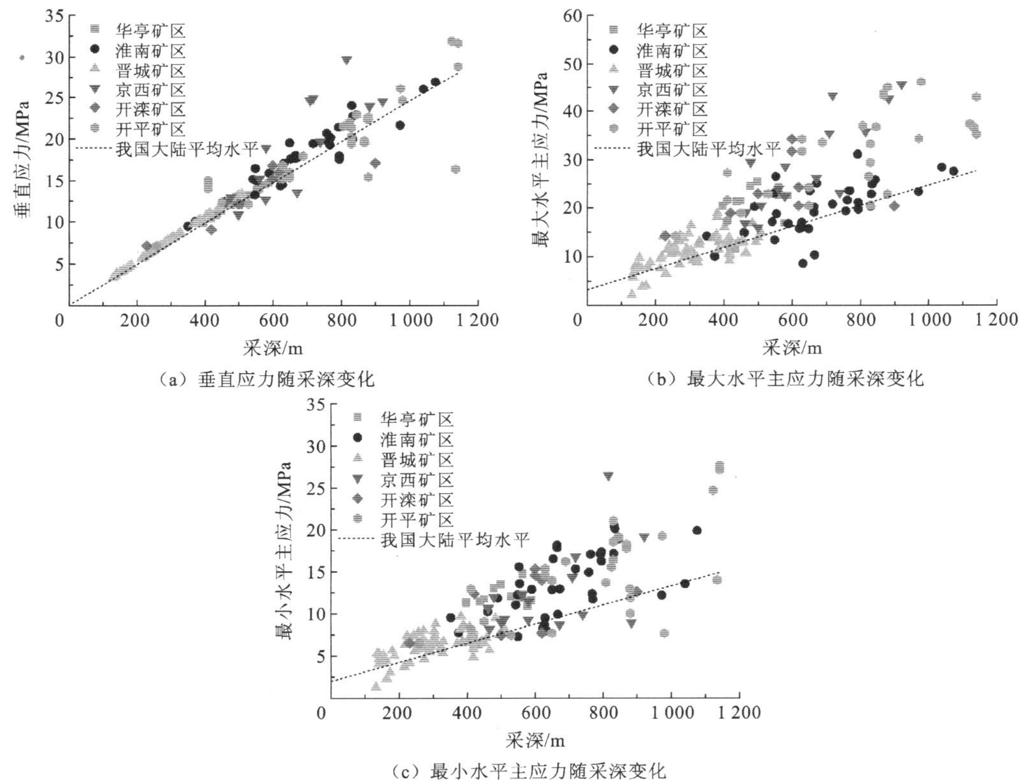

（a）垂直应力随采深变化

（b）最大水平主应力随采深变化

（c）最小水平主应力随采深变化

图 2.7 含有大型地质体的矿区地应力随采深的变化规律

2. 义马矿区和乌东煤矿的地应力分布特征

1）义马矿区

王士超[25]采用水力压裂法对义马矿区中除杨村煤矿外的其余 4 个矿进行地应力测试，

共计 14 个测点，结果如表 2.1 所示。由测量结果可以发现，义马矿区受巨厚砾岩的影响，整体以重力型应力场为主，而在靠近断层附近的区域，受断层挤压作用，以构造应力场为主。偏应力张量第二不变量 J_2 与采深的关系如图 2.8 所示，表明义马矿区剪应力的大小与采深呈正相关。且根据表 2.1 偏应力张量第三不变量 J_3 的计算统计结果可知，义马矿区整体呈压缩型应变状态。在义马矿区 21 个测点中，以千秋煤矿为界，以东的跃进煤矿和常村煤矿以压缩应变为主，以西的耿村煤矿和杨村煤矿以拉伸应变为主，说明义马矿区 5 个煤矿受断层和巨厚砾岩的影响不同，结合表 2.1 可以发现，常村煤矿和跃进煤矿的应力场类型以 $\sigma_V > \sigma_H > \sigma_h$（$\sigma_V$ 为垂直应力，σ_H 为最大水平主应力，σ_h 为最小水平主应力）为主，说明常村煤矿和跃进煤矿受上覆巨厚砾岩的控制作用较大，而受逆冲断层的挤压推覆控制作用较小。千秋煤矿的应力场为 $\sigma_H > \sigma_V > \sigma_h$，耿村煤矿的应力场类型虽为 $\sigma_V > \sigma_H > \sigma_h$，但 σ_H 与 σ_V 相差不大，说明与上覆巨厚砾岩控制作用相比，耿村煤矿和千秋煤矿受逆冲断层推覆作用影响更大。

表 2.1 义马矿区地应力测试结果

矿井	采深/m	σ_H/MPa	σ_h/MPa	σ_V/MPa	J_2/MPa	J_3/MPa
常村煤矿	806	9.23	5.45	19.66	54.17	70.51
	794	17.68	9.28	19.35	29.13	−28.26
	786	25.25	13.46	19.08	34.78	39.07
	645	9.21	4.77	16.70	36.36	25.03
跃进煤矿	1 010	26.88	15.47	37.92	126.01	−7.59
	880	26.06	13.67	32.75	93.72	−102.04
	870	26.48	13.26	32.75	98.99	−145.53
	800	22.91	12.36	32.70	103.48	−15.69
千秋煤矿	630	26.27	13.58	23.75	45.14	−39.96
	730	27.35	13.98	27.02	58.15	−93.40
	780	34.31	17.51	29.31	74.41	−65.36
耿村煤矿	631	14.84	7.69	16.50	21.92	−19.22
	650	12.58	7.09	17.00	24.65	−4.42
	654	13.83	7.29	17.10	24.95	−14.96

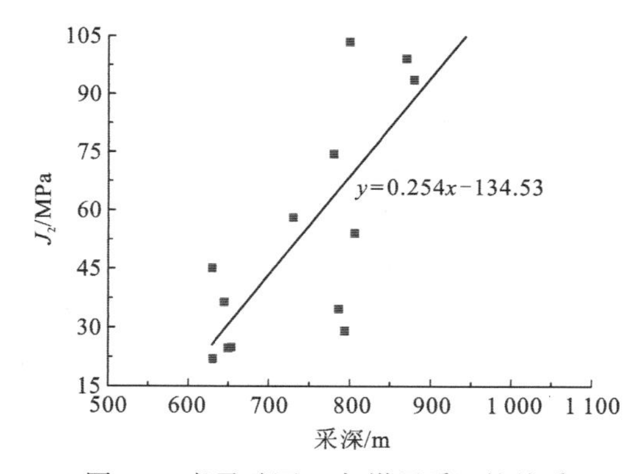

图 2.8 义马矿区 J_2 与煤层采深的关系

2）乌东煤矿

乌东煤矿从回采至今共进行了 13 次地应力测试，测试结果如表 2.2[26]所示，表中给出了乌东煤矿 3 个采区不同采深条件下最大水平主应力σ_H、最小水平主应力σ_h和垂直应力σ_V的变化。可以看出，乌东煤矿的水平应力占主导，应力场类型为$\sigma_H > \sigma_V > \sigma_h$。$J_2$与采深的关系如图 2.9 所示，说明随着开采深度的增加，剪应力也会逐渐增加，剪应力的大小与采深呈正相关。且根据表 2.2 中 J_3 的计算统计结果可知，乌东煤矿 3 个采区煤岩体应变形态都为压缩型应变，反映出乌东煤矿历史上受地质活动形成的大型褶曲构造的推覆作用而整体呈受压状态。

表 2.2　乌东煤矿地应力测试结果

采区	采深/m	σ_H/MPa	σ_h/MPa	σ_V/MPa	J_2/MPa	J_3MPa
南采区	307	14.31	8.05	7.16	15.18	−18.58
	287	8.05	3.32	6.93	1.17	−1.23
	365	15.19	8.34	8.72	14.82	−20.47
	365	14.10	7.25	7.71	14.66	−11.85
	390	15.77	8.26	8.30	18.70	−18.77
	410	15.43	8.17	7.12	20.48	−17.87
	467	22.70	10.76	11.36	45.25	−29.3
西采区	467	23.08	10.65	11.54	48.08	−22.77
	245	7.89	4.53	5.54	2.97	−2.95
	188	7.61	4.21	4.12	3.96	−2.71
北采区	300	8.17	4.57	4.70	4.17	-3.42
	300	7.87	4.32	4.93	3.60	-2.68
	300	8.21	4.83	5.06	3.57	-4.18

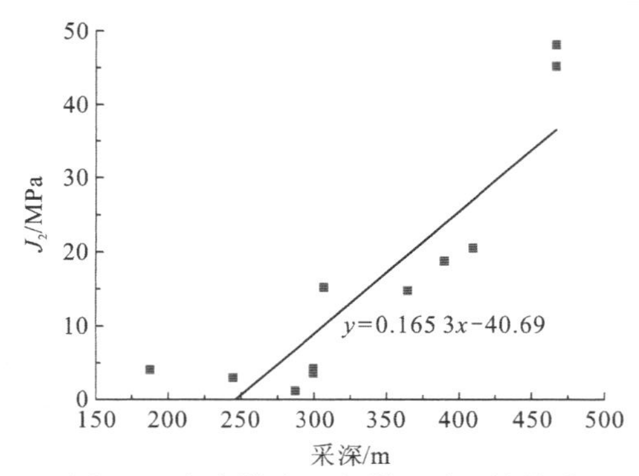

图 2.9　乌东煤矿 J_2 与煤层采深的关系

通过以上案例分析，将乌东煤矿和义马矿区两个具有典型特殊地质构造开采区域的应力场分布与我国大陆相同采深的平均水平进行对比，以此研究义马矿区和乌东煤矿的煤层地应力分布特征。经相关学者整理得到的我国大陆应力场分布拟合方程如下[27-28]：

$$\sigma_H^{CH} = 0.0216H + 6.78 \tag{2.1}$$

$$\sigma_{h}^{CH}=0.0182H+2.23 \tag{2.2}$$

$$\sigma_{V}^{CH}=0.0271H \tag{2.3}$$

式中：σ_{H}^{CH}、σ_{h}^{CH}和σ_{V}^{CH}分别为我国大陆的最大水平主应力、最小水平主应力和垂直应力的拟合结果；H为采深。

义马矿区和乌东煤矿与我国大陆平均水平地应力对比情况如图 2.10 所示，可以发现义马矿区测点中的垂直应力高于我国大陆平均水平，达 50%，但最大水平主应力并未超过我国大陆平均水平。由此可见，与逆冲断层相比巨厚砾岩的控制作用对义马矿区冲击地压的发生有重要影响。而乌东煤矿测点中垂直应力与我国大陆平均水平相当，但最大水平主应力高于我国大陆平均水平，达 53.8%。值得注意的是，乌东煤矿初次发生冲击地压的采深约为 300 m，在此采深条件下，乌东煤矿最大和最小水平主应力都有突变的情况，而垂直应力并未有明显变化，可见水平构造应力对乌东煤矿的冲击地压具有重要影响。

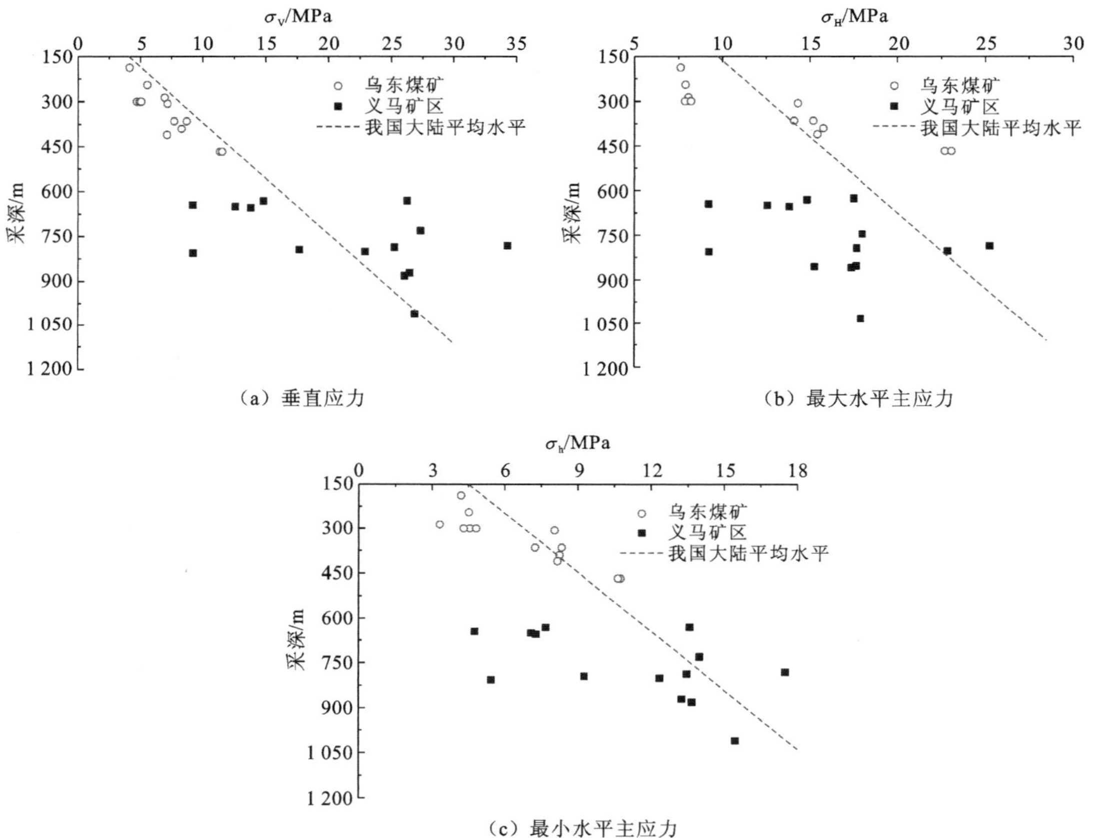

（a）垂直应力

（b）最大水平主应力

（c）最小水平主应力

图 2.10　义马矿区和乌东煤矿与我国大陆平均水平地应力对比

综合来看，大型地质体控制下的煤层赋存应力水平较高，在此环境下进行煤层开采时更容易产生应力集中，从而导致煤层开采的冲击危险程度增大，这是导致大型地质体控制下煤层冲击地压频繁发生的重要原因之一。因此，这种大型地质体控制下的冲击地压特征必然不同于常规地质构造条件下的冲击地压特征。

2.2　冲击地压破坏特征

2.2.1　乌东煤矿

1. 冲击地压发生位置特征

以乌东煤矿发生的 4 次严重冲击地压为例，对近直立岩柱条件下冲击地压的破坏特征进行分析（图 2.11）。现场实践表明，能级大于 10^6 J 的微震事件易造成矿井冲击地压显现，这种具备诱发冲击地压的高风险性微震事件称为“诱冲事件”[29]。以+450 m 的开采水平为例，在+450 m 水平煤层开采过程中矿井共监测到微震事件 22 649 次，其中“诱冲事件”

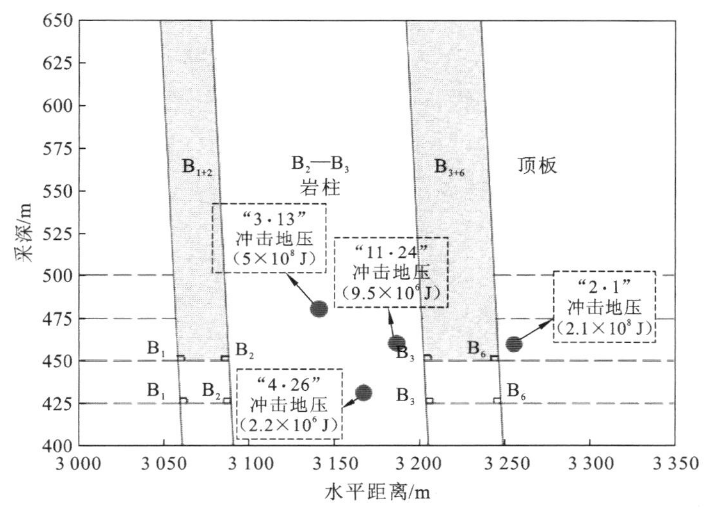

（a）冲击地压分布剖面图

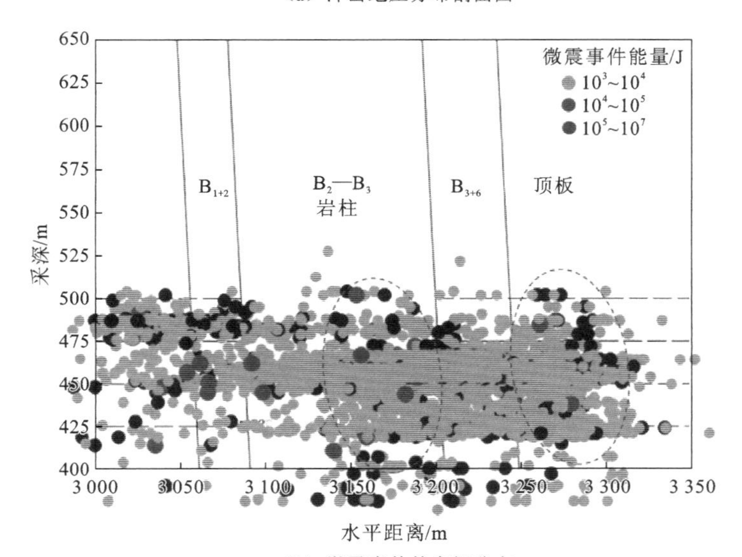

（b）微震事件的空间分布

图 2.11　冲击地压微震分布特征

共计 23 次。对 B_{3+6} 煤层回采过程中“诱冲事件”的分布统计分析发现区域性十分明显，其中有 62.5%分布在岩柱，25.0%分布在 B_{3+6} 煤层中，12.5%分布在 B_{3+6} 煤层顶板。根据 10^3～10^7 J 的微震事件能量，可以确定 B_{3+6} 煤层附近的微震事件密集分布[图 2.11（b）虚线区域]。B_{3+6} 煤层顶板的微震分布也有相似的集中区，B_{3+6} 煤层的微震事件明显多于 B_{1+2} 煤层。

2. 冲击地压显现特征

对现场调研记录分析发现，乌东煤矿 4 次冲击地压的显现位置都在 B_{3+6} 煤层的 B_3 巷道和 B_6 巷道，而相同采深条件下临近的 B_{1+2} 煤层的 B_1 巷道和 B_2 巷道未受影响，冲击地压具有明显的方向性。根据冲击显现的实际情况及影像资料（图 2.12）分析可以发现，4 次冲击地压在 B_3 巷道和 B_6 巷道都有明显的底鼓和帮鼓变形，尤其在 B_3 巷道南帮底角处底鼓变形更加明显，而在 B_6 巷道存在较大的顶部下沉，且北帮肩窝下沉较为严重。4 次冲击地压的破坏情况见表 2.3。结果表明，在近直立岩柱作用下乌东煤矿 B_6 巷道和 B_3 巷道的冲击显现范围较大，破坏极为严重，而相同开采深度下的 B_2 巷道和 B_1 巷道并无冲击地压显现。

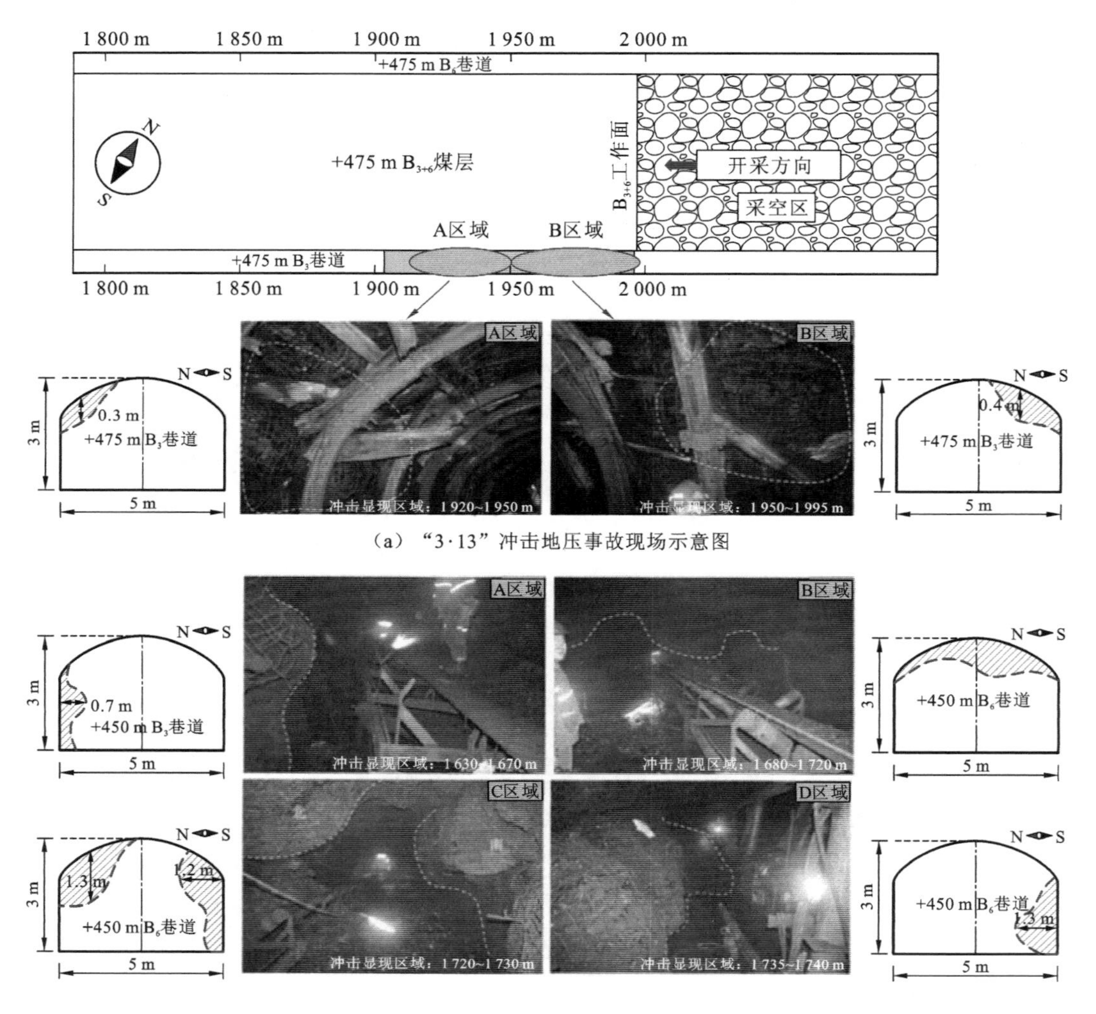

（a）“3·13”冲击地压事故现场示意图

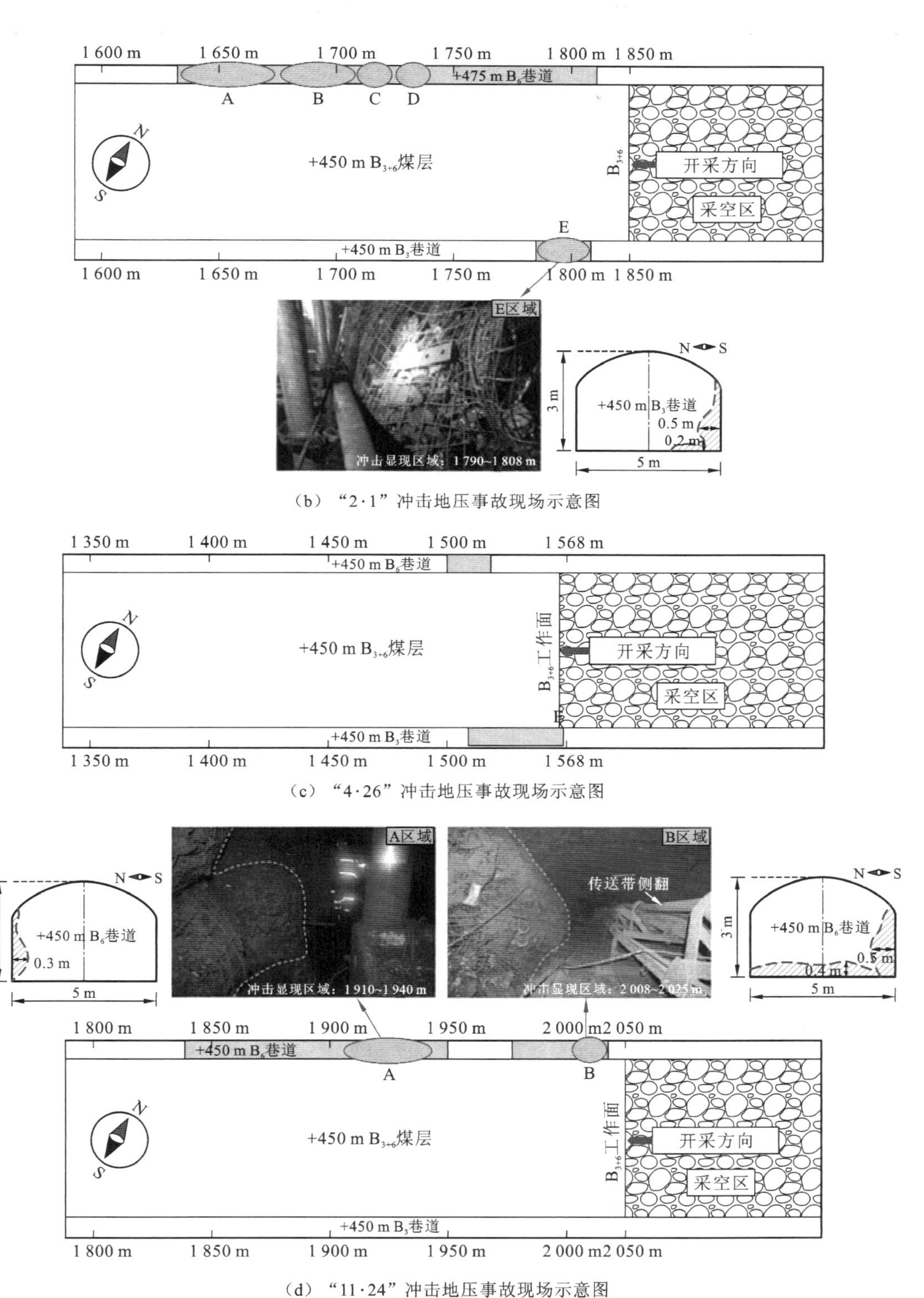

（b）“2·1”冲击地压事故现场示意图

（c）“4·26”冲击地压事故现场示意图

（d）“11·24”冲击地压事故现场示意图

图 2.12　乌东煤矿 4 次典型冲击地压事故的发生位置、破坏范围和程度

表 2.3　乌东煤矿 4 次冲击地压详细破坏情况统计表

<table>
<tr><th>日期</th><th>震源位置</th><th>震源能量/J</th><th>巷道</th><th>破坏范围/m</th><th>破坏形式和程度</th></tr>
<tr><td rowspan="2">2015 年 3 月 13 日（“3·13”）</td><td rowspan="2">B_2～B_3 巷道内距 B_3 底板 35 m</td><td rowspan="2">5×10^8</td><td>B_6</td><td>—</td><td>—</td></tr>
<tr><td>B_3</td><td>1 920～1 995</td><td>北帮肩角下沉 0.3 m，U 形棚收缩 0.2 m，南帮肩角下沉 0.2～0.4 m，1#、2#、4#、6#支架发生卸压和弯曲[20]</td></tr>
<tr><td rowspan="2">2016 年 11 月 24 日（“11·24”）</td><td rowspan="2">B_2～B_3 巷道内距 B_3 底板 12 m</td><td rowspan="2">9.5×10^6</td><td>B_6</td><td>1 840～1 950，1 980～2 025</td><td>北帮帮鼓 30 cm、南帮帮鼓 50 cm、底鼓 40 cm、风门门框变形[20]</td></tr>
<tr><td>B_3</td><td>—</td><td>—</td></tr>
<tr><td rowspan="2">2017 年 2 月 1 日（“2·1”）</td><td rowspan="2">距 B_6 顶板岩体 9 m 处</td><td rowspan="2">2.1×10^8</td><td>B_6</td><td>1 630～1 824</td><td>南帮帮鼓 50～130 cm，北帮帮鼓 30～70 cm，北帮肩窝下沉 130 cm，顶板下沉 70～100 cm，皮带南移 30～120 cm，风门变形[30]</td></tr>
<tr><td>B_3</td><td>1 790～1 808</td><td>南帮帮鼓 30～50 cm、南帮底鼓 20 cm，前溜机头底鼓 30 cm[20]</td></tr>
<tr><td rowspan="2">2017 年 4 月 26 日（“4·26”）</td><td rowspan="2">B_2～B_3 巷道中距 B_3 底板 35 m</td><td rowspan="2">2.2×10^6</td><td>B_6</td><td>1 500～1 520</td><td>皮带机“H”架错位、转载机机头与滑道歪斜错位[30]</td></tr>
<tr><td>B_3</td><td>1 510～1 565</td><td>南侧底板底鼓 30 cm、北帮帮鼓 40 cm、安全阀损坏</td></tr>
</table>

2.2.2　义马矿区

1. 冲击地压发生历史

义马矿区冲击地压问题在 20 世纪 80 年代就有显现，主要表现为煤炮声响和局部支架损坏，但没有详细记录。首次有记录的冲击地压为 1998 年 9 月 3 日千秋煤矿采深 450 m 的 18152 下巷掘进工作面冲击地压，冲击地压造成整条巷道被煤充满，损坏工字钢支架 100 棚，冲出煤量 500 m^3，导致 2 人死亡，1 人受伤。

随着浅部煤炭资源的枯竭和开采强度的增大，矿井开采深度正在以每年平均 10～25 m 的速度增加。目前，义马矿区内 3 个矿井开采时间均在 30 年以上，千秋、耿村、常村 3 个矿井邻近逆冲断层开采，开采深度均超过 500 m，最深达到 1 060 m，导致近年来冲击地压事故频繁发生，累计发生超过 200 余次。根据冲击地压发生时的煤矿开采阶段来看，57%发生在回采期间，29%发生在掘进期间，14%发生在工作面安装、转移、修巷期间。根据冲击地压发生位置的埋深，小于 600 m 的冲击地压占 17%，600～700 m 的冲击地压占 43%，超过 700 m 的冲击地压占 40%。

义马矿区冲击地压发生后，巷道以底鼓和帮部破坏为主，未造成严重的冒顶现象。另外，还有很多以煤炮和轻微巷道支架变形为主要表现形式的弱冲击现象。

2. 典型事故破坏特征

1）跃进煤矿 25110 工作面

2010 年 8 月 11 日跃进煤矿 25110 工作面下巷 362.8 m 范围内发生冲击地压，巷道损坏严重，冲击地压发生后，煤壁整体滑移，底板轻微鼓起，皮带侧翻，门式支架压断，O 形棚剧烈收缩，巷道断面发生不同程度的收缩，冲击前后巷道宽度和高度变化状态如图 2.13 所示。

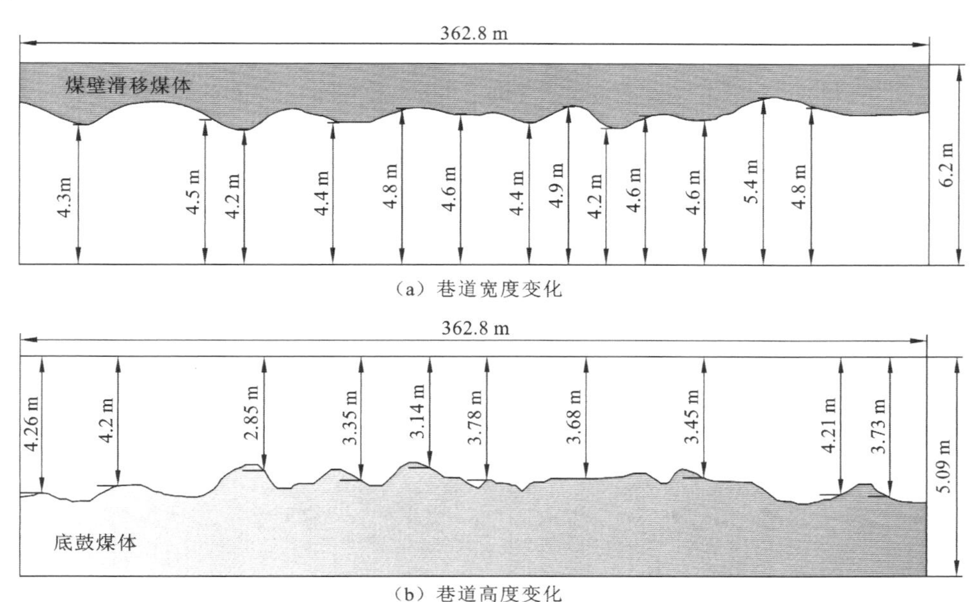

图 2.13　跃进煤矿 25110 工作面冲击后巷道形态

2）千秋煤矿 21201 工作面

2008 年 6 月 5 日千秋煤矿 21201 工作面下巷在修巷期间发生冲击地压，事故发生后巷道底鼓严重，巷道断面瞬间缩小至局部不足 1 m^2，突出煤量 3975t，涌出瓦斯 1700 m^3。经勘查，巷道合拢段长度为 105 m，巷道严重受损段长度为 240 m，巷道一般受损段长度为 285 m，冲击后巷道形态如图 2.14 所示。

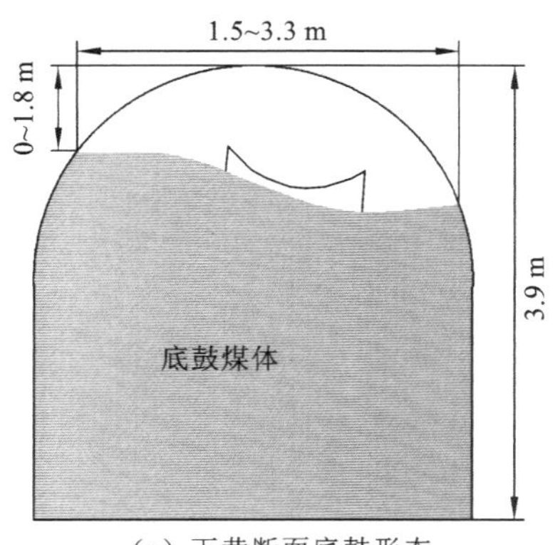

(a) 下巷断面底鼓形态

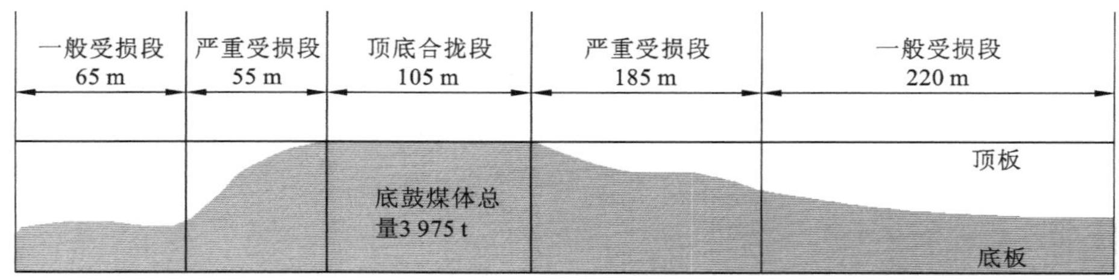

（b）下巷走向底鼓形态

图 2.14　千秋煤矿 21201 工作面冲击后巷道形态

2.2.3　龙堌煤矿

1. 冲击地压发生历史

龙堌煤矿自 2012 年首次发生冲击地压以来，随着矿井开采深度不断增加，冲击地压由开始时的局部微小破坏逐步发展为巷道破坏性冲击。历次已发生的 4 次冲击地压事故，基本情况和发生位置如表 2.4 和图 2.15 所示。

表 2.4　龙堌煤矿历次冲击地压事故统计表

时间	工作面	事故定位	现场宏观显现	主要影响因素
2012 年 3 月 7 日（“3·7”）	1302N	22:08（生产期间）；KJ551 系统定位：震级 1.77 级、能量 4.2×10^4 J，震源位于面前 40.5 m、下巷以上 90.8 m、顶板以上 50 m	煤机割完下三角准备上行，沿空侧下巷超前发生震顶事件，造成下平巷超前 50～70 m 范围内煤帮明显凸出约 500 mm，局部巷道底板轻微鼓起约 200 mm	双见方
2015 年 5 月 25 日（“5·25”）	2303S	9:56（停机检修）；ARAMIS 系统定位：震级 1.74 级，能量 1.6×10^5J，震源位于面后 180 m、顶板以上 66.8 m	工作面区域震感强烈。顶板断裂声音持续约 1 min；面 30#～80#支架区域部分前柱 1 000 L 安全阀开启；31#～79#支架区域 8 盏照明灯震落；44#支架向煤壁偏移 30 cm，55#支架向老空区偏移 10 cm，40#～75#支架排直状态受影响	过联巷煤柱（面距三联巷 115.2m）
2017 年 4 月 18 日（“4·18”）	2304S	14:26（生产期间）；ARAMIS 系统定位：震级 1.90 级，能量 3.44×10^5 J，震源位于面前 238.6 m，下巷以上 84.4 m，顶板以上 171 m	下巷超前 100 m 区域显现较明显。其中，1#超前支架外 12 m 长度区域顶板整体下沉约 0.8 m，顶板锚索梁断 1 根、锚索断 3 个；部分底皮带接底板；两帮完好、未见位移，预卸压钻孔深度 2.0 m 以里基本闭合，煤粉呈喷射散状	见方
2018 年 3 月 27 日（“3·27”）	2304N	18:35（生产期间）；ARAMIS 系统定位：震级 1.31 级、能量 2.4×10^4 J，震源位于 2304N 联巷下岔口东侧 155.1 m，2305N 联巷以南 63.1 m，顶板上方 12.1 m 处	2304N 联巷下岔口区域显现明显。现场声响大，散落煤渣多；顶板 2 处钢筋网形成网兜，顶板支护锚杆断 3 个；北帮附近开关水泥基础出现约长 7 m、宽 10 mm 的缝隙	断层与联巷切割煤柱、底煤

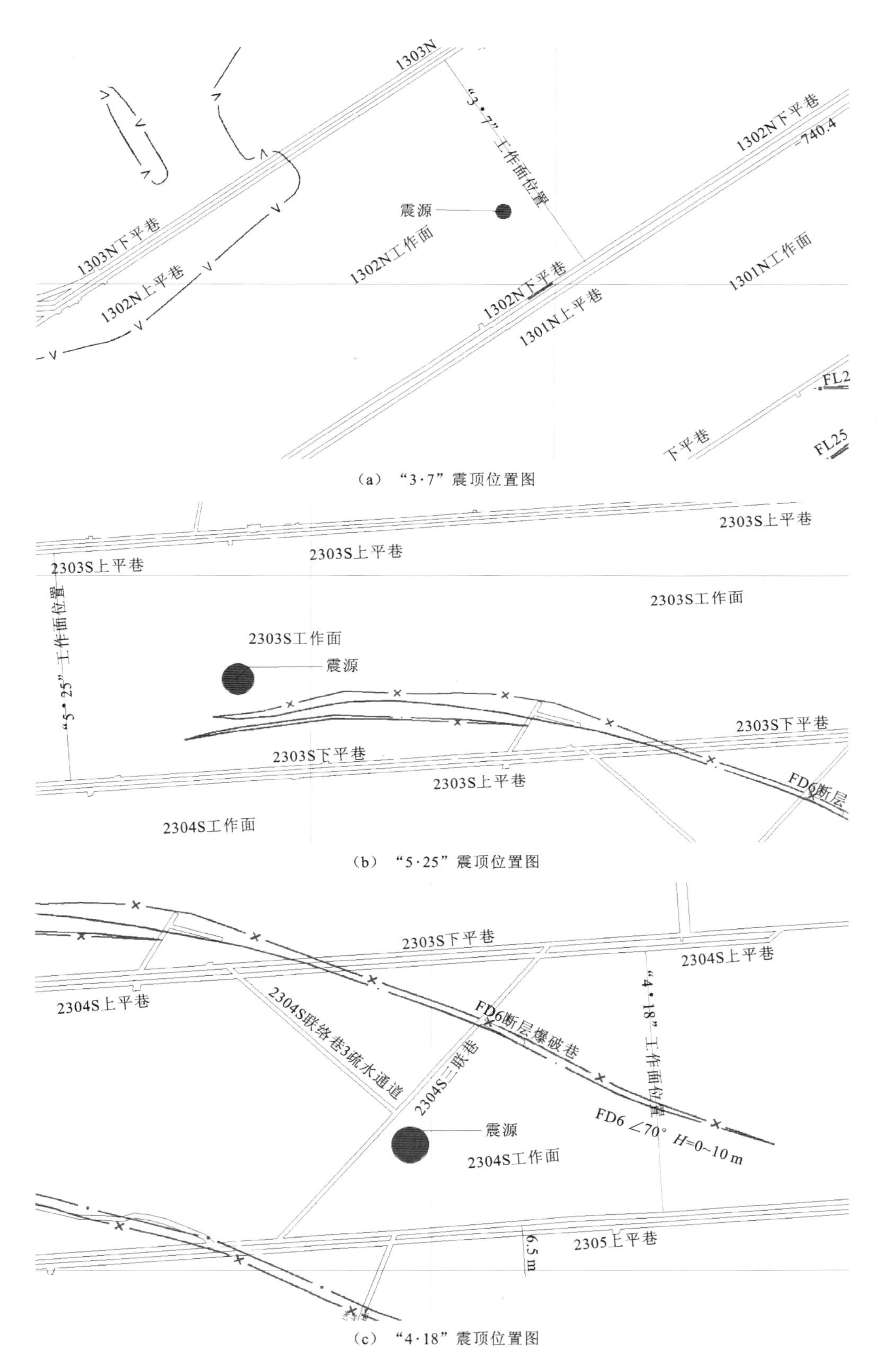

(a) "3·7"震顶位置图

(b) "5·25"震顶位置图

(c) "4·18"震顶位置图

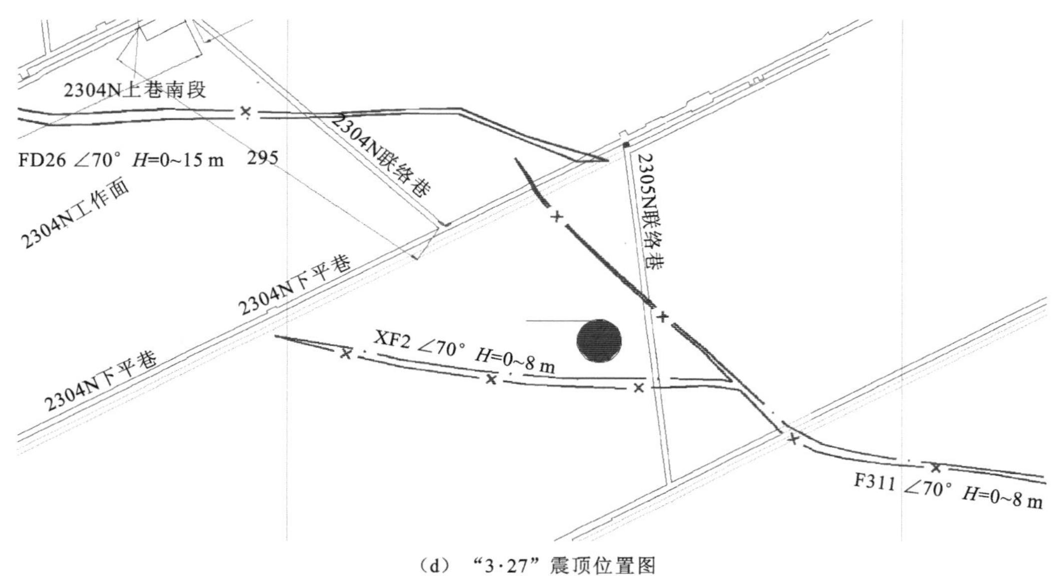

（d）“3·27”震顶位置图

图 2.15　历次冲击地压事故发生位置图

2. 典型事故破坏特征

2020 年 2 月 22 日 6:17:22，龙堌煤矿−810 m 水平二采区南翼 2305S 综放工作面上平巷发生一起较大冲击地压事故，造成 4 人死亡、直接经济损失 1853 万元。经现场勘查，事故区域为 2305S 工作面上平巷自上端头 10 m 以外 420 m，三联巷 66 m，合计 486 m。根据巷道破坏程度上平巷分为 4 段，三联巷分为 3 段，如图 2.16 所示。巷道破坏的具体情况如下。

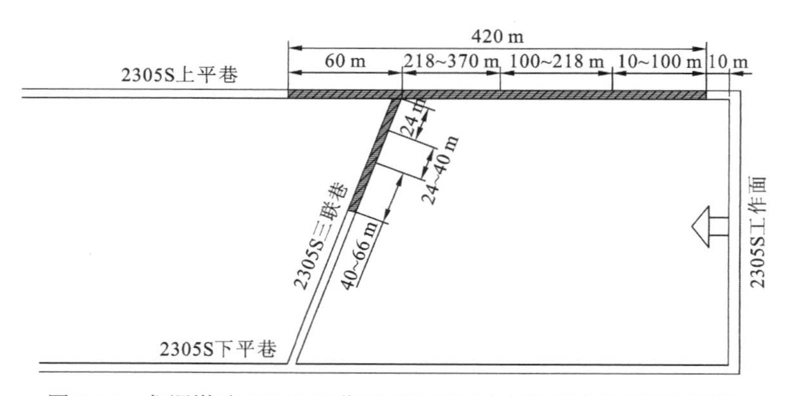

图 2.16　龙堌煤矿 2305S 工作面“2·22”冲击地压事故范围示意图

1）上平巷勘查情况

（1）上平巷超前 10～100 m 段，巷道明显变形。该区域单元支架变形明显，底座内移，损坏 2 架，其中 1 架折断两立柱。顶板下沉 0.3～0.6 m，局部破坏形成网兜；底板底鼓 0.3～0.8 m；两帮移近 0.6～0.8 m，主要表现为开采帮移近、巷道两底角内移（图 2.17）。

 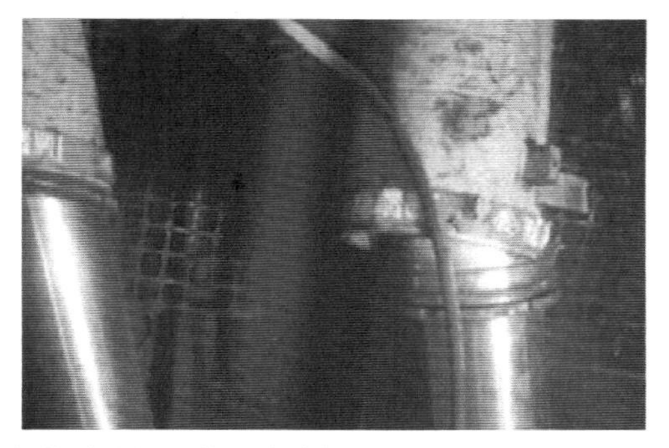

图 2.17 上平巷超前 10～100 m 段巷道破坏及单元式支架损坏图

（2）上平巷超前 100～218 m 段，巷道破坏严重，巷道堵塞，人员无法通行。

（3）上平巷超前 218～370 m（三联巷三岔口）段，巷道变形明显。帮部锚索梁部分断裂，顶板下沉 0.3～0.5 m，底板底鼓 0.5～1.2 m，两帮移近 0.5～1.5 m。上平巷与三联巷三岔口处巷道变形不明显，现场支设 1 架 ZQL2×4800/18/35 支架及 3 架 ZQ4000/20.6/45 单元式支架，支架基本完好。

（4）上平巷三联巷三岔口以外 60 m 段，巷道底鼓 0.8～1.5 m，顶板下沉 0.5～1.3 m，两帮移近 1.5～2.3 m。

2）三联巷勘查情况

三联巷上口 24 m 段，巷道顶板部分锚索梁弯曲变形，顶板下沉 0.2～0.5 m，两帮移近 0.8～1.2 m，底鼓 0.5～0.8 m。三联巷上口 24～40 m 段，巷道破坏严重，两帮内缩移近量大，顶板锚索梁断裂下沉，底板底鼓，巷道断面最小处仅剩 1.0 m^2 空间（图 2.18）。三联巷上口 40～66 m 段，巷道南帮位移 0.5～1.2 m，底板底鼓 0.3～2.0 m，顶板破坏严重，局部漏顶。

图 2.18 三联巷上口 24～40 m 段巷道破坏情况图

3）工作面和下平巷巷道变形情况

2305S 工作面支架完好，顶板完整，无明显下沉，煤壁完整无明显片帮；上端头轻微底鼓约 0.3 m，上帮煤壁完整，无明显移近，支设的单体液压支柱部分弯曲，无歪倒现象；下端头及下平巷无明显变化。

参考文献

[1] CHRISTOPHER M. Coal bursts in the deep longwall mines of the United States[J]. International Journal of Coal Science and Technology, 2016, 3(1): 1-9.

[2] IANNACCHIONE A T, TADOLINI S C. Occurrence, predication, and control of coal burst events in the U. S.[J]. International Journal of Mining Science and Technology, 2016, 26(1): 39-46.

[3] MAZAIRA A, KONICEK P. Intense rockburst impacts in deep underground construction and their prevention[J]. Canadian Geotechnical Journal, 2015, 52(10): 1426-1439.

[4] AGUADO M B D, GONZÁLEZ C. Influence of the stress state in a coal bump-prone deep coalbed: A case study[J]. International Journal of Rock Mechanics and Mining Sciences, 2009, 46(2): 333-345.

[5] SNELLING P E, GODIN L, MCKINNON S D. The role of geologic structure and stress in triggering remote seismicity in Creighton Mine, Sudbury, Canada[J]. International Journal of Rock Mechanics and Mining Sciences, 2013, 58: 166-179.

[6] 赵善坤，蔡昌宣，刘震. 北天山矿区地应力分布与区域构造关系研究[J]. 地下空间与工程学报，2013, 10(9): 1599-1604.

[7] 赵善坤，张广辉，柴海涛，等. 集贤煤田地质构造演化特征及其对冲击地压的影响[J]. 煤矿安全，2019, 50(6): 224-230.

[8] 赵善坤，邓志刚，季文博，等. 多期构造运动影响下区域地应力场特征及其对冲击地压的影响[J]. 采矿与安全工程学报, 2019, 36(2): 306-315.

[9] 赵善坤，张宁博，张广辉，等. 双鸭山矿区深部地应力分布规律与区域构造作用分析[J]. 煤炭科学技术, 2018, 46(7): 26-33.

[10] 赵茂春，徐先川，王泽传，等. 地质体组合构造分析方法与找矿[J]. 地质论评, 2017, 63(6): 1535-1548.

[11] 李一哲. 大型地质体控制下冲击地压发生机制与防治方法研究[D]. 北京：煤炭科学研究总院, 2021.

[12] 国家煤矿安全监察局. 防治煤矿冲击地压细则[M]. 北京：煤炭工业出版社, 2018.

[13] 杜涛涛，李康，蓝航，等. 近直立特厚煤层冲击地压致灾过程分析[J]. 采矿与安全工程学报，2018, 35(1): 140-145.

[14] LAI X P, SHAN P F, CAO J T, et al. Hybrid assessment of pre-blasting weakening to horizontal section top coal caving (HSTCC) in steep and thick seams[J]. International Journal of Mining Science and Technology, 2014, 24(1): 31-37.

[15] 赵善坤. 采动影响下逆冲断层“活化”特征试验研究[J]. 采矿与安全工程学报, 2016(2): 354-360.

[16] 张宁博，赵善坤，赵阳，等. 逆冲断层卸载失稳机理研究[J]. 煤炭学报, 2020, 45(5): 1671-1680.

[17] 张宁博，赵善坤，赵阳，等. 动静载作用下逆冲断层力学失稳机制研究[J]. 采矿与安全工程学报，2019, 36(6): 1186-1183.

[18] 赵善坤，张宁博，王永仁，等. 逆冲断层下冲击危险煤层采场矿压规律试验研究[J]. 煤炭科学技术, 2015(10): 61-66.

[19] 康红普，吴志刚，高富强，等. 煤矿井下地质构造对地应力分布的影响[J]. 岩石力学与工程学报，2012, 31(S1): 2674-2680.

[20] 张永坤. 潘谢矿区 A 组煤开采地应力测量和巷道支护技术研究[D]. 淮南：安徽理工大学, 2012.

[21] 康红普, 姜铁明, 张晓, 等. 晋城矿区地应力场研究及应用[J]. 岩石力学与工程学报, 2009, 28(1): 1-8.
[22] WANG H W, JIANG Y D, XUE S, et al. Investigation of Intrinsic and external factors contributing to the occurrence of coal bumps in the mining area of western Beijing, China[J]. Rock Mechanics and Rock Engineering, 2016, 50(4): 1033-1047.
[23] 韩军, 梁冰, 张宏伟, 等. 开滦矿区煤岩动力灾害的构造应力环境[J]. 煤炭学报, 2013, 38(7): 1154-1160.
[24] HAN J, ZHANG H W, LIANG B, et al. Influence of large syncline on in situ stress field: A case study of the Kaiping Coalfield, China[J]. Rock Mechanics and Rock Engineering, 2016, 49(11): 4423-4440.
[25] 王士超. 基于水力压裂法的义马煤田地应力场研究[J]. 煤炭技术, 2016, 35(12): 219-221.
[26] 陈建强, 闫瑞兵, 刘昆轮. 乌鲁木齐矿区冲击地压危险性评价方法研究[J]. 煤炭科学技术, 2018, 46(10): 22-29.
[27] 赵德安, 陈志敏, 蔡小林, 等. 中国地应力场分布规律统计分析[J]. 岩石力学与工程学报, 2007(6): 1265-1271.
[28] 景锋. 中国大陆浅层地壳地应力场分布规律及工程扰动特征研究[D]. 武汉: 中国科学院武汉岩土力学研究所, 2009.
[29] HE J, DOU L M, GONG S Y, et al. Rock burst assessment and prediction by dynamic and static stress analysis based on micro-seismic monitoring[J]. International Journal of Rock Mechanics and Mining Sciences, 2017, 100(93): 46-53.
[30] 刘昆轮, 闫瑞兵. 基于地音监测的近直立煤层冲击地压前兆特征研究[J]. 煤炭工程, 2020, 52(4): 48-51.

第 3 章　大型地质体控制下矿井群冲击地压发生机理研究平台

3.1　矿井群井–地一体化监控平台

3.1.1　冲击地压井–地联合监测方法

煤矿开采中，不同煤岩层分布的节理裂隙及瓦斯与含水量差别较大，导致煤岩体物理力学性质较为复杂；同时，煤系地层不同地质构造、不同开拓布置和回采方式导致顶板覆岩处于不同应力环境，使得覆岩破断行为更加复杂[1-2]。在复杂的地质条件及环境影响下，采用单一监测手段效果往往较差，监测数据精度不足，可信度较差，甚至在某些地质条件下无法对冲击地压进行监测，难以满足煤岩体动力灾害准确预警的需求[3-5]。随着煤矿开采深度的增加和开采强度的增大，煤层开采后所形成的采场空间日益增大，采空区上覆岩层逐层向上发生破断变形直至地表，导致地表发生沉降变形、地表开裂或台阶下沉，形成塌陷坑或沉陷盆地，因此采场上方岩层运动与井下煤岩体动力灾害的发生存在一定的关联性[6]。为了探究井下与井上多元监测信息与煤岩动力灾害的关联性，本章提出采场至地表的井–地联合监测方法，其多元监测结果不仅为矿井群冲击地压提供较为可靠的预警信息，同时能够为由煤炭开采导致的地面建筑物、水体及铁路等建筑工程的稳定性和地表水土流失及生态环境破坏等问题提供一定的数据支撑。

矿井群冲击地压井–地联合监测方法包括微震监测、工作面支架压力监测、地表水准仪和实时动态（real-time kinematic，RTK）监测。该监测方法集井–地监测于一体，监测过程相互关联，相互补充，监测结果比单一手段监测更为精确，能够较好地确定大范围矿山煤岩体微震活动情况、矿压显现情况、地表下沉值、地表沉陷时间和岩层的破裂形态等信息，为岩层运动诱发动压灾害的判断及防治、煤矿井下开采高位联动岩层的确定及地表建筑物的稳定评估提供依据。

1. 井下微震监测和支架工作阻力监测

（1）在井下工作面附近设置微震传感器，由微震传感器实时监测煤层开采过程中上覆岩层变形破裂产生的微震事件，将微震事件通过微震监测系统数据处理软件显示，并由软件反演分析确定微震事件的发生时刻、空间位置和能量值；对照微震事件高度变化及采掘工程平面图中工作面位置，确定冲击地压发生前后微震事件特征。

（2）工作面支架安装矿压监测系统，对顶板压力实施 24 h 连续监测。

2. 地表水准仪和 RTK 监测

（1）在网格节点对应的地表处设置监测点，使用地表水准仪配合水准尺对各监测点实施水准测量，得到各监测点的高程。

（2）对各监测点的高程进行定期、重复观测，煤层开采过程中测量监测点的高程差，从而得到各监测点的地表下沉值，由监测点开始下沉到停止下沉的时间间隔得到各监测点的地表沉陷时间。

典型的矿井群井-地联合监测示意图如图 3.1 所示。

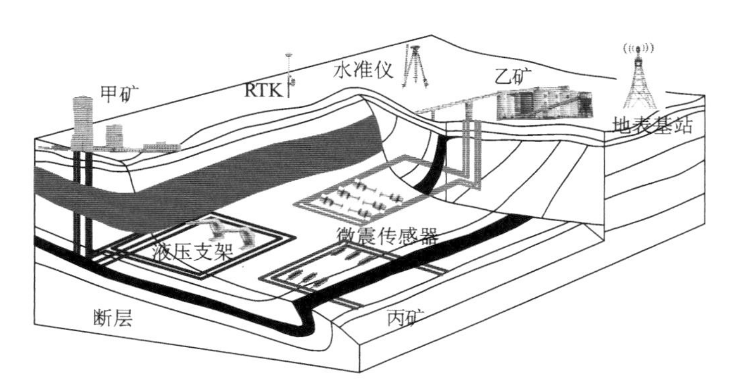

图 3.1　矿井群冲击地压井-地联合监测示意图

3.1.2　冲击地压井-地监测平台搭建实例

1. 工作面概况

选取跃进常村结合部区域作为井-地联合监测区域，2018～2019 年该区域有 3 个工作面同时回采，分别为跃进 23092 工作面、常村 21162 和 21170 工作面（表 3.1、图 3.2），工作面布置及地质特征如下。

表 3.1　工作面回采时期

工作面	开始回采日期	停止回采日期	回采长度/m
跃进 23092	2018 年 3 月 18 日	2019 年 6 月 10 日	464.95
常村 21162	2018 年 5 月 1 日	2019 年 9 月 30 日	372.53
常村 21170	2017 年 11 月 1 日	2020 年 7 月 31 日	727.00

1）工作面布置

跃进 23092 工作面为 23 采区首个开采 2-1 煤层二分层的工作面，地面标高为+518～+574 m，工作面煤层底板标高为-236.2～-300.6 m，可采走向长度为 945 m，倾斜长度为 280 m，面积为 266 100 m^2。23092 工作面东为矿井边界煤柱，西为 23 采区下山保护煤柱，北为 23070 综放工作面（已采），南为 23130 综放工作面（已采），上部为 23090 综采工作面（已采）和 23110 综采工作面（已采）。

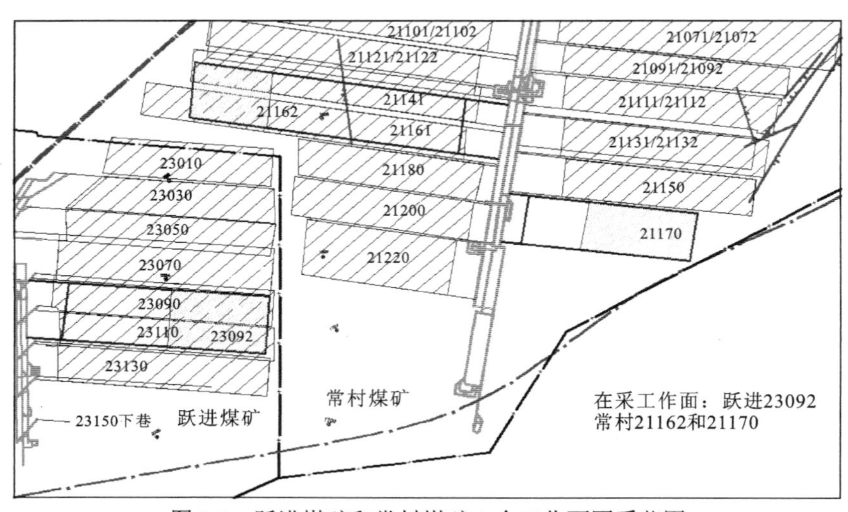

图 3.2　跃进煤矿和常村煤矿 3 个工作面回采范围

常村 21162 工作面为常村 21 采区二分层工作面，开采 2-1 煤层，西以 F3 断层为界，东为 21 采区下山保护煤柱，北为 21121/21122 综采工作面（已采），南为 21180 综放工作面（已采），上部为 21141 综采工作面（已采）和 21161 综采工作面（已采）。

常村 21170 工作面开采 2-1 煤层，西为 21 采区下山保护煤柱，东为 F16 断层，北为 21150 综放工作面（已采），南为实体煤。

2）地质特征

跃进常村结合部区域煤层走向为 105°～130°，倾向为 195°～220°，倾角为 10°～13°，平均为 12°。煤层厚度为 3.4～11.74 m，平均煤厚 9.3 m。夹矸 1～4 层，单层厚为 0.1～1.3 m，夹矸岩性一般为碳质或砂质泥岩，结构简单至中等。

煤层基本顶以砾岩为主，夹含薄砂岩，厚 105 m 左右，弱含水性；直接顶为泥岩，厚 22 m 左右，灰黑色，裂隙和节理发育；伪顶为砂质泥岩，厚 0.2 m 左右，层状结构易脱落；直接底为泥质砂岩，厚 6.1 m 左右，具缓波状层理，夹含粉砂岩条带。

跃进常村结合部区域水文地质条件简单，回采期间正常涌水量约 15 m^3/h（生产用水），最大涌水量约 30 m^3/h。

2. 监测方案设计与实施

1）井下微震和支架工作阻力监测

跃进煤矿和常村煤矿微震监测分别使用 ARAMIS 和 SOS 微震监测系统，支架工作阻力监测均使用 KJ653 矿压监测系统。跃进 23092 工作面布置 5 个 ARAMIS 微震检波器，位于工作面上巷、下巷和 23 采区下山；常村 21162 工作面和 21170 工作面分别布置 4 个和 7 个 SOS 微震检波器，位于两工作面上下巷和 21 采区下山。矿压监测系统中，每 10 架液压支架安装 1 个压力监测分站，每 5 min 实时记录 10 个液压支架的工作阻力均值。跃进 23092 工作面下巷至上巷方向分别布置 1#～18#分站；常村 21162 和 21170 工作面下巷至上巷方向分别布置 1#～17#分站和 1#～18#分站。该区域微震检波器和压力分站布置位置如图 3.3 所示。

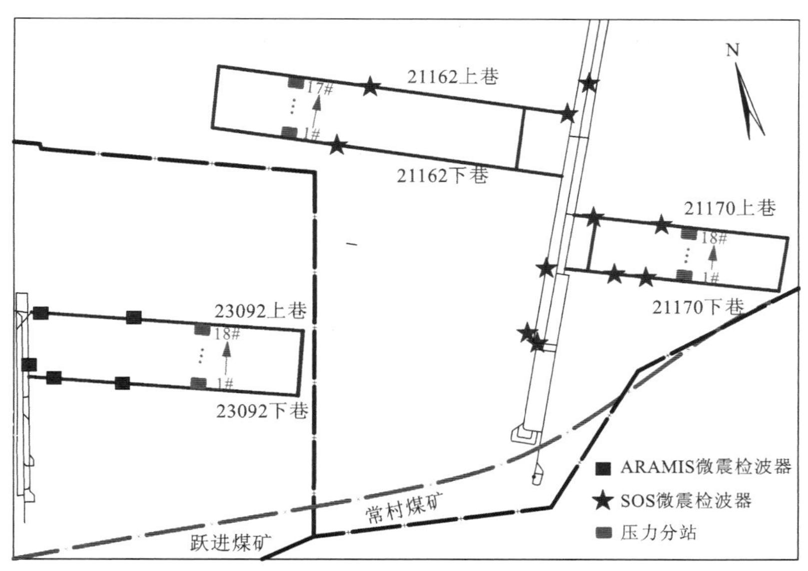

图 3.3　微震检波器和压力分站布置位置

2）地表水准和 RTK 观测

（1）观测方案。

根据地表实际条件，在井间区域地表布置 13 条测线，共 170 个测点，该范围测线和测点布置如图 3.4 所示。其中：跃进煤矿 23 采区近东西走向测线（W1～W16）、近南北走向测线（N1～N20）和 21170 北部近南北方向测线（J10～J23）地表观测条件较好，使用水准仪观测；其余测线（A1～A16、B1～B5、C1～C12、D1～D7、E1～E14、F1～F12、G1～G21、H1～H6、J1～J9、K1～K24）使用 RTK 观测。

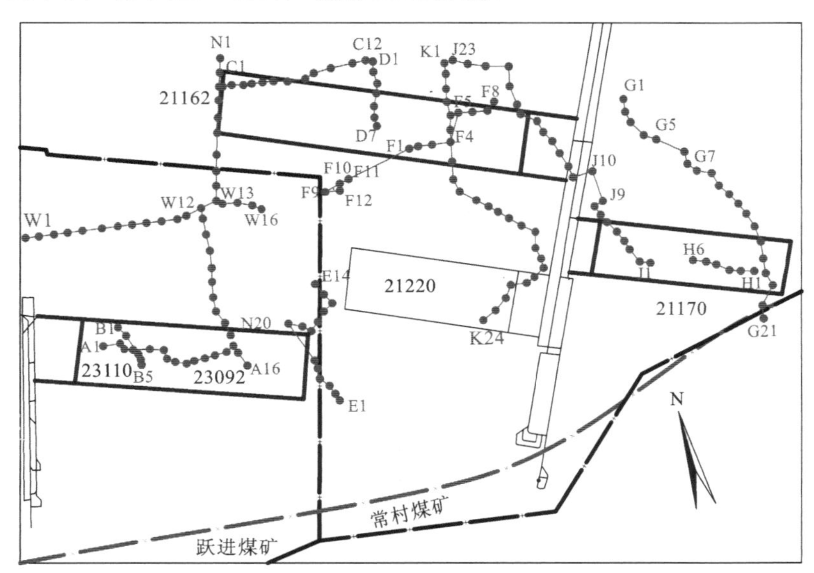

图 3.4　地表沉降观测测线和测点布置位置

（2）观测实施。

现场测点布设过程中，为了降低沉降数据受地表人为扰动的概率，测点位置均尽可能地布置于人员较少的非公共区域或田间的荒地中。测点通过水泥地打钢钉或埋石桩的方式实现。打钢钉过程中，水泥地钻孔孔径略小于钢钉直径的小孔，且孔中加入定量的膨胀水泥，将钢钉锤击至孔中。埋设石桩时，梯形水泥石桩中心嵌入直径为 20 mm 的钢筋，将石桩整体埋入土中，仅钢筋顶部十字线露头于地表，现场水泥地表测点布设和地表沉降观测过程如图 3.5 和图 3.6 所示。

（a）地表打钻

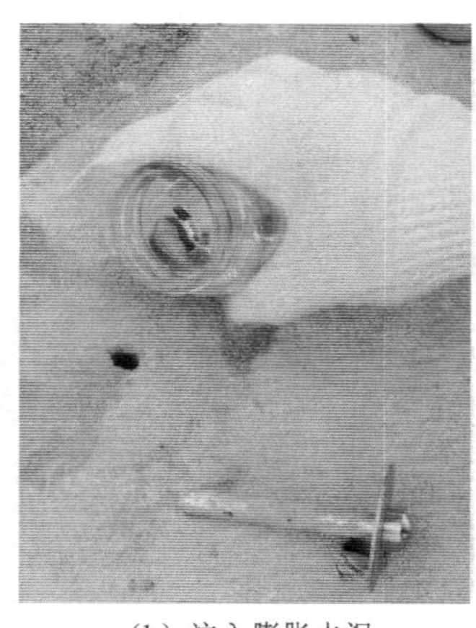
（b）注入膨胀水泥

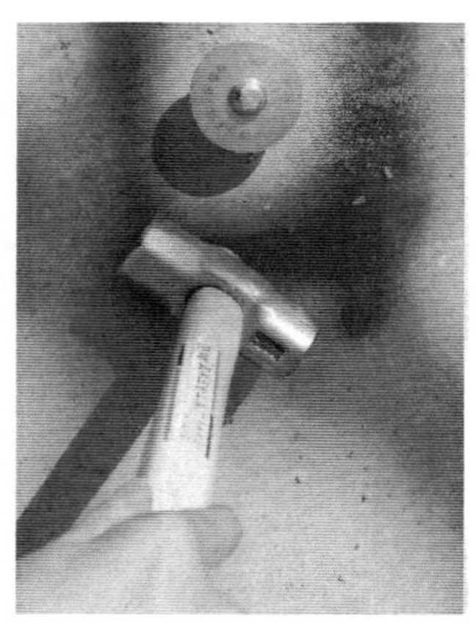
（c）锤击钢钉

图 3.5　水泥地表测点布设

（a）RTK观测

（b）水准仪观测

图 3.6　地表沉降观测过程

3.1.3　冲击地压井-地监测平台精度测试及分析

1. 微震精度测试

在煤矿井下具备条件的工作面布置微震检波器，选定固定点打孔装入炸药爆破，将爆破点作为人工震源点，利用微震检波器监测到的微震信号，进行定位计算，将计算得到的震源位置与实际爆破点的位置对比，二者的差值即为定位误差。

在跃进煤矿开展微震监测系统震源定位精度定点爆破测试试验。跃进煤矿已经安装了ESG微震监测系统和ARAMIS微震监测系统，因而试验过程中利用两套系统同时对某次人工爆破事件进行定位，可以验证两套系统各自的定位精度。图3.7和图3.8所示为某次爆破后，两套微震监测系统各自监测到的波形图，表3.2列出了3次人工爆破后，根据各监测系统监测数据计算得到的震源位置。

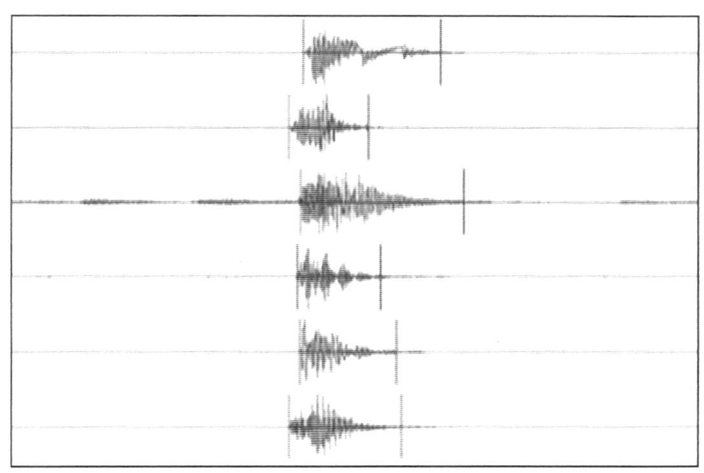

图 3.7　ARAMIS 微震系统接收到的放炮波形图

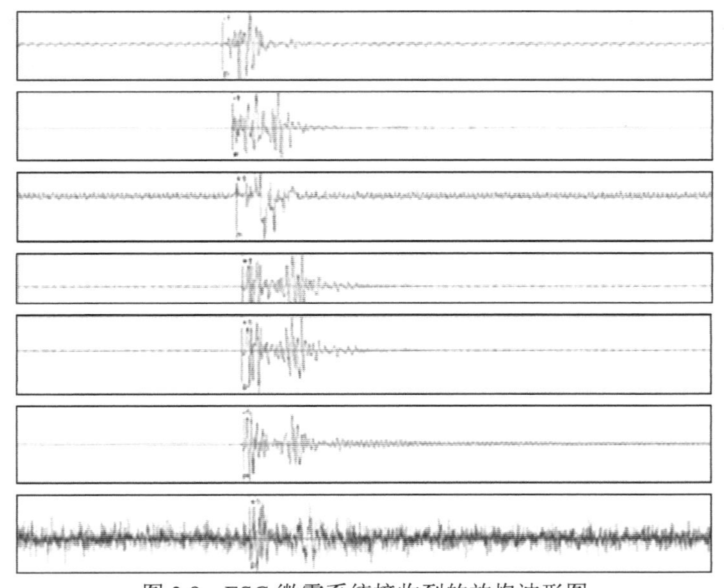

图 3.8　ESG 微震系统接收到的放炮波形图

从表3.2可以看出，ARAMIS微震监测系统的空间定位误差最大为−15.33 m，最小为1.87 m；ESG微震监测系统的空间定位误差最大为−20.85 m，最小为−4.03 m。ARAMIS微震监测系统的定位精度优于ESG微震监测系统。

表 3.2　跃进煤矿微震监测系统定位精度定点爆破测试结果

爆破	爆破点	炮点坐标			定位误差/m		
		X/m	Y/m	Z/m	ΔX/m	ΔY/m	ΔZ/m
第一次爆破	定点爆破点	81301.33	40954.13	−223.90	—	—	—
	ARAMIS 定位点	81286.00	38409.56	−228.00	−15.33	1.87	−4.102
	ESG 定位点	81291.26	40947.08	−230.00	−10.07	−7.05	−6.102
第二次爆破	定点爆破点	81519.21	41029.41	−183.52	—	—	—
	ARAMIS 定位点	81513.00	41019.00	−190.00	−6.21	−10.41	−6.48
	ESG 定位点	81511.7	41022.48	−187.55	−7.51	−6.93	−4.03
第三次爆破	定点爆破点	81429.78	40946.11	−219.77	—	—	—
	ARAMIS 定位点	81434.00	40958.00	−217.00	4.22	11.89	2.77
	ESG 定位点	81447.10	40925.26	−209.31	17.32	−20.85	10.46

2. 地表测量精度测试

1）水准精度

跃进—常村井间区域南北走向的 N 测线和东西走向的 W 测线于 2019 年 6 月、7 月、10 月、12 月，2020 年 2 月、4 月分别测量 1 次。两区域的 3 条测线每次测量的闭合差如表 3.3 所示。由表 3.3 可知，对水准某测线测量闭合环时，每次测量的闭合差均在±4 mm 内。

表 3.3　水准精度测量闭合差　（单位：mm）

测线	2019 年 6 月	2019 年 7 月	2019 年 10 月	2019 年 12 月	2020 年 2 月	2020 年 4 月
N 测线	1	−3	3	4	−4	2
W 测线	−3	2	3	−4	−1	4

2）RTK 精度

RTK 监测采用的仪器为思拓力 S9II，该仪器水平精度为±8 mm，垂直精度为±15 mm。受 RTK 监测仪器自身定位精度的限制，水平变形测量精度显然难以靠仪器自身实现，为了尽可能消除精度误差，每个测点在每次测量时，应至少连续测量 5 次，当 5 次测得的 RTK 数据相差±2.5 mm 时，则认为该 5 次测量的数据有效，否则应重新测量。

3.2　矿井群稳定性三维并行分析软件平台

3.2.1　CASRock 基本原理

煤矿进入深部开采以后，大型地质体控制下矿井群煤系地层结构体的稳定性是需要解决的关键科学问题之一。矿井群规模大、地质条件复杂，采用传统的分析方法对矿井群稳定性进行数值仿真资源消耗较大。基于对煤岩体破裂特征的认识，利用生物界自组织行为来描述元胞与其邻居之间力的相互传递现象，并融合弹脆塑性力学、岩体力学、工程地质学和断裂力学等理论和方法，提出工程岩体破裂过程的细胞自动机分析方法，该方法将煤岩体离散为由元胞组成的系统（图 3.9），包括元胞及其状态、元胞空间、邻居与更新规则等组件[7-16]，对元胞进行材料性质赋值，赋予元胞一定的本构关系和破坏判据，采用细胞自动机更新规则对其状态进行更新，从而模拟煤岩体的破裂过程。基于该方法研发相应的软件系统 CASRock[17-20]，为煤岩体的破裂行为模拟和矿井群开采过程稳定性分析提供工具。

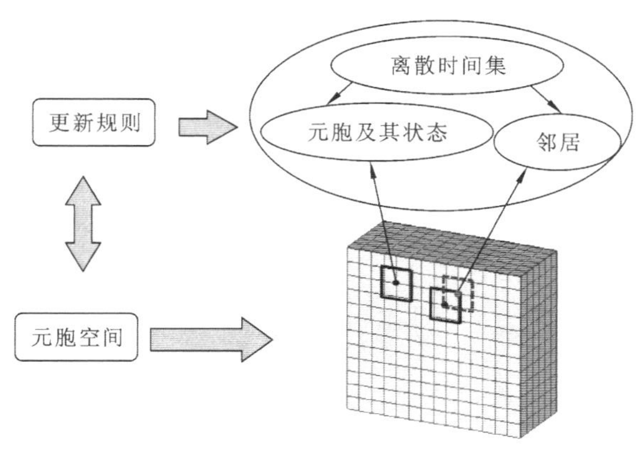

图 3.9　细胞自动机组件

为了对矿井群稳定性进行大规模科学仿真，充分利用细胞自动机的特点，将 CASRock 软件进行并行化。在并行条件下，CASRock 软件首先采用区域分解策略，对求解域分而治之，将大规模问题分解成一系列小的计算问题，并在不同处理器上进行求解，从而增加计算规模、缩短计算时间。在每一个区域，采用串行细胞自动机更新规则对各个元胞的状态进行更新。同时，将交界处的节点设置为共享节点，通过调用消息传递接口（message passing interface，MPI）函数实现数据传输与共享（图 3.10）。该方法是融合 MPI 函数和细胞自动机的并行算法，与串行细胞自动机更新规则相比，能够实现更大规模问题的求解[17]。

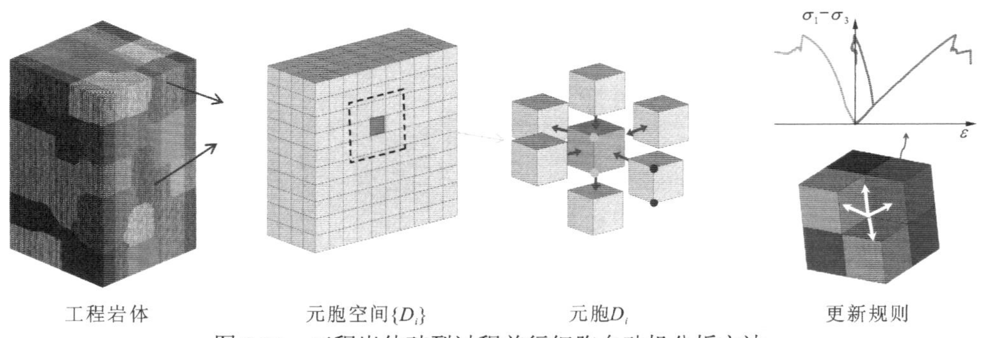

图 3.10　工程岩体破裂过程并行细胞自动机分析方法

在复杂应力条件下，煤岩体可能表现为不同的力学行为，例如脆性、应变软化、理想塑性或者应变硬化等，因此，在 CASRock 软件中，元胞单元的本构关系如图 3.11 所示，可以根据实际情况选择合适的本构关系[10, 14, 18]。

CASRock 软件中包含德鲁克-普拉格（Drucker-Prager）强度准则、兰金（Rankine）准则和莫尔-库仑（Mohr-Coulomb）强度准则等典型的煤岩体破坏准则，例如，对于修正莫尔-库仑强度准则，拉破坏采用兰金准则，剪切破坏采用莫尔-库仑强度准则（图 3.12）。在主应力空间，破坏强度可以表示为如下形式：

$$f_{\mathrm{MC}} = k\sigma_1 - \sigma_3 - \sigma_{\mathrm{c}} \tag{3.1}$$

$$f_{\mathrm{R}} = \sigma_1 - \sigma_{\mathrm{t}} \tag{3.2}$$

式中：f_{MC} 和 f_{R} 分别为莫尔-库仑破坏强度和兰金破坏强度；σ_{c} 和 σ_{t} 分别为单轴抗压强度和抗拉强度；k 为剪切系数，可以根据内摩擦角求得：

$$k = (1+\sin\varphi)/(1-\sin\varphi) \tag{3.3}$$

式中：φ为内摩擦角。

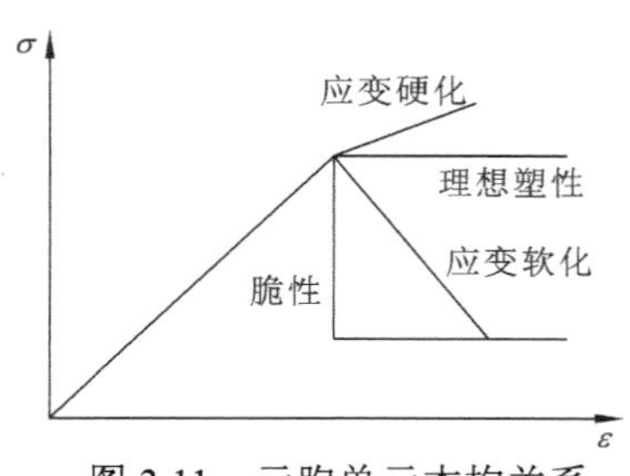

图 3.11　元胞单元本构关系

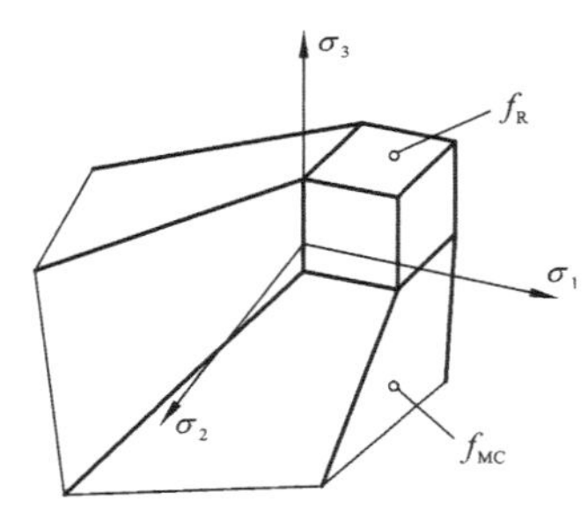

图 3.12　元胞单元破坏包线

图 3.13 所示为 CASRock 软件界面，该软件由前处理模块、求解模块和后处理模块组成。在求解模块里，可以选择并行和串行模块。为了模拟矿井群井间的相互扰动，针对工程岩体破坏局部化的特征，建立工程岩体动力响应分析的局部化更新规则[19-20]，空间和时间尺度上分别采用细胞自动机和 Newmark 积分方法。基于工程岩体破裂过程分析软件 CASRock，还研发了动力分析版本 CASRock.Dyna[21]。

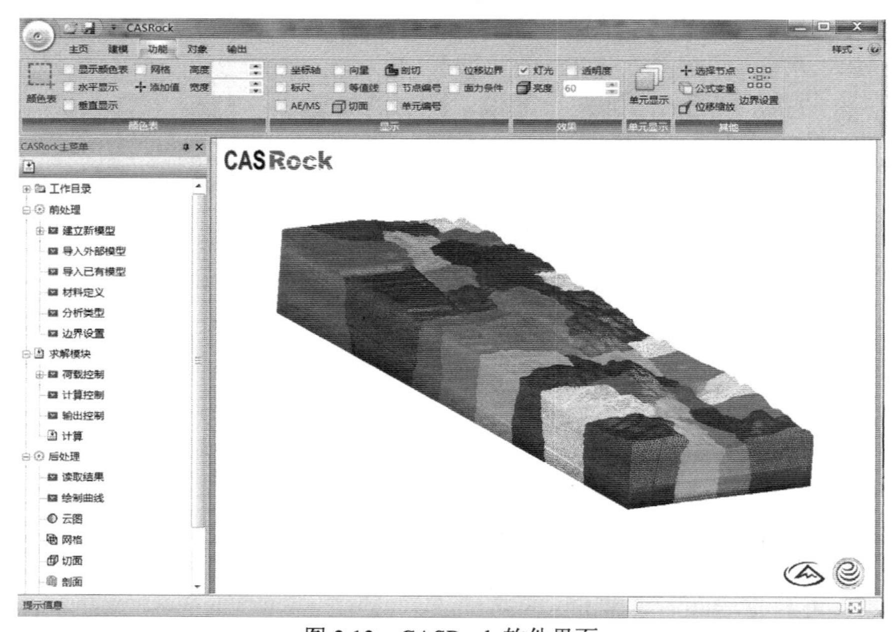

图 3.13　CASRock 软件界面

3.2.2　CASRock 软件特点与功能

1. CASRock 软件特点

CASRock 软件模拟工程岩体破裂过程具有以下特点。

（1）可仅对单个元胞进行，不必将整体结构作为偏微分方程边值问题处理和形成整体刚度矩阵并求解大型线性方程组，故建模简单，计算工作量小。

（2）可以方便地考虑工程岩体的非均质性及内部赋存的缺陷。

（3）具有内禀的并行性，算法易于实现并行化。

（4）采用二阶 Hermite 光滑插值方法处理不光滑函数，使偏导数和二阶偏导数计算更加连续、准确。

（5）针对线性方程组的求解采用 Sivan Toledo 递归迭代 LUP 分解算法，克服奇异系数矩阵求解误差大的缺陷。

2. CASRock 软件主要功能

CASRock 主要功能简介如下。

（1）计算模块：能实现静力分析（包括锚杆、衬砌等支护结构模拟）、动力分析（爆破、地震等载荷作用）、蠕变或时效行为分析、热传导分析、渗流过程分析、温度-渗流（thermo-hydro，TH）耦合过程分析、渗流-应力（hydro-mechanical，HM）耦合过程分析、温度-应力（thermo-mechanical，TM）耦合过程分析、温度-渗流-应力（thermo-hydro-mechanical，THM）耦合过程分析、连续-非连续变形破裂过程分析等。

（2）前后处理模块：自带二维和三维的地质建模功能，同时能从其他软件（如 ANSYS、FLAC3D、ABAQUS 等软件）导入数值模型进行运算；能实现各种变量的云图显示和输出，计算结果的输出具有多种格式（如 Tecplot、FLAC3D 等软件）。

（3）二次开发功能：可以基于 C++编译环境进行必要的二次开发，如嵌入不同的本构模型、添加模块等。

（4）本构模型和准则：三维硬岩破坏强度准则（3D hard rock failure criterion，3DHRC；反映中间主应力效应）、岩体局部劣化模型（rock local deterioration model，RLDM）、黏聚力弱化摩擦强化（cohesion weakening and frictional strengthening，CWFS）模型、莫尔-库仑强度准则、德鲁克-普拉格强度准则、带拉伸截断的莫尔-库仑强度准则等。

（5）工程岩体稳定性评价指标：岩石破坏度（rock fracturing degree，RFD）、局部能量释放率（local energy release rate，LERR），用于定量描述工程岩体破坏的程度和烈度[17, 18, 22]。

3.2.3　CASRock 软件验证

为进行岩石破裂过程和工程岩体稳定性分析，采用理论、试验、现场实测、与商业软件对比等多种手段验证 CASRock 软件合理性和精度，本小节通过两个实例说明 CASRock 可靠性。

1. 裂纹扩展过程和破坏模式

利用 CASRock 软件模拟单轴压缩条件下含单裂纹岩石扩展过程。岩样尺寸为 100 mm×50 mm，内含一倾角为 45°、长度为 25 mm 的预制裂纹，岩石基质均质度系数为 3，随机种子数为 10，基质服从弹-脆-塑性本构关系，初始黏聚力为 13 MPa，初始内摩擦角为 38°，初始拉伸强度为 5 MPa，残余黏聚力为 1 MPa，残余内摩擦角为 20°，残余拉伸强度为 0.1 MPa。裂隙服从理想塑性本构关系，黏聚力为 1 MPa，内摩擦角为 20°，拉伸强度为 0.1 MPa。采用带拉伸截断的莫尔-库仑强度准则，位移控制加载，速率为 1×10^{-6} m/s。图 3.14 所示为加载过程裂隙的扩展过程，较好地反映了翼裂纹起裂、扩展和反翼裂纹起裂和扩展并最终失稳的整个过程。最终的破坏模式与图 3.15 所示的单轴试验所观察的破坏模式吻合较好。

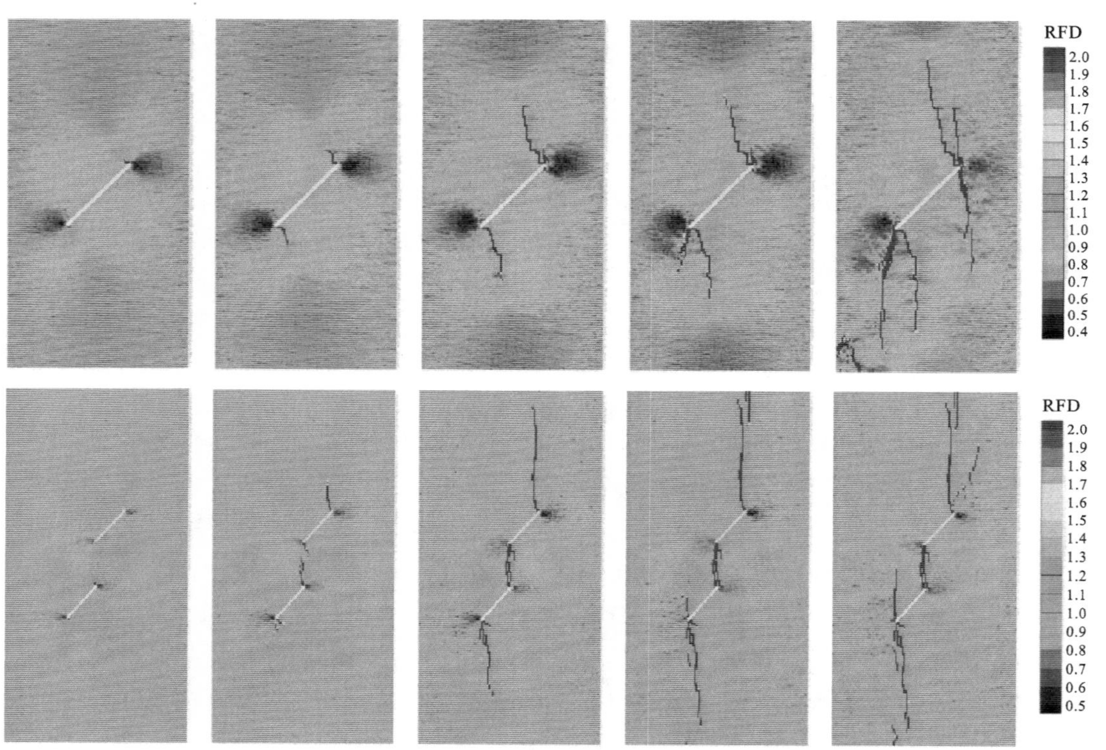

图 3.14 单轴压缩条件下含单裂纹岩石扩展过程模拟

2. 动力响应分析

假设岩体的弹性模量 $E=50$ GPa，泊松比 $\nu=0.22$，密度 $\rho=2\,700$ kg/m^3，炮孔半径 $a=5$ cm，三角爆炸荷载上升时间 $t_r=50$ μs，总时间 $t_s=100$ μs，计算模型及其荷载如图 3.16 所示。根据拉普拉斯变换及逆变换，可获取炮孔周围的弹性解析动力响应。图 3.17 记录了炮孔周围径向及环向应力时程曲线，从图中可知，CASRock.Dyna 的数值结果与解析解吻合，验证了 CASRock.Dyna 进行动力计算的有效性及其准确性。

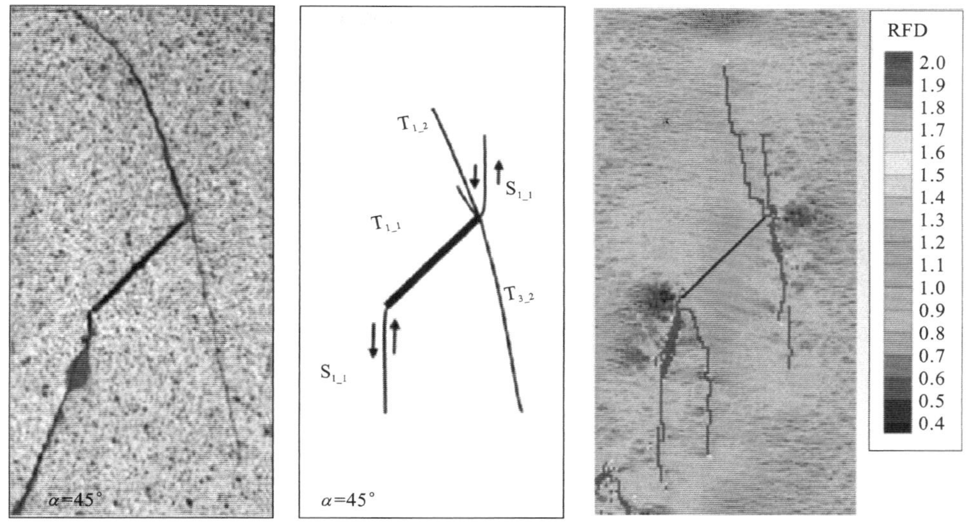

图 3.15　单轴压缩条件下含单裂纹岩石扩展过程试验验证

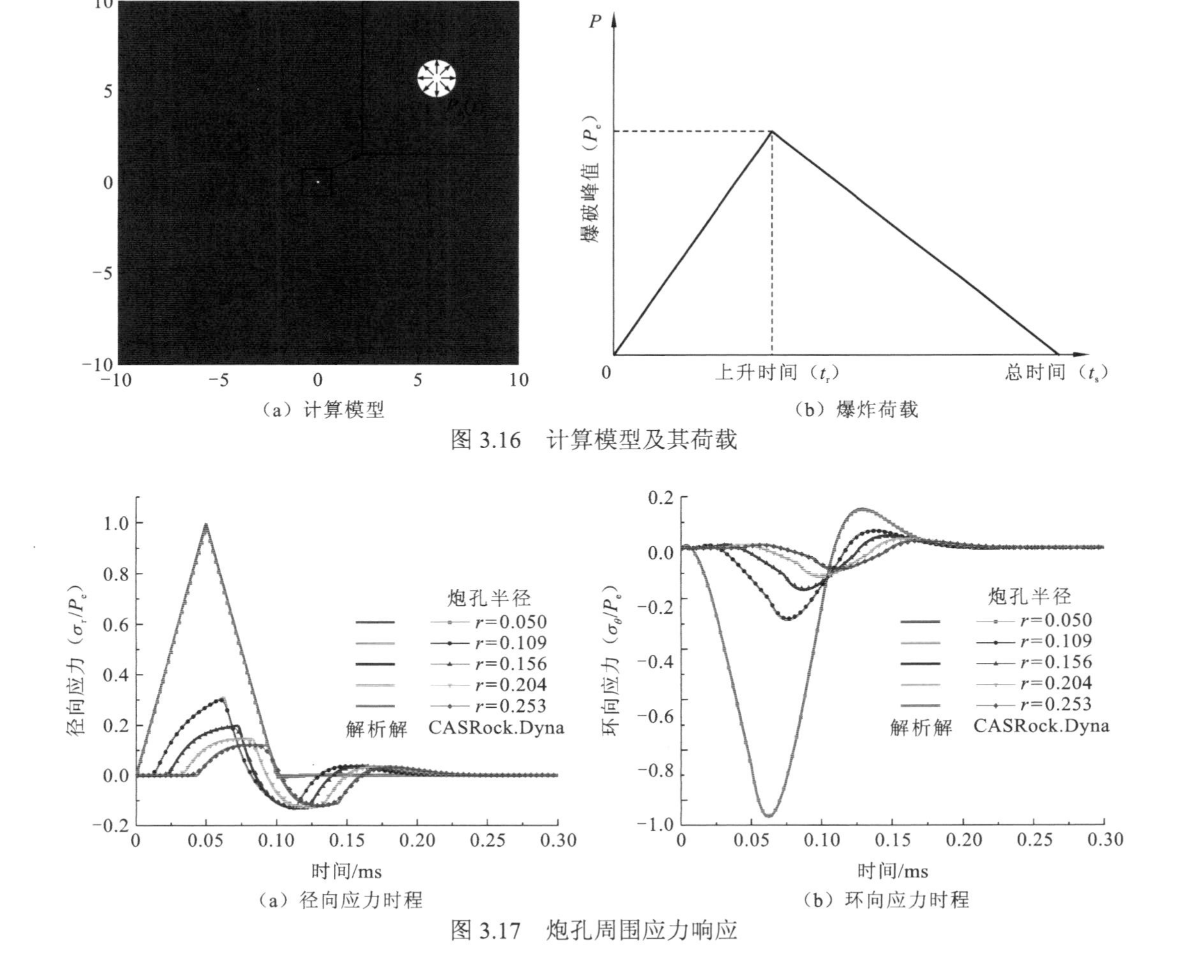

（a）计算模型　　（b）爆炸荷载

图 3.16　计算模型及其荷载

（a）径向应力时程　　（b）环向应力时程

图 3.17　炮孔周围应力响应

参 考 文 献

[1] 赵善坤. 深孔顶板预裂爆破力构协同防冲机理及工程实践[J]. 煤炭学报, 2021, 46(11): 3419-3432.

[2] 赵善坤, 赵阳, 王寅, 等. 采动巷道侧向高低位厚硬顶板破断模式试验研究[J]. 煤炭科学技术, 2021, 49(4): 111-120.

[3] 袁亮, 姜耀东, 何学秋, 等. 煤矿典型动力灾害风险精准判识及监控预警关键技术研究进展[J]. 煤炭学报, 2018, 43(2): 306-318.

[4] 赵善坤, 刘军, 李钢锋. 断层影响下冲击地压多参量预测预报研究[J]. 河南理工大学学报(自然科学版), 2012(2): 145-149.

[5] 赵善坤. 煤矿动压灾害多级分源时空监控技术及应用[J]. 河南理工大学学报(自然科学版), 2017(1): 24-31.

[6] 齐庆新, 潘一山, 李海涛, 等. 煤矿深部开采煤岩动力灾害防控理论基础与关键技术[J]. 煤炭学报, 2020, 45(5): 1567-1584.

[7] FENG X T, PAN P Z, ZHOU H. Simulation of the rock microfracturing process under uniaxial compression using an elasto-plastic cellular automaton[J]. International Journal of Rock Mechanics and Mining Sciences, 2006, 43(7): 1091-1108.

[8] PAN P Z, FENG X T, HUDSON J A. Study of failure and scale effects in rocks under uniaxial compression using 3D cellular automata[J]. International Journal of Rock Mechanics and Mining Sciences, 2009, 46(4): 674-685.

[9] PAN P Z, FENG X T, HUANG X H, et al. Coupled THM processes in EDZ of crystalline rocks using an elasto-plastic cellular automaton[J]. Environmental Geology, 2009, 57(6): 1299-1311.

[10] PAN P Z, FENG X T, ZHOU H. Development and applications of the elasto-plastic cellular automaton[J]. Acta Mechanica Solida Sinica, 2012, 25(2): 126-143.

[11] PAN P Z, FENG X T, HUDSON J A. The influence of the intermediate principal stress on rock failure behaviour: A numerical study[J]. Engineering Geology, 2012, 124(1): 109-118.

[12] PAN P Z, YAN F, FENG X T. Modeling the cracking process of rocks from continuity to discontinuity using a cellular automaton[J]. Computers and Geosciences, 2012, 42: 87-99.

[13] PAN P Z, YAN F, FENG X T, et al. Modeling of an excavation-induced rock fracturing process from continuity to discontinuity[J]. Engineering Analysis with Boundary Elements, 2019, 106(9): 286-299.

[14] 潘鹏志, 冯夏庭, 周辉. 脆性岩石破裂演化过程的三维细胞自动机模拟[J]. 岩土力学, 2009, 30(5): 1471-1476.

[15] 潘鹏志, 丁梧秀, 冯夏庭, 等. 预制裂纹几何与材料属性对岩石裂纹扩展的影响研究[J]. 岩石力学与工程学报, 2008, 27(9): 1882-1889.

[16] 潘鹏志, 冯夏庭, 邱士利, 等. 多轴应力对深埋硬岩破裂行为的影响研究[J]. 岩石力学与工程学报, 2011, 30(6): 1116-1125.

[17] FENG X T, PAN P Z, WANG Z, et al. Development of cellular automata software for engineering rockmass

fracturing processes[C]//International Conference of the International Association for Computer Methods and Advances in Geomechanics, Torino, Italy: Springer, 2021.
[18] FENG X T, WANG Z, ZHOU Y, et al. Modelling three-dimensional stress-dependent failure of hard rocks[J]. Acta Geotechnica, 2021, 16(6): 1647-1677.
[19] LI M, MEI W, PAN P Z, et al. Modeling transient excavation-induced dynamic responses in rock mass using an elasto-plastic cellular automaton[J]. Tunnelling and Underground Space Technology, 2020, 96: 103183.
[20] MEI W, LI M, PAN P Z, et al. Blasting induced dynamic response analysis in a rock tunnel based on combined inversion of Laplace transform with elasto-plastic cellular automaton[J]. Geophysical Journal International, 2021, 225: 699-710.
[21] 潘鹏志，梅万全. 基于 CASRock 的工程岩体动力响应分析方法、软件与应用[J]. 隧道与地下工程灾害防治, 2021, 3(3):1-10.
[22] 苏国韶，冯夏庭，江权，等. 高地应力下地下工程稳定性分析与优化的局部能量释放率新指标研究[J]. 岩石力学与工程学报, 2006, 25(12): 2453-2460.

第 4 章　大型地质体控制下相邻工作面开采覆岩结构效应

4.1　大型地质体控制下矿井群冲击地压结构影响特征

众多研究表明，应力是诱发冲击地压的必要条件。当矿井群存在大型地质体时，大型地质体是影响煤层应力环境的重要地质因素，是采场应力的源头，弄清大型地质体对煤岩系统的大范围影响机制至关重要。大型地质体尺寸巨大，影响范围甚广，地质体及沉积地层作为连接矿井群的介质，在煤层开采条件下覆岩结构是煤岩系统应力条件的关键影响因素，弄清大型地质体矿井群开采下的覆岩结构对冲击地压的影响机制，不仅对煤岩力源的认知起到积极作用，同时也有益于对地质体影响机制展开初步的预判。此外，由于矿井群覆岩结构多样，对应力影响方式复杂，对矿井群开采下的覆岩结构研究也有助于物理模型的提炼与简化，进而开展针对性研究。

4.1.1　矿井群开采下的构造赋存特征

大型地质体包括褶曲、巨厚岩层和大型逆冲断层等构造，众多学者对大型逆冲断层存在时覆岩结构的断层滑移特征开展深入研究，并基本达成共识：开采可能导致断层滑移。然而，当缓倾斜和急倾斜巨厚岩层存在时，覆岩结构的运动特征，以及对其控制的多工作面应力扰动必定呈现某种特殊性。因此，需要对不同形式巨厚岩层的扰动行为展开进一步研究。结合目前我国大型地质体控制下矿井群的开采现状，缓倾斜多煤层的开采过程多为煤层的顺序开采，即某煤层开采完毕后，再开采其他煤层，两煤层工作面同采的情况相对较少。即使存在上下多工作面同采的情况，但因工作面数量多、空间分布情况相对复杂的特殊性，导致普适性较低，相关研究成果难以为类似矿井多煤层开采问题给予借鉴和指导。因此，本节选取代表性强的乌东煤矿南采区和义马矿区作为主要研究对象，对近直立岩柱和坚硬顶板控制，以及巨厚砾岩控制条件下的矿井群开采覆岩结构进行简要分析。

1. 近直立岩柱和坚硬顶板构造

乌东煤矿南采区赋存急倾斜煤岩层，煤层开采后，破碎煤岩、原始地表土层、岩柱表面剥落物和地表人为充填的黄土组成了采空区的复合多介质岩层[1]，破碎程度较高的采空区煤岩体对硬厚岩柱提供相当的水平支撑；另外，从常规认知上讲，近直立岩柱倾角较大（倾角 83°～89°），自重应力在岩柱垂直方向分量较小，导致其自身运动和破坏的力源作用较小，近直立岩柱发生整体断裂的可能性不大。

在对岩柱赋存状态监测的众多手段中，有效方法之一为岩柱的地表位移监测。以乌东煤矿为例，若岩柱发生整体断裂（图 4.1），在其自重的长期作用下，岩柱向 B_{1+2} 煤层一侧

倾斜并挤压 B_{1+2} 煤层采空区松软破碎体，断裂岩柱倾角则进一步减小，自重垂直于岩柱的分量逐渐增大，则进一步加剧岩柱对 B_{1+2} 煤层采空区的挤压作用。该现象反映至地表则表现为：较长时期内 B_{1+2} 煤层采空塌陷区域宽度逐渐减小，而 B_{3+6} 煤层采空区宽度逐渐增大。

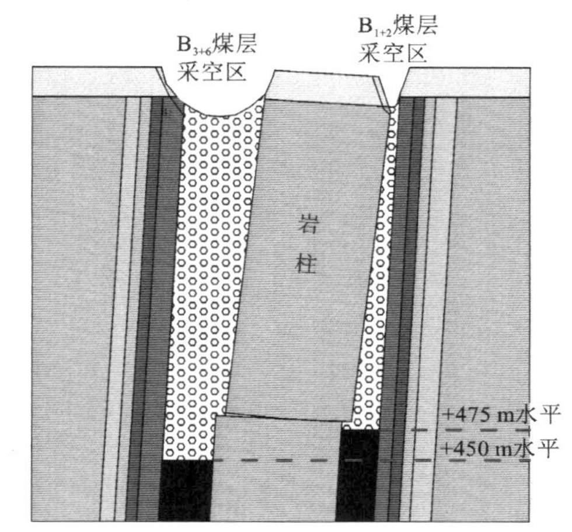

图 4.1　乌东煤矿近直立岩柱整体断裂特征示意图

为了弄清乌东煤矿南采区地表两塌陷与岩柱运动特征的演化过程，使用 Google Earth 卫星地图对该区域十二年（2007 年 4 月 1 日～2019 年 9 月 24 日）多拍摄的图像进行提取。该时期共进行了 62 次拍摄，限于篇幅，采空区地表特征的典型结果如图 4.2 所示。由图 4.2（a）可知，岩柱两侧的两采空塌陷坑呈条形分布，岩柱两侧出现两条明显的采空塌陷区域，岩柱北侧与南侧分别为 B_{3+6} 和 B_{1+2} 煤层采空区，两塌陷区宽度差别不大。从不同时期塌陷区域宽度来看，两区域宽度无明显变化，因此推测近直立岩柱整体稳定性较好，未发生整体断裂。

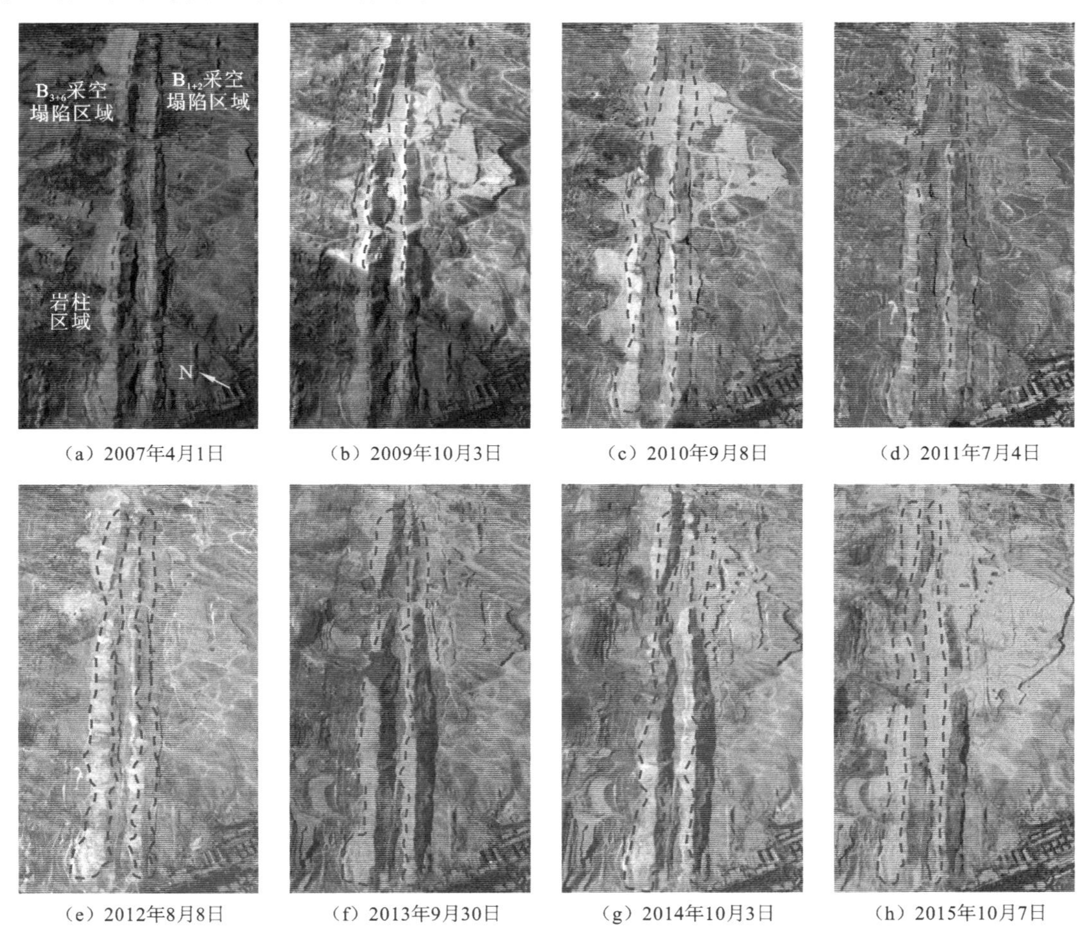

（a）2007年4月1日　（b）2009年10月3日　（c）2010年9月8日　（d）2011年7月4日

（e）2012年8月8日　（f）2013年9月30日　（g）2014年10月3日　（h）2015年10月7日

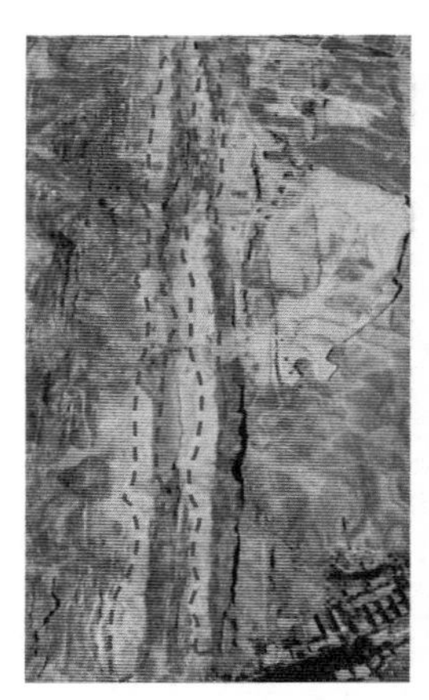
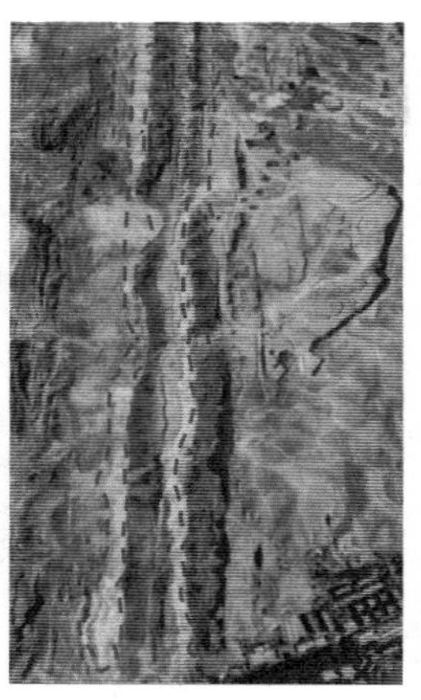
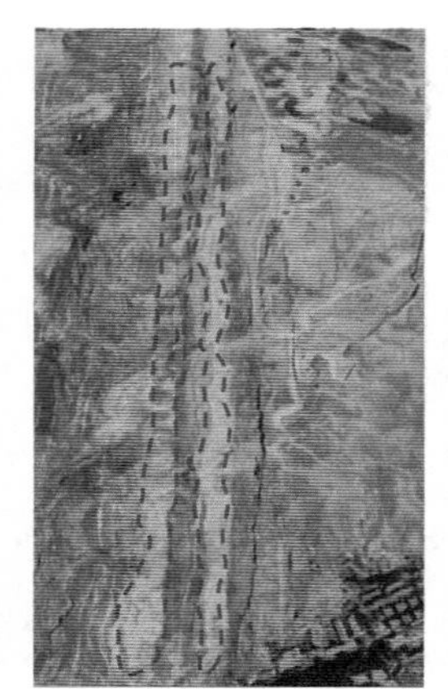
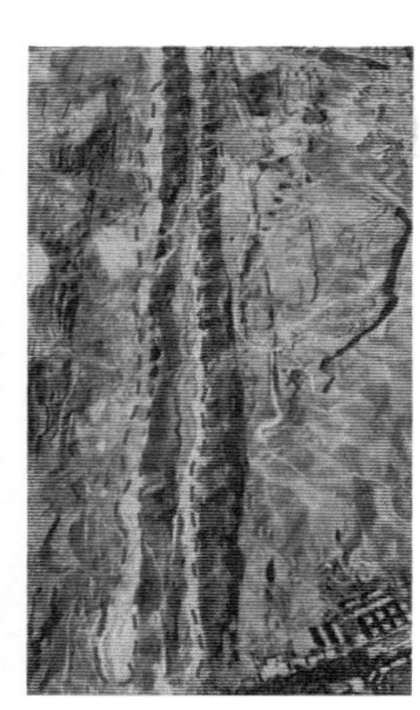
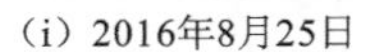

（i）2016年8月25日　（j）2017年9月14日　（k）2018年8月7日　（l）2019年9月24日

图 4.2　乌东煤矿南采区不同时期的地表特征

2. 巨厚砾岩构造

为了探明义马矿区综放开采后上覆岩层的垮落及裂缝发育情况，选取矿区西部千秋煤矿与耿村煤矿边界处的 21121 工作面作为探测对象，在工作面地表施工探测钻孔。工作面探测钻孔位于该工作面采空区倾斜方向中部，两观测钻孔（1#和 2#）相距 200 m。1#和 2#钻孔先后钻孔，终孔深度分别为 538 m 和 545 m。两钻孔打钻过程中不同深度出现的现象和治理措施如表 4.1 和表 4.2 所示。

表 4.1　1#钻孔钻探施工情况

序号	钻孔深度/m	岩性	现象
1	9.56		
2	45.50		
3	64.05	砾岩	岩心完整、局部出现轻微裂隙、漏浆现象
4	109.50		
5	176.12		
6	219.08		
7	222.98		
8	229.08		
9	243.00		
10	261.76		
11	266.98		
12	269.20	砾岩	岩心比较完整，局部出现掉钻现象，13 处出现较严重漏浆现象，钻进至 243 m 时，出现瓦斯气体涌出现象
13	269.78		
14	271.00		
15	271.68		
16	273.08		
17	286.48		
18	290.00		

续表

序号	钻孔深度/m	岩性	现象
19	292.28	砾岩	岩心破碎，9 处出现严重漏浆，363 m 向下瓦斯涌出现象基本消失
20	293～324		
21	324～342		
22	335～390	砂砾互层	岩心比较完整，漏浆现象不严重，无瓦斯涌出
23	410～525		
24	526～538	砂砾互层	岩心破碎，出现掉钻、埋钻现象；提升钻具后，钻孔出现埋孔现象

表 4.2　2#钻孔钻探施工情况

序号	钻孔深度/m	岩性	现象	水泥封堵消耗量/t	掉钻高度/cm
1	13.50	土层、岩土结合	漏浆	—	—
2	17.50				
3	20.96	砾岩	轻微漏浆	—	—
4	55.00				
5	248.11	砾岩	岩心完整，岩层裂隙较多，漏浆严重，在265.52 m 处出现瓦斯涌出现象	3.7	13
6	250.60			1.1	25
7	256.30			7.4	20
8	272.00			7.4	90
9	275.30			0.4	12
10	276.80			2.5	18
11	279.40			3.0	25
12	282.60			1.0	9
13	284.20			2.3	12
14	287.50			2.0	16
15	291.00	砾岩	岩心提取困难，岩层严重破碎，漏浆严重，出现瓦斯涌出现象	27	10
16	324.90				26
17	363.50				20
18	376.20				10
19	381.70				11
20	385.00				14
21	397.00				10
22	398～545	—	孔内岩层破碎导致漏浆、垮塌、掉钻和瓦斯涌出，无法提取岩心	—	—

1#钻孔钻进过程中，根据掉钻、漏浆和瓦斯涌出现象，认为在 219.08 m 处进入导水裂缝带。钻进至 243 m 时，孔内发生瓦斯涌出现象且该期间岩心破碎，采取率仅 16%，有 5 处出现 2.5～6.0 mm 掉钻现象，推测该位置的砾岩存在次生裂隙。在对钻孔深度 243～286 m 的孔内裂缝封堵施工时，共消耗水泥 17 t，平均消耗水泥 395.3 kg/m，因此推测该段采动

裂缝极为发育。随后下行钻进过程中，钻孔接近终孔位置时，出现几种现象：①掉钻现象，掉钻深度 1.8 m；②碎石埋钻现象，提取的岩心破碎；③用水泥封堵后，仍出现掉钻、埋钻现象。根据上述现象认为 1#钻孔终孔位置已进入采空区垮落带。

2#钻孔钻进过程中，根据钻探过程中出现的现象及水泥消耗量，认为在 250.6 m 处进入导水裂缝带。钻进至 265.52 m 时，首次出现瓦斯涌出现象，随后该现象时断时续。钻进 398～545 m 时，由于岩心破碎，水泥封堵时多处出现严重漏浆导致无法提取岩心，认为 2#钻孔终孔位置已进入采空区垮落带。

结合 21121 工作面实际地质条件，该区域煤层底板自上而下分别为 6.17 m 的炭质泥岩、泥岩、粉砂岩、细砂岩互层，超过 180 m 的粉砂岩；煤层顶板自下而上分别为 23.4 m 煤，29.51 m 泥岩，217.6 m 粉砂岩、细砂岩、砾岩、砾岩互层，401.55 m 巨厚砾岩。根据钻探过程中钻取岩心完整程度，并结合打钻过程中漏浆、出水、掉钻及瓦斯涌出等现象，判断 21121 工作面回采过程中的巨厚岩层垮落情况如图 4.3 所示。巨厚砾岩下位 120 m 发生局部垮落而上位完整性较好，为弯曲下沉带。

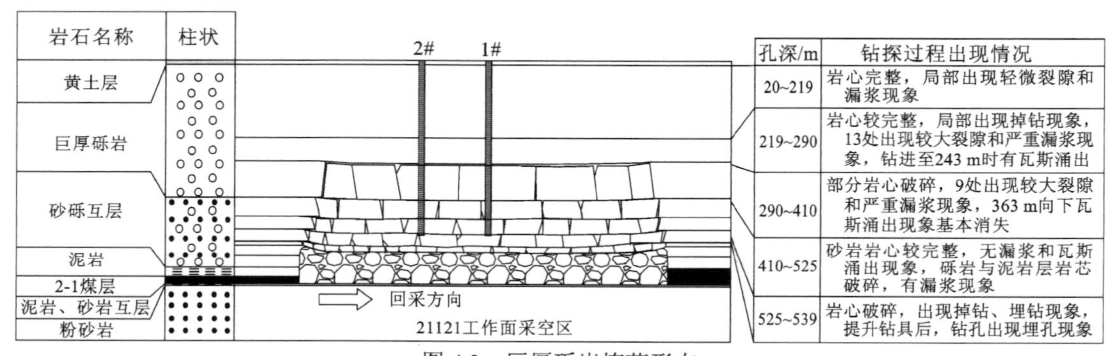

图 4.3　巨厚砾岩垮落形态

4.1.2　矿井群开采下的覆岩空间结构特征

在矿井群中进行大范围多采场开采时，区域覆岩结构与煤岩赋存条件的关系十分密切，不同煤层数量、不同煤岩层倾角和不同煤层厚度等赋存特征产生不同类型的覆岩空间结构[2]。结合上述分析及我国冲击地压多发煤矿的实际地质条件，缓倾斜单一煤层开采（义马矿区）、急倾斜多煤层开采（乌东煤矿）和缓倾斜多煤层开采条件下的覆岩空间结构如图 4.4 所示。

随着矿井群资源的逐步开发，缓倾斜单一煤层开采时，水平方向上采空区与煤柱交替出现，煤柱类型包括相邻矿井的井间煤柱、同一矿井相邻采区的采区煤柱或同一采区两翼之间的上下山煤柱；缓倾斜和急倾斜多煤层开采时，水平和竖直方向上存在多采空区近距离分布。因此，对于不同类型地质体控制下的覆岩空间结构，其共性特征均为小范围内存在近距离工作面。覆岩结构的基本组成元素包括两采空区、未采煤柱或实体煤及两相邻工作面范围内的未垮落岩层，因此将矿井群局部两相邻面开采区域形成的结构视为关键结构。大型地质体控制下的缓倾斜单一煤层开采、急倾斜多煤层开采的关键结构分别呈现“T”形和“山”形特征。

未来我国煤炭基地的建设将朝着多矿区、特大型矿井、高产量、高效率、高效益的可持续开发新模式的方向发展，区域多工作面开采将成为新常态，而弄清相邻工作面开采条件下的关键覆岩结构力学行为是研究矿井群冲击地压问题的基础，以下对矿井群相邻工作面开采条件及该条件下关键结构的影响展开针对性研究。

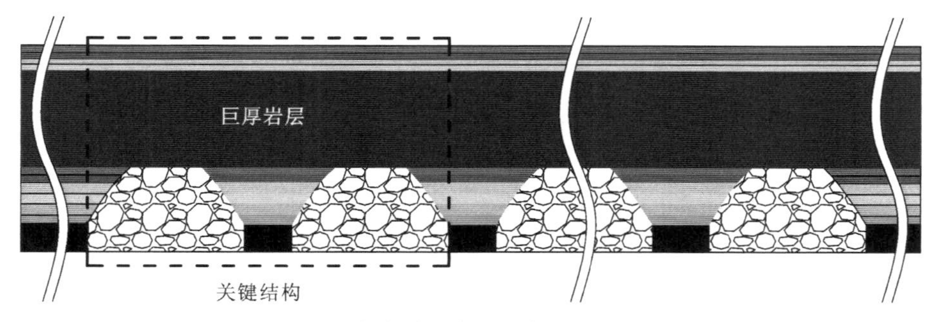

（a）缓倾斜单一煤层开采（义马矿区）

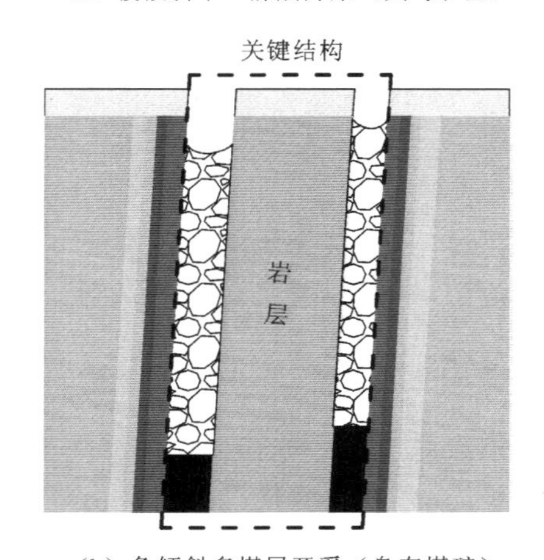

（b）急倾斜多煤层开采（乌东煤矿）

图 4.4　大型地质体控制下矿井群开采覆岩空间结构示意图

4.2　近直立岩柱和坚硬顶板条件下覆岩结构的撬曲效应

4.2.1　乌东煤矿工程概况

乌东煤矿南采区主采 B_{3+6} 和 B_{1+2} 两个煤层，煤层倾角最大约为 87°，属于急倾斜特厚煤层组，为满足经济效益需求，采用两工作面交替生产的方式[3]。根据 2.2.1 小节乌东煤矿南采区现场地应力测试结果可知，当采深超过 300 m 后最大水平应力σ_H为垂直应力σ_V的 1.9～2.2 倍。经乌东煤矿南采区现场冲击地压统计（表 4.3）可知，乌东煤矿南采区 B_{3+6} 煤层首次发生冲击地压时的开采深度约为 300 m，远远小于缓倾斜煤层发生冲击地压的临界深度。

表 4.3　乌东煤矿南采区冲击地压统计

编号	时间	位置	采深/m	能量/J	破坏程度
1	2013 年 1 月 7 日	B_3 煤层东翼掘进工作面	325	2.51×10^6	一般，震动，巷道损坏
2	2013 年 2 月 27 日	B_{3+6} 煤层东翼回采工作面	300	8.43×10^7	较严重，震动，地面出现明显裂缝
3	2013 年 7 月 2 日	B_{3+6} 煤层东翼回采工作面	300	1.19×10^7	一般，震动，底鼓，支护体破坏
4	2013 年 8 月 21 日	东翼回采工作面	300	3.57×10^5	一般、震动、底鼓
5	2013 年 10 月 10 日	东翼回采工作面	300	2.40×10^8	一般、震动、底鼓

4.2.2　不同倾角煤层冲击地压发生的临界开采深度

对于含有硬厚岩柱的急倾斜特厚煤层，水平分段综放的开采方式及硬厚岩柱的变形失稳必然会对相邻工作面的回采产生影响，本小节将采用现场调查和理论分析的方法来确定不同煤层倾角下硬厚岩柱发生撬转活动的临界开采深度。

以乌东煤矿 B_{3+6} 和 B_{1+2} 煤层之间的硬厚岩柱为研究对象，硬厚岩柱受到的力主要为硬厚岩柱自身的重力，但结合现场实际条件，在煤层回采完成后会利用矿区地表黄土对硬厚岩柱两侧的塌陷坑进行填充，对 B_{3+6} 煤层采空区来说，黄土传递的水平侧向压力对硬厚岩柱的挤压会加速硬厚岩柱的失稳。而 B_{1+2} 煤层采空区回填黄土对硬厚岩柱虽有一定的支撑作用，但相对煤层而言这种支撑作用是可以忽略的，因此在考虑回填土对硬厚岩柱的稳定的影响时需做两点假设[4]。

（1）B_{3+6} 煤层采空区回填黄土处于弹性平衡状态，且土体为半无限空间弹性体。

（2）B_{1+2} 煤层采空区回填黄土对硬厚岩柱作用力简化为若干弹性系数很小的弹簧弹力，目的是用来减弱硬厚岩柱失稳后的撬转。当硬厚岩柱稳定时，弹簧处于自然状态，对硬厚岩柱没有力的作用。

由于硬厚岩柱下方未开采的煤岩体是受力平衡状态，仅仅对采空区硬厚岩柱进行分析，概化的力学模型如图 4.5（a）所示。其中采空区硬厚岩柱的重力为 G，垂直高度为 H，与水平方向夹角为 α，B_{3+6} 采空区回填黄土对硬厚岩柱的静止土压力为 E_0，如图 4.5（b）所示。当煤层开采深度达到某一值时，硬厚岩柱会以 P 为支点向 B_{1+2} 煤层发生倾倒，若要使硬厚岩柱保持平衡，则必须满足条件[4]：

$$E_0\cos\alpha\left(b-\frac{H}{3\tan\alpha}\right)+G\sin^2\alpha\geqslant E_0\sin\alpha\frac{H}{3}+G\cos\alpha\left(\frac{H}{2\sin\alpha}-\frac{b}{2}\cos\alpha\right) \tag{4.1}$$

式中：$E_0=\frac{1}{2}K_0\gamma' H^2$，$G=\gamma bH$，$K_0$ 为静止土压力系数，γ' 为回填黄土的容重，γ 为硬厚岩柱的容重，b 为岩柱厚度。

由现场实测结果可知，硬厚岩柱的容重 γ 为 24.83 kN/m^3，硬厚岩柱的平均厚度 b 取 100 m。由于回填黄土的力学参数无法测定，这里参照经验进行取值，γ' 为 19 kN/m^3，K_0 取 0.4。根据式（4.1）计算得到不同煤层倾角下硬厚岩柱打破稳定的临界采深如图 4.6 所示。

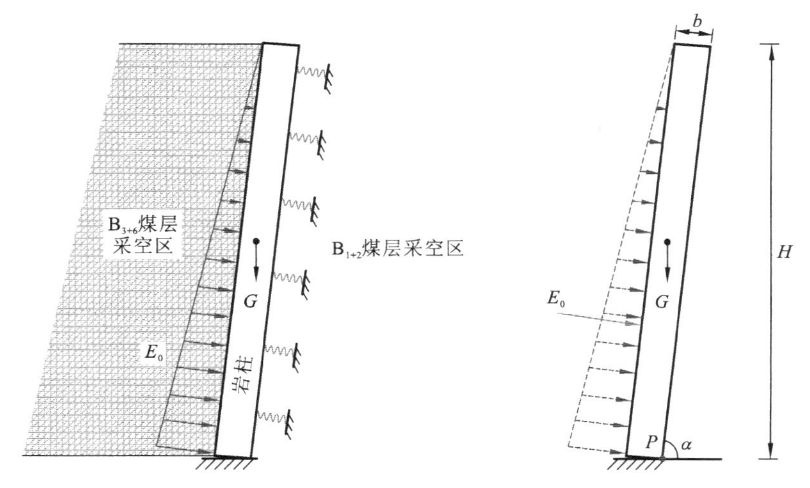

（a）采空区硬厚岩柱概化力学模型　　（b）采空区硬厚岩柱受力示意图

图 4.5　乌东煤矿南采区硬厚岩柱稳定性力学模型

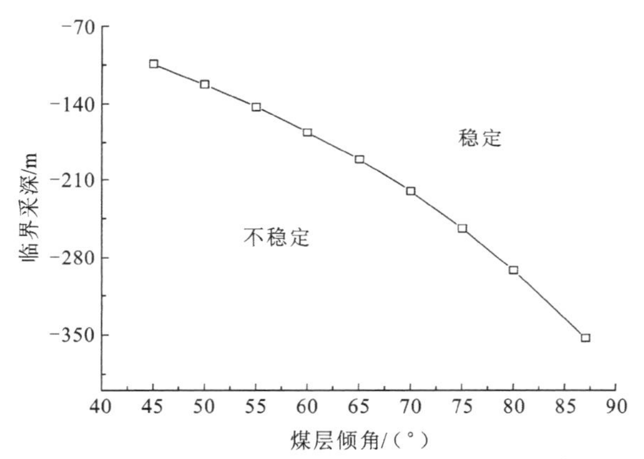

图 4.6　不同煤层倾角下的硬厚岩柱活动临界采深值

硬厚岩柱开始活动并不表示硬厚岩柱断裂失稳，它只是打破稳定状态的运动过程，煤层开采过程中硬厚岩柱经历“稳定—活动—重新稳定”的过程。为了使计算结果更好地与乌东煤矿工程实际贴合，对不同倾角煤层在开采过程中硬厚岩柱的受力过程进行数值模拟，选择 4 个比较典型的煤层倾角（45°、60°、75°和 87°）进行分析。

采用 CASRock 软件研究在不同开采深度条件下硬厚岩柱煤层应力的变化特征。模型以乌东煤矿地质条件及开采条件为背景，构建范围为水平地面标高+0～+800 m。模型尺寸为 1170 m×800 m×10 m，B_{3+6}煤层宽度为 40 m，B_{1+2}煤层宽度为 30 m，中间硬厚岩柱宽度为 100 m，煤层倾角α分别为 45°、60°、75°和 87°，模型如图 4.7 所示。

模型采用的约束条件：

（1）模型 X 轴两端施加法向约束；

（2）模型 Y 轴两端施加法向约束；

（3）模型 Z 轴底部施加法向约束，模型顶部为自由边界。

模型的荷载条件：

（1）模型 X 方向底端施加荷载 52.92 MPa，梯度应力值为 0.072 MPa/m；

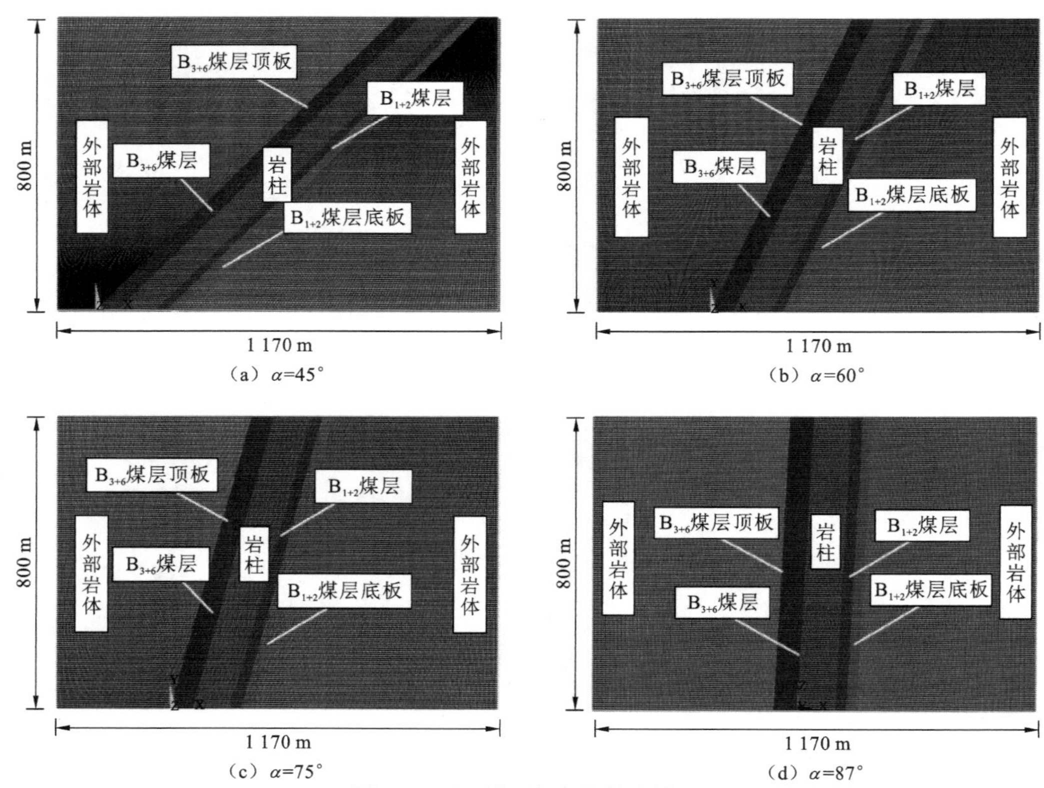

图 4.7 不同煤层倾角的数值模型

(2)模型 Y 方向底端施加荷载 19.11 MPa,梯度应力值为 0.026 MPa/m;

(3)模型 Z 方向施加重力荷载。

模型中主要煤岩层的参数取值以相关室内力学试验测得的物理力学参数为依据,具体参数见表 4.4。数值计算主要分析 B_{3+6} 和 B_{1+2} 煤层工作面在 0～600 m 采深范围内硬厚岩柱的应力变化情况。

表 4.4 乌东煤矿主要煤岩物理力学性质参数测定成果表

岩体	容重 γ/(t/m^3)	抗拉强度 σ_t/MPa	抗压强度 σ_c/MPa	弹性模量 E/GPa	泊松比 ν	黏聚力 c/GPa	内摩擦角 φ/(°)
B_{3+6} 煤层侧外部岩体	29.82	4.25	63.15	26.63	0.22	31.25	37.98
B_{3+6} 煤层顶板	26.67	4.17	49.63	18.02	0.19	22.46	38.40
B_{3+6} 煤层	12.84	2.42	11.28	2.04	0.21	15.10	24.50
中硬厚岩柱	24.83	4.25	55.82	16.74	0.23	31.17	30.88
B_{1+2} 煤层	12.53	1.68	10.26	2.09	0.19	11.68	27.10
B_{1+2} 煤层底板	27.46	4.43	58.79	21.37	0.21	21.46	36.50
B_{1+2} 煤层侧外部岩体	28.87	4.39	61.12	25.91	0.22	30.66	35.10

为了更好地体现硬厚岩柱的应力分布,在开采模拟中忽略两侧采空区的填充,将填充物等效为压力作用在岩柱上,并给出不同倾角和不同开采深度下硬厚岩柱与煤层之间的应力分布情况。为了能更好地反映实际情况,模型的分层开采高度设为 25 m。在每一开采水平下

布置水平测点，测点布置范围均为 360 m，每 10 m 布设一个测点，共计 37 个测点，测点布置如图 4.8 所示，其中 B_{3+6} 煤层位于测点 11～15，B_{1+2} 煤层位于测点 25～28，硬厚岩柱的布设范围为测点 15～25。图 4.9 给出了不同煤层倾角条件下不同采深处煤层的压应力分布曲线。

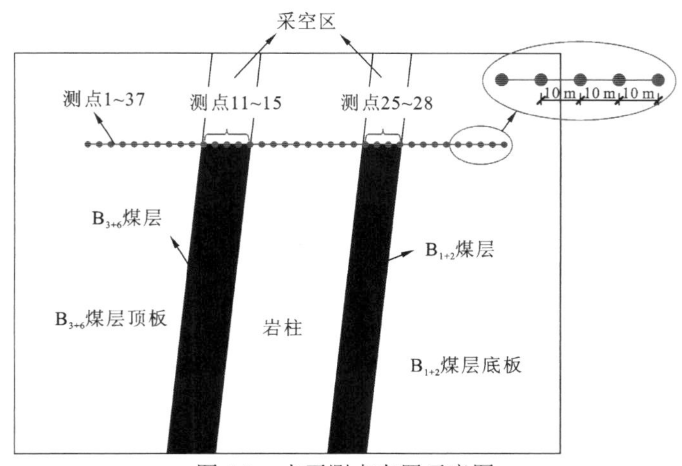

图 4.8　水平测点布置示意图

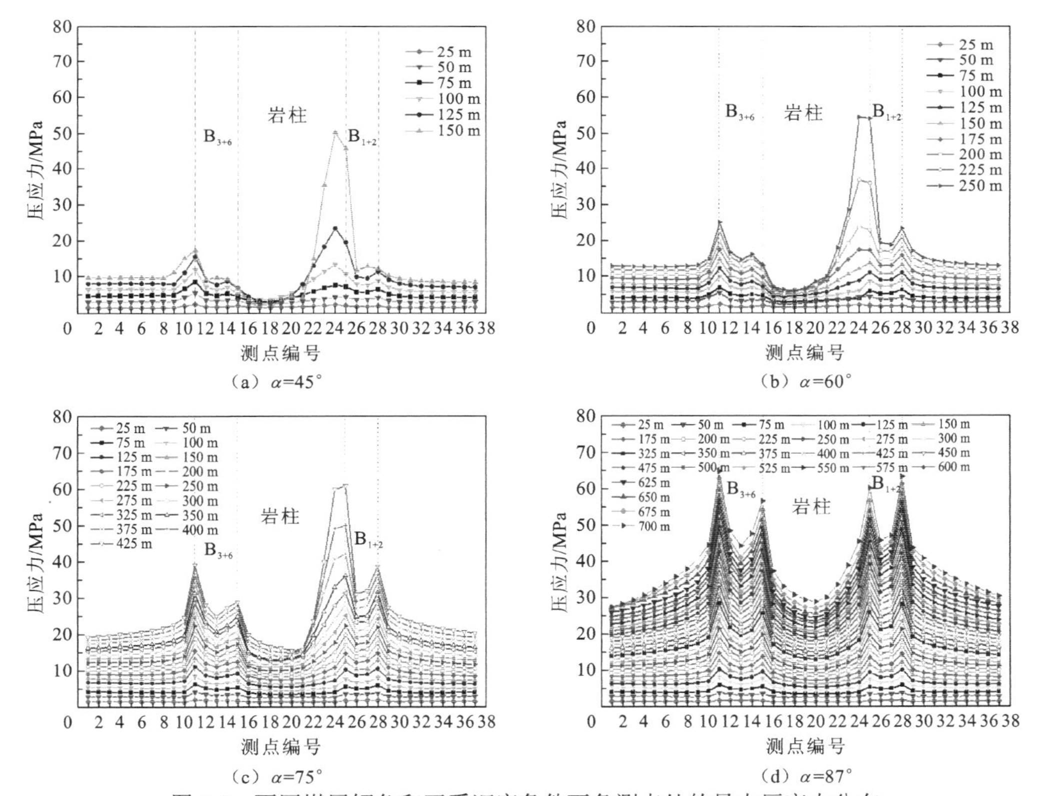

图 4.9　不同煤层倾角和开采深度条件下各测点处的最大压应力分布

由图 4.9 可以看出，不同煤层倾角下，硬厚岩柱和煤层之间的最大压应力与开采深度密切相关。当煤层倾角为 45° 时[图 4.9（a）]，硬厚岩柱与 B_{1+2} 煤层之间的最大压应力出现明显的“跳跃式”增加，尤其是在开采深度从 125 m 增加到 150 m 的过程中，B_{3+6} 煤层的最大压应力由 19.51 MPa 增加到 45.62 MPa，压应力增幅达到 133.83%，当煤层倾角为 60°时，B_{3+6} 煤层的最大压应力在煤层采深超过 200 m 时的增量呈明显降低趋势，当煤层倾角为 75°且煤层采深超过 325 m 时，最大压应力也出现相同的变化趋势。当煤层倾角为 87°时[图 4.9（d）]，最大压应力随着煤层采深的增加稳定增长，没有出现应力值突增的现象，硬厚岩柱与煤层之间的最大压应力基本呈对称分布。

为了更为准确地描述最大压应力变化情况并揭示应力值变化原因，图 4.10 给出了不同煤层倾角下煤层最大压应力增幅的变化曲线。由图 4.10 可知无论煤层倾角如何变化，随着煤层开采深度的增加，最大压应力增幅的变化趋势都可划分为三个阶段：下降段、上升段和分叉段。出现这种变化趋势的原因与硬厚岩柱自身的运动和变形有关，根据最大压应力增幅的变化，将硬厚岩柱的失稳过程划分为三个阶段：稳定阶段（S 阶段）、转动阶段（R 阶段）和弯曲变形阶段（B 阶段）。为了更加直观地反映硬厚岩柱自身的运动和变形与最大压应力增幅变化之间的关系，分别对三个阶段的变化趋势进行数学描述。

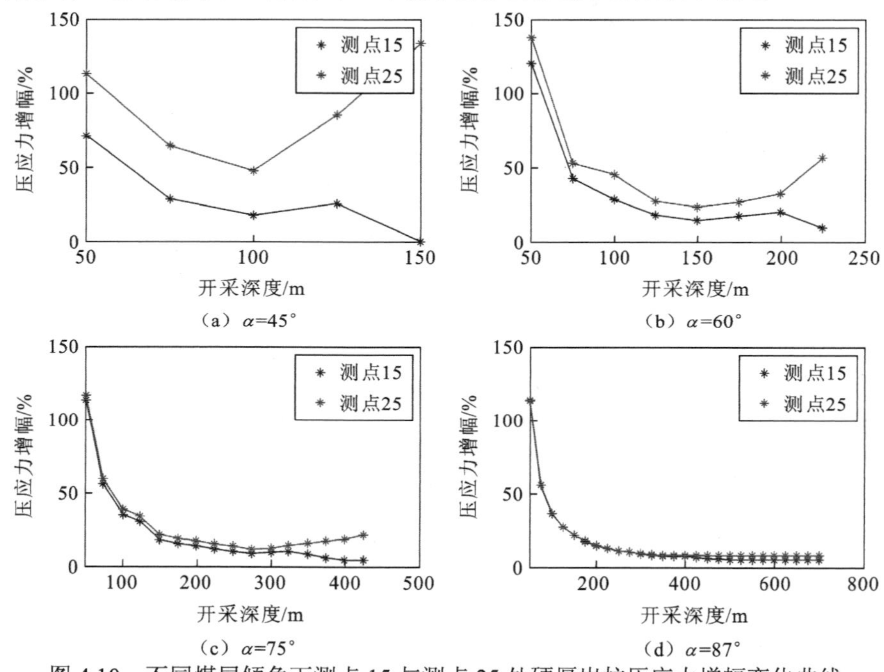

图 4.10　不同煤层倾角下测点 15 与测点 25 处硬厚岩柱压应力增幅变化曲线

1. 稳定阶段（S 阶段）

开采深度较小时，硬厚岩柱处于稳定阶段，基本不发生弯曲变形，此时硬厚岩柱与煤层之间的最大压应力增幅仅与水平地应力有关，且随着开采深度的增加呈线性增加。假设煤层开采第 n+1 层时硬厚岩柱与两侧煤层之间的最大压应力为 X_n+1，则此阶段内最大压应力增幅可以描述为

$$l_{(S)}=\frac{X_{n+1}-X_n}{X_n} \tag{4.2}$$

由于最大压应力增幅与开采深度呈线性变化，设线性系数为 a，每一层的开采高度为 h_0，可得

$$
\begin{cases}
X_2 - X_1 = ah_0 \\
X_3 - X_2 = ah_0 \\
\quad\cdots \\
X_{n+1} - X_n = ah_0
\end{cases}
\tag{4.3}
$$

则开采至第 n 层时，硬厚岩柱与煤层之间的最大压应力增幅可简化为

$$
l_{(s)} = \frac{ah_0}{ah_0 n} = \frac{1}{n} \tag{4.4}
$$

由式（4.4）可以看出，硬厚岩柱与煤层之间的最大压应力增幅在稳定阶段呈反比例函数降低。

2. 转动阶段（R 阶段）

随着煤层开采深度的增加，采空区部分硬厚岩柱的悬顶范围越来越大，在自身重力的作用下会发生转动，由于未开采的煤岩体对硬厚岩柱有约束作用，硬厚岩柱的旋转仅发生在采空区。

硬厚岩柱转动是一个动态的过程，力学模型如图 4.11（a）所示。假设硬厚岩柱刚进入第二阶段时的转动角度为θ，则硬厚岩柱转动时的角速度和角加速度分别为 $\dot{\theta}$ 和 $\ddot{\theta}$ ，其中，转动角度θ会随着开采深度的增加而逐渐增大。由于硬厚岩柱在转动过程中外力只有自身重力，由转动定律可得[4]

$$
\frac{1}{2} mgl\sin\theta = \frac{1}{3} ml^2 \ddot{\theta} \tag{4.5}
$$

式中：m 为硬厚岩柱的质量；g 为重力加速度；l 为采空区硬厚岩柱的长度。

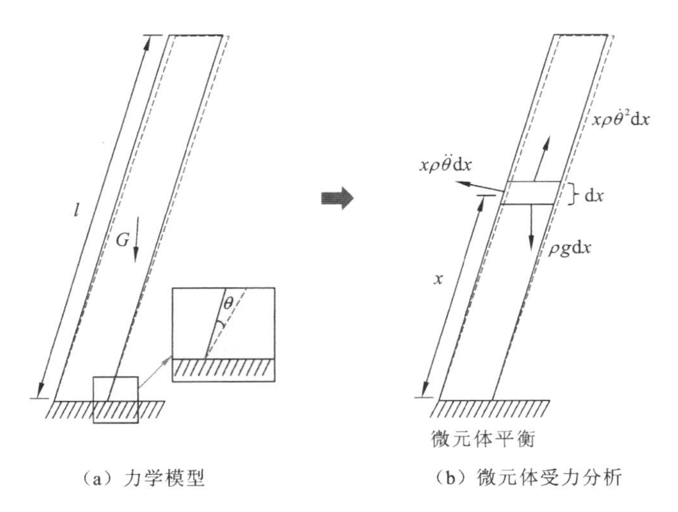

图 4.11　R 阶段硬厚岩柱转动的力学简化模型及微元体受力分析

计算求得硬厚岩柱转动任意角度θ时，硬厚岩柱的角加速度 $\ddot{\theta}$ 为

$$
\ddot{\theta} = \frac{3g}{2l}\sin\theta \tag{4.6}
$$

在硬厚岩柱上取一长度为 dx 的微元体，其受力状态如图 4.11（b）所示，在硬厚岩柱

转动过程中，微元体除受自身重力 $\rho g\,\mathrm{d}x$（ρ为密度）作用外，还受到硬厚岩柱转动过程中的切向惯性力 $\rho\ddot{\theta}\mathrm{d}x$ 和法向惯性力 $\rho\dot{\theta}\mathrm{d}x$ 的作用。由于法向力并不影响硬厚岩柱的转动，所以可确定影响硬厚岩柱转动荷载大小为[4]

$$q(x)=\rho g\sin\theta-\int_0^x\rho\ddot{\theta}\mathrm{d}x=\rho g\sin\theta-\rho x\ddot{\theta} \tag{4.7}$$

则当前煤层开采深度处硬厚岩柱与煤层之间的剪力大小为

$$Q=\int_0^l q(x)\,\mathrm{d}x=\rho g\sin\theta-\rho l^2\ddot{\theta}/2 \tag{4.8}$$

将式（4.6）代入式（4.8）中可得

$$Q=\frac{1}{4}\rho g l\sin\theta \tag{4.9}$$

由于煤层每一层的采高相同，每一层开采煤体与硬厚岩柱之间的作用面积也是相同的，假设煤层在开采第 i 层时，硬厚岩柱开始发生转动，则开采第 i+1 层时，硬厚岩柱两侧的应力增幅可以描述为[4]

$$I_{(\mathrm{R})}=\frac{(Q_{i+1}-Q_i)/A}{Q_i/A}=\frac{l_{i+1}\sin\theta_{i+1}-l_i\sin\theta_i}{l_i\sin\theta_i}=\frac{l_{i+1}\sin\theta_{i+1}}{l_i\sin\theta_i}-1 \tag{4.10}$$

式中：Q_{i+1}、Q_i 分别为煤层开采第 $i+1$ 层和第 i 层时硬厚岩柱的剪力；l_{i+1}、l_i 分别为煤层开采第 $i+1$ 层和第 i 层时采空区硬厚岩柱的长度；θ_{i+1}、θ_i 分别为煤层开采第 $i+1$ 层和第 i 层时硬厚岩柱的转动角度；A 为硬厚岩柱与煤层之间的作用面积。由于 $l_{i+1}>l_i$，$\sin\theta_{i+1}>\sin\theta_i$，在转动阶段硬厚岩柱两侧的应力增幅呈递增趋势。

3. 弯曲变形阶段（B 阶段）

当硬厚岩柱进入弯曲变形阶段时，硬厚岩柱仍然继续转动，此时硬厚岩柱与煤层之间的应力增幅可拆分为两部分，分别为硬厚岩柱转动产生的应力增幅和硬厚岩柱弯曲产生的应力增幅。假设硬厚岩柱在煤层开采至第 i 层时进入 R 阶段，煤层开采至第 j 层时进入 B 阶段，此时硬厚岩柱产生的应力增幅可以描述为

$$I_{(\mathrm{B})}=\frac{R_{j+1}+B_{j+1}}{R_i+R_{i+1}+\cdots+R_j+B_j} \tag{4.11}$$

式中：R_i 和 R_{i+1} 分别为煤层开采至第 i 层和第 i+1 层时硬厚岩柱转动产生的应力增幅；R_j 和 R_{j+1} 分别为煤层开采至第 j 层和第 j+1 层时硬厚岩柱转动产生的应力增幅；B_j 和 B_{j+1} 分别为煤层开采至第 j 层和第 j+1 层时硬厚岩柱弯曲变形产生的应力增幅。

当硬厚岩柱进入弯曲变形阶段时，硬厚岩柱向 B_{3+6} 煤层一侧的弯曲变形越来越大，从而导致硬厚岩柱与 B_{1+2} 煤层之间的最大压应力增幅减小，而硬厚岩柱与 B_{3+6} 煤层之间的最大压应力增幅逐渐增大，即 $B_{j+1(15)}<0$，$B_{j+1(25)}>0$（$B_{j+1(15)}$和 $B_{j+1(25)}$分别为测点 15 和测点 25 处第 j+1 层硬厚岩柱弯曲变形产生的应力增幅）。随着煤层开采深度的增加，硬厚岩柱的弯曲变形继续增大，则有$|B_{j+1}|>|B_j|$，由于硬厚岩柱转动产生的应力增幅始终满足 $R_{j+1}>R_j$，硬厚岩柱与 B_{3+6} 煤层（测点 15）和 B_{1+2} 煤层（测点 25）之间的应力增幅分别可以描述为

$$I_{(\mathrm{B-No.15})}=\frac{R_{j+1}-B_{j+1(15)}}{R_i+R_{i+1}+\cdots+R_j+B_{j(15)}} \tag{4.12}$$

$$I_{(\mathrm{B-No.25})}=\frac{R_{j+1}+B_{j+1(25)}}{R_i+R_{i+1}+\cdots+R_j+B_{j(25)}} \tag{4.13}$$

由式（4.12）、式（4.13）可以看出，硬厚岩柱与 B_{3+6} 煤层之间的最大压应力增幅逐渐减小，而硬厚岩柱与 B_{1+2} 煤层之间的最大压应力增幅是逐渐增大的。为了得到不同煤层倾角下三个阶段所对应的临界开采深度，对计算得到的 45°、60°、75° 和 87° 煤层倾角下硬厚岩柱与煤层之间的最大压应力增幅进行拟合，结果如图 4.12 所示。

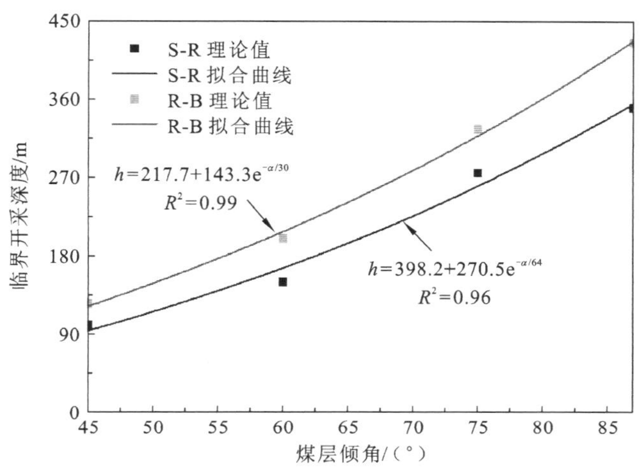

图 4.12　不同煤层倾角下硬厚岩柱变化的三个阶段的临界开采深度

从图 4.12 中可以看出，S-R 临界煤层开采深度与 R-B 临界煤层开采深度都随煤层倾角的变化呈指数变化形式。由于煤层开采深度以 25 m 为单位，为了更加直观地显示不同煤层倾角下硬厚岩柱失稳的三个阶段对应的临界煤层开采深度的变化情况，给出硬厚岩柱变化三个阶段的二维网格分布平面图，如图 4.13 所示，其中煤层倾角变化以 5° 为单位。结合数值计算和理论分析结果可知，S-R 临界煤层开采深度可认为是硬厚岩柱失稳的临界开采深度。

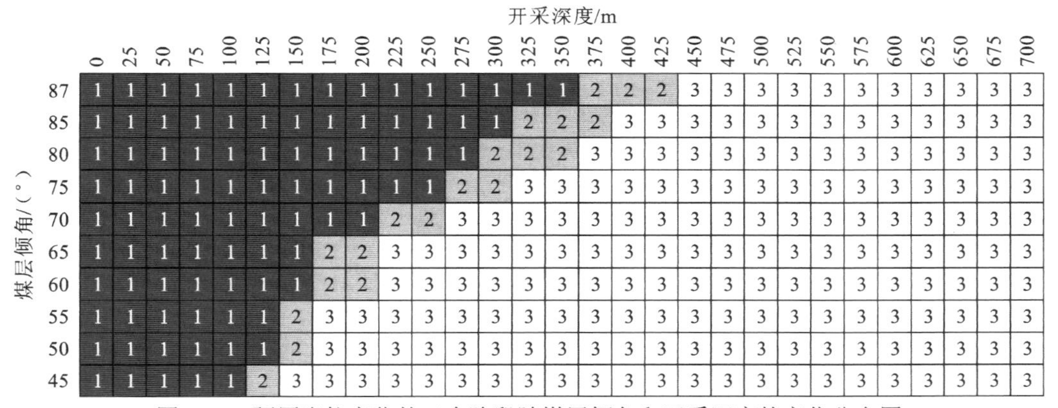

图 4.13　硬厚岩柱变化的三个阶段随煤层倾角和开采深度的变化分布图

1 表示 S 阶段；2 表示 R 阶段；3 表示 B 阶段

4.2.3 顶板-硬厚岩柱耦合诱冲机理

乌东煤矿除相邻煤层间的硬厚岩柱这一大型地质构造外，在 B_{3+6} 煤层还存在坚硬顶板。经过 2.2.1 小节乌东煤矿冲击地压现场调研分析可以发现，硬厚岩柱和坚硬顶板对 B_{3+6} 煤层发生冲击地压有重要影响，因此本小节针对坚硬顶板和硬厚岩柱分别建立力学模型，分析两者对冲击地压的控制作用。乌东煤矿南采区的近直立特厚煤层简化计算模型如图 4.14 所示。

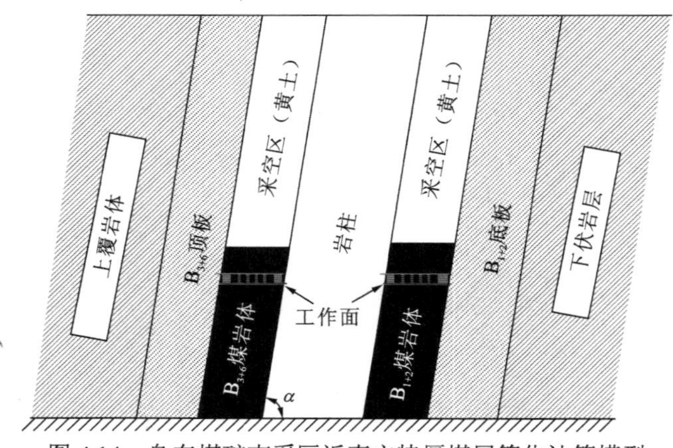

图 4.14　乌东煤矿南采区近直立特厚煤层简化计算模型

1. 硬厚岩柱应力传递引起的冲击地压

以硬厚岩柱及其两侧的煤层为研究对象建立力学模型如图 4.15 所示。将硬厚岩柱简化为一悬臂梁 OB 进行力学分析，其悬挑长度为 L，被煤层约束部分的长度为 l，悬臂梁与水平方向的夹角为 α。硬厚岩柱底部从工作面向煤岩体延伸，在煤岩体及上覆岩层的共同作用下，可以将底部约束视为固定约束。以硬厚岩柱底部端点为原点建立坐标系，x 为轴线沿着硬厚岩柱表面向上的距离。将水平构造应力衰减后的残余应力 μF_k、硬厚岩柱上覆黄土和硬厚岩柱的自重 G 沿 y 轴方向的分力简化为三角形荷载 $F_1(x)$，忽略轴向荷载（轴向荷

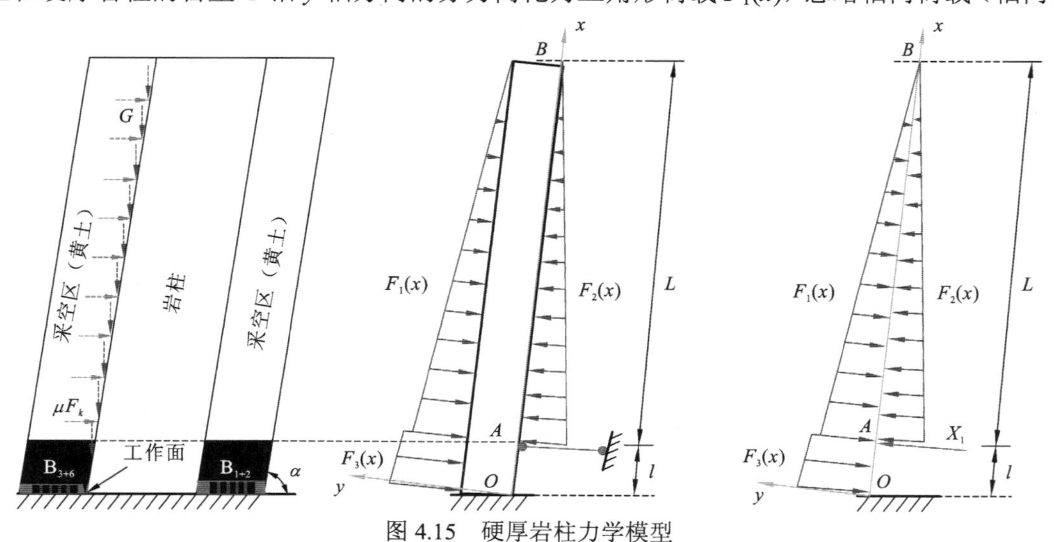

图 4.15　硬厚岩柱力学模型

载不会导致硬厚岩柱弯曲）。$F_3(x)$为 B_{3+6} 煤层对硬厚岩柱的约束力。结合现场实际情况，有以下两点需要说明。

（1）在实际开采条件下，综放工作面为自东向西回采。在回采过程中，随着回采距离的增加，煤岩体对岩体的约束力逐渐降低。

（2）在该模型中，B_{1+2} 煤层有减弱硬厚岩柱弯曲变形的作用，为考察硬厚岩柱的弯曲效应，将 B_{1+2} 煤层对硬厚岩柱的作用力简化为简支支撑，作用在煤层与黄土的交界处。

根据地应力相关研究可知，水平构造应力可以根据垂直应力估算得到，设水平构造应力与垂直应力的比值为 A。假设任意截面上硬厚岩柱的宽度为单位长度，可推导得到任意截面处硬厚岩柱受到的荷载大小为[4]

$$F_1(x)=(L+l-x)\sin\alpha[\mu A\gamma_S\sin\alpha+(\gamma_L+\gamma_P)\cos\alpha],\quad l\leqslant x\leqslant L+l \tag{4.14}$$

式中：μ 为水平构造应力的衰减系数；γ_S 为 B_{3+6} 煤层顶板上覆岩层的平均容重；γ_L 为回填黄土的容重；γ_P 为硬厚岩柱的容重；α为煤层的倾角。

由于黄土是松散体，在回填过程中难免会存在不同位置的紧实程度不一致，或出现空洞、黄土与硬厚岩柱不完全接触的情况，在此定义支护效力系数 f，则黄土对硬厚岩柱的支撑力可以表示为

$$F_2(x)=\frac{1}{\lambda}f\gamma_L[(L+l)-x]\sin^2\alpha,\quad l\leqslant x\leqslant L+l \tag{4.15}$$

式中：λ为侧压力系数，$\lambda=1/A$；支护效力系数 f 的取值范围为[0，1]，理想填充条件下 $f=1$，黄土对硬厚岩柱完全没有支撑作用时，$f=0$。

在 B_{3+6} 煤层未开始回采时，煤层对硬厚岩柱的约束力与水平地应力相等，当 B_{3+6} 煤层开始回采时约束力减弱，假设煤层的约束力弱化系数为 k，则 B_{3+6} 煤层对硬厚岩柱的约束力可以表示为

$$F_3(x)=kA\gamma_S[(L+l)-x]\sin^2\alpha,\quad 0\leqslant x\leqslant l \tag{4.16}$$

式中：约束力弱化系数 $k=1-L'/L$，L' 为煤层已回采长度，L 为煤层的设计走向长度，当煤层回采完成时，$k=0$（认为此时是煤层刚好采完的瞬间）。由于采煤高度远小于硬厚岩柱的悬空长度，计算中将近似看为均布荷载。

对于 j 次超静定结构，去掉多余约束后的方程可以写为

$$\begin{cases}\delta_{11}X_1+\delta_{12}X_2+\cdots+\delta_{1i}X_i+\cdots+\delta_{1j}X_j+\Delta_{1P}=0\\ \delta_{21}X_1+\delta_{22}X_2+\cdots+\delta_{2i}X_i+\cdots+\delta_{2j}X_j+\Delta_{2P}=0\\ \cdots\\ \delta_{i1}X_1+\delta_{i2}X_2+\cdots+\delta_{ii}X_i+\cdots+\delta_{ij}X_j+\Delta_{iP}=0\\ \cdots\\ \delta_{j1}X_1+\delta_{j2}X_2+\cdots+\delta_{ji}X_i+\cdots+\delta_{jj}X_j+\Delta_{jP}=0\end{cases} \tag{4.17}$$

式中：X_i 为 x_i 方向上的广义力；δ_{ij} 为 j 处的广义力在 x_i 方向所引起的广义位移；Δ_{iP} 为实际外荷载在 x_{ij} 方向上所引起的位移。δ_{ij} 和 Δ_{iP} 分别称为位移影响系数（柔度系数）和自由项，例如：

$$\delta_{11}=\sum\int\frac{\bar{M}_1^2}{EI}\mathrm{d}s \tag{4.18}$$

$$\Delta_{1P}=\sum\int\frac{\bar{M}_1 M_P}{EI}\mathrm{d}s \tag{4.19}$$

式中：$\bar{M}_1$ 为单位荷载引起的弯矩；M_P 为外荷载引起的弯矩；I 为硬厚岩柱截面惯性矩；EI 为梁截面抗弯刚度。

将式（4.17）写成矩阵形式为

$$\boldsymbol{\delta X}+\boldsymbol{\Delta}=\boldsymbol{O} \tag{4.20}$$

式中：$\boldsymbol{\delta}$为结构柔度矩阵；$\boldsymbol{X}$为结构的自由项矩阵；$\boldsymbol{\Delta}$为待求解的基本未知量矩阵。

解除 B_{1+2} 煤层在点 A 对硬厚岩柱的约束，并施加约束反力 X_1，变形协调条件为点 A 约束处的挠度为 0。将 $F_1(x)$、$F_2(x)$、$F_3(x)$和 X_1 代入式（4.18）和式（4.19）中计算可以得到不同荷载作用下柔度系数和自由项，结果如表 4.5 所示（表中仅做近似计算）。

表 4.5　不同荷载作用下硬厚岩柱基本结构弯矩图

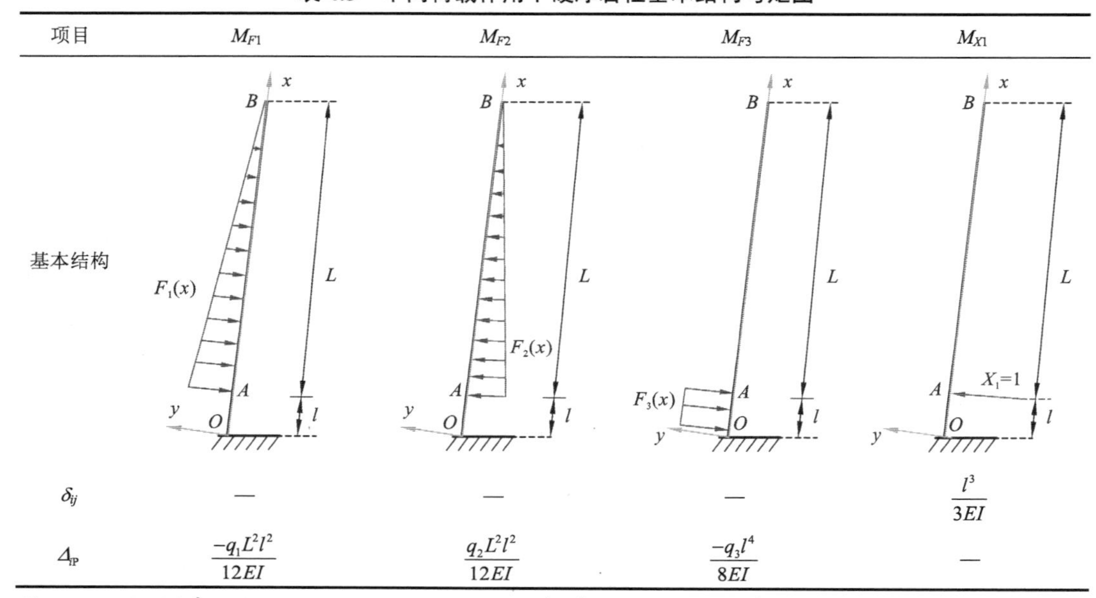

项目	M_{F1}	M_{F2}	M_{F3}	M_{X1}
基本结构				
δ_{ij}	—	—	—	$\frac{l^3}{3EI}$
Δ_{iP}	$\frac{-q_1L^2l^2}{12EI}$	$\frac{q_2L^2l^2}{12EI}$	$\frac{-q_3l^4}{8EI}$	—

注：$q_1=\mu A\gamma_S L\sin^2\alpha+(\gamma_L+\gamma_P)L\sin\alpha\cos\alpha$；$q_2=f\gamma_L\lambda^{-1}\sin^2\alpha$；$q_3=kA\gamma_S L\sin^2\alpha$

将表 4.5 中的计算结果代入式（4.20）中可以得到 B_{1+2} 煤层对硬厚岩柱的约束力：

$$X_1=\frac{(q_1-q_2)L^2}{4l}+\frac{3q_3l}{8} \tag{4.21}$$

当地应力条件和回填黄土物理力学参数已知时，式（4.21）中的 q_1 和 q_2 为定值。随着 B_{3+6} 煤层的回采，B_{3+6} 煤层对硬厚岩柱的约束力 q_3 逐渐减小，根据牛顿第三定律，硬厚岩柱对 B_{1+2} 煤层的压力逐渐减小。简而言之，B_{3+6} 煤层的开采对 B_{1+2} 煤层有卸压作用，在一定程度上降低了 B_{1+2} 煤层发生冲击地压的概率。

悬空的硬厚岩柱必然会发生弯曲变形，假设悬空部分硬厚岩柱的抗弯刚度为常量，则硬厚岩柱的挠曲线近似微分方程可以表示为

$$EI\omega=-\int\left[\int M(x)\mathrm{d}x\right]\mathrm{d}x+C_1x+C_2 \tag{4.22}$$

式中：ω 为梁挠度；C_1、C_2 为积分常数，通过梁的挠曲线边界条件确定；$M(x)$为梁的弯矩函数方程。

硬厚岩柱 OA 段的挠度变化对 B_{3+6} 煤层的开采有直接的影响，根据叠加原理可以求得硬厚岩柱 OA 段的挠曲线方程：

$$\omega(x)=\frac{(q_1-q_2)L^2x^2}{24EI}(1-xl)+\frac{q_3x^2}{48EI}(-2x^2+5lx^2-3l^2),\ \ 0\leqslant x\leqslant l \tag{4.23}$$

根据现场实测结果设置表达参数的默认值分别为：$\gamma_S=29.82\ \text{kN/m}^3$，$\gamma_P=24.83\ \text{kN/m}^3$，$\gamma_L=16.2\ \text{kN/m}^3$，$E=26.63\ \text{GPa}$，$A=0.5$，$\lambda=2$，$f=0.85$，$\alpha=87°$，$k=0.5$。将上述参数代入式（4.23）中得到不同 k 值下硬厚岩柱 OA 段的挠度变化曲线（假定挠度向 B_{3+6} 煤层变化为正）。煤层的分层高度为 25 m。

从图 4.16 可以看出，随着约束力弱化系数 k 值的降低，硬厚岩柱 OA 段的变形增大，尤其在距离工作面上方 12～18 m，硬厚岩柱的撬转更加明显。这主要是由于随着 B_{3+6} 煤层煤岩体的不断采出，煤岩体对硬厚岩柱的约束力逐渐降低，硬厚岩柱活化程度加强，导致撬转作用更加明显。如图 4.17 所示，硬厚岩柱以 B_{1+2} 煤层煤岩体为支点向 B_{1+2} 煤层采空区发生偏转，释放了 B_{1+2} 煤层煤岩体的应力，但挤压作用导致 B_{3+6} 煤层煤岩体的应力增大，增加了 B_{3+6} 煤层发生冲击地压的概率。硬厚岩柱撬转下的应力转移是导致同一采深的相邻工作面冲击地压发生情况相差较大的主要原因。

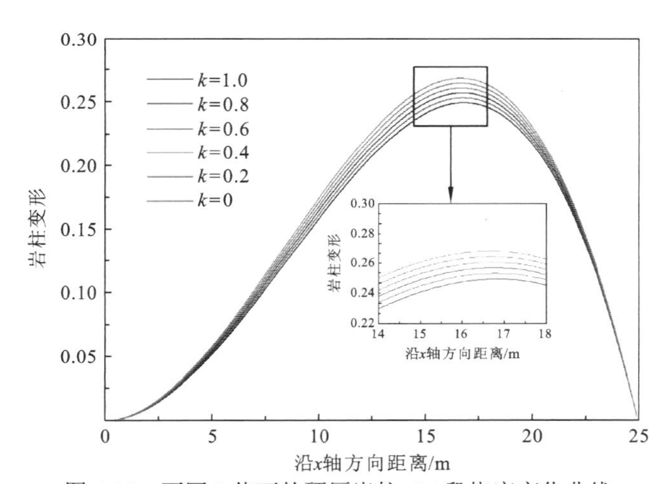

图 4.16　不同 k 值下的硬厚岩柱 OA 段挠度变化曲线

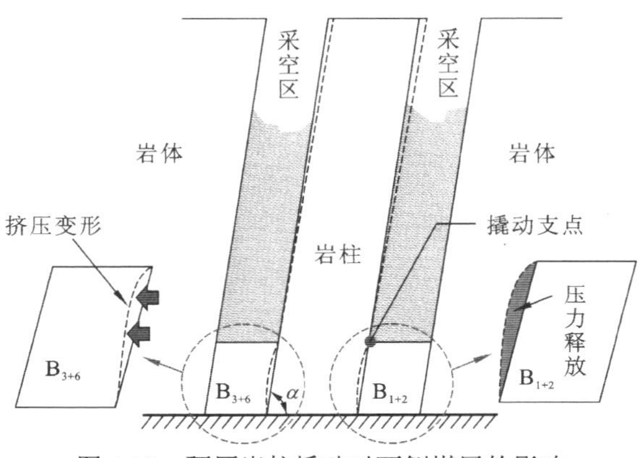

图 4.17　硬厚岩柱撬动对两侧煤层的影响

根据荷载的分布，可以计算出硬厚岩柱方向的弯矩函数 $M(x)$，进而求得硬厚岩柱在任意位置处的变形能大小。硬厚岩柱任意位置处的弯矩为

$$M(x)=\begin{cases}\dfrac{[\mu A\gamma_{\mathrm{S}}-f\gamma_{\mathrm{L}}\lambda^{-1}+(\gamma_{\mathrm{L}}+\gamma_{\mathrm{P}})\cos\alpha]L^{2}\sin^{2}\alpha}{4l}\left[(L-2l)x+2l^{2}-\dfrac{1}{3}Ll\right]\\+\dfrac{kA\gamma_{\mathrm{S}}L\sin^{2}\alpha}{8}(l-x)(l-4x), & 0\leqslant x\leqslant l\\\dfrac{(L+l-x)\sin^{2}\alpha[\mu A\gamma_{\mathrm{S}}+(\gamma_{\mathrm{L}}+\gamma_{\mathrm{P}})\cos\alpha-f\gamma_{\mathrm{L}}\lambda^{-1}]}{6}(L+l-x)^{2}, & l\leqslant x\leqslant L+l\end{cases}\tag{4.24}$$

根据弯矩与弹性应变能的关系，沿硬厚岩柱方向的任意 x 处的弹性应变能可以表示为[5]

$$U(x)=\begin{cases}\dfrac{1}{2EI}\left\{\dfrac{[\mu A\gamma_{\mathrm{S}}-f\gamma_{\mathrm{L}}\lambda^{-1}+(\gamma_{\mathrm{L}}+\gamma_{\mathrm{P}})\cos\alpha]L^{2}\sin^{2}\alpha}{4l}\left[(L-2l)x+2l^{2}-\dfrac{1}{3}Ll\right]\right.\\\left.+\dfrac{kA\gamma_{\mathrm{S}}L\sin^{2}\alpha}{8}(l-x)(l-4x)\right\}^{2}, & 0\leqslant x\leqslant l\\\dfrac{1}{2EI}\left\{\dfrac{(L+l-x)\sin^{2}\alpha[\mu A\gamma_{\mathrm{S}}+(\gamma_{\mathrm{L}}+\gamma_{\mathrm{P}})\cos\alpha-f\gamma_{\mathrm{L}}\lambda^{-1}]}{6}(L+l-x)^{2}\right\}^{2}, & l\leqslant x\leqslant L+l\end{cases}\tag{4.25}$$

在不同硬厚岩柱悬挑长度 L 条件下，沿坐标轴 x 方向上的硬厚岩柱弹性应变能变化曲线如图 4.18 所示。

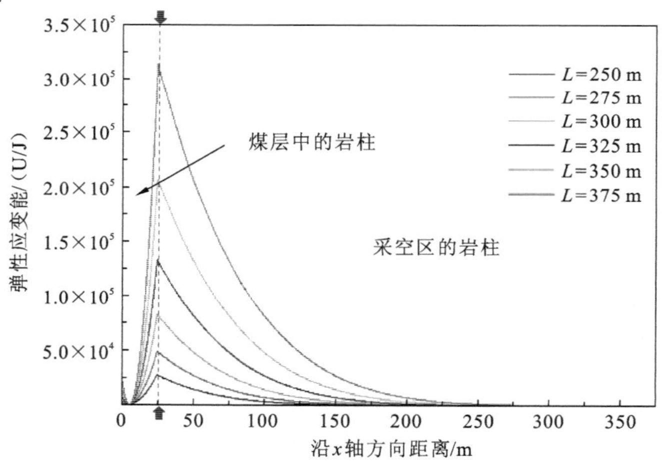

图 4.18　硬厚岩柱弹性应变能沿 x 轴方向变化曲线

从图 4.18 中可以看出，硬厚岩柱的弹性应变能随悬挑长度的增大而增大，在煤层与黄土交界处，硬厚岩柱的弹性应变能达到最大，且硬厚岩柱也最容易发生局部岩体破裂。如图 4.19 所示，对现场 B_{3+6} 煤层在+450 m 开采水平硬厚岩柱周围的高能微震事件（$>10^3$ J）的统计分析可以发现，73.2%的高能事件分布在工作面上方 18～25 m（尤其在 22～23 m 高能事件更为集中），说明此区域内硬厚岩柱活动较为剧烈。理论计算结果是基于理想化条件假定计算得到的，与现场实际条件会有些许偏差，但与现场监测结果基本一致。工作面附近的微震事件多以低能量微震事件为主，这是由于硬厚岩柱对 B_{3+6} 煤层的挤压，导致该区域煤岩体采动应力增大，但在煤层回采过程中煤岩体不断地受到外部荷载的扰动作用，一部分煤岩体没有来得及储存较高的能量就发生释放，从而导致产生较多的低能量微震事件。

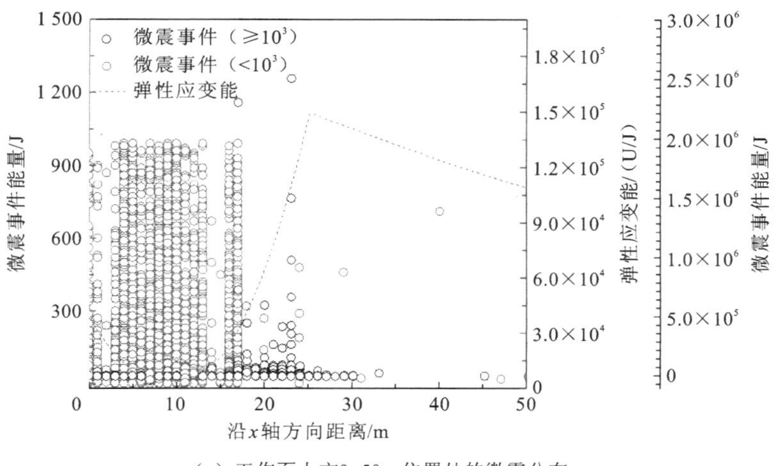

（a）工作面上方0~50 m位置处的微震分布

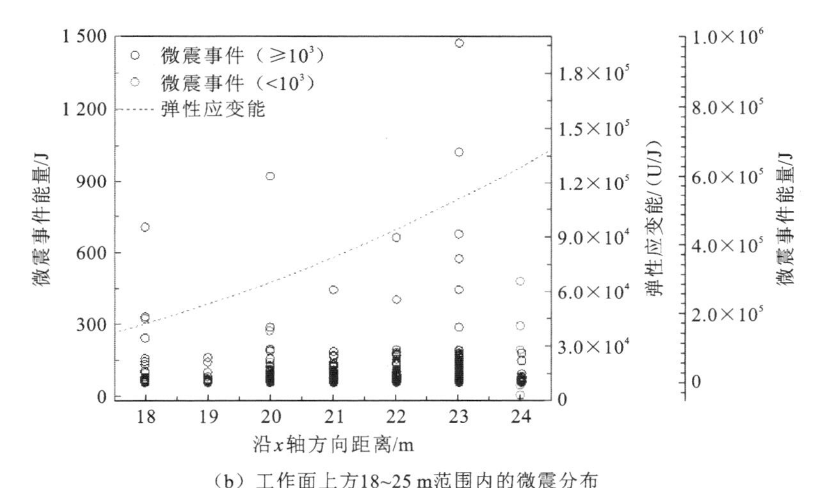

（b）工作面上方18~25 m范围内的微震分布

图 4.19　工作面上方不同位置处的微震分布情况

在煤层与黄土交界面处的硬厚岩柱储存了大量的弹性应变能，当岩体发生破裂时会瞬间释放大量能量，由于此时硬厚岩柱破裂位置与煤层之间的距离较短，硬厚岩柱破裂后产生的震动波来不及发生较大的衰减就迅速作用到煤岩体，引起煤岩体的应力迅速增加，在动应力与静应力的叠加作用下，B_{3+6}煤层极容易发生冲击地压的危险。而采空区的硬厚岩柱的弹性应变能较小，硬厚岩柱不容易发生破断，即使发生破断，震动波动载扰动作用到煤岩体上的动应力会由于长距离传递过程的衰减而大打折扣。为了更加直观地表现震动波动载扰动随距离的变化，在此假定硬厚岩柱在距离煤层交界面 x 处的位置发生断裂，震动波沿最短距离垂直向下传播至 B_{3+6}煤层煤岩体，微震能量取 1×10^6 J。煤岩体和岩体的密度经实验室测得分别为 1 325 kg/m³、2 663 kg/m³，P 波和 S 波在完整砂岩中的传播速度分别为 4.2 km/s 和 2.4 km/s。文献[6]对煤矿井下震动波传播规律原位试验数据进行拟合分析，得到质点峰值振动速度与微震能量间关系为

$$V_{\mathrm{pm}} = 0.064\,5U_{\mathrm{k}}^{0.356\,6} \tag{4.26}$$

式中：V_{pm} 为质点的峰值振动速度；U_{k} 为微震事件的能量值。

假设煤岩体为各向同性连续介质，煤岩体中震动波传播至介质特定位置引起的动应力可以表示为[7]

$$
\begin{cases}
\sigma_{\mathrm{dP}} = 0.064\,5U_{\mathrm{k}}^{0.356\,6}\rho_{\mathrm{m}}C_{\mathrm{Pm}}\prod_{i=1}^{n}L_i^{-\lambda_i} \\
\tau_{\mathrm{dS}} = 0.064\,5U_{\mathrm{k}}^{0.356\,6}\rho_{\mathrm{m}}C_{\mathrm{Sm}}\prod_{i=1}^{n}L_i^{-\lambda_i}
\end{cases}
\tag{4.27}
$$

式中：σ_{dP}、τ_{dS} 分别为由 P 波和 S 波产生的动态应力；ρ_{m} 为距离震源边界 L_{m} 处介质密度；C_{Pm} 和 C_{Sm} 分别为距离震源边界 L_{m} 处 P 波和 S 波的波速；L_i 为震动波在第 i 种介质中的传播距离，$L_{\mathrm{m}}=\sum_{i=1}^{m}L_i$，$m$ 为第 m 种传播介质；λ_i 为第 i 种介质的衰减系数。

He 和 Dou[8]利用微震监测系统和爆破得到井下震动波质点振动速度在煤岩介质中传播的衰减系数$\lambda_0=1.526$。根据式（4.27）计算可以得到硬厚岩柱局部破裂产生的震动波随距离的变化曲线。从图 4.20 中可以看出，震动波最初传播阶段衰减最快，之后逐渐减弱并趋于稳定，当震动波传播距离为 10 m 时，法向应力由 94.5 MPa 降至 2.8 MPa，切向应力由 26.9 MPa 降至 1 MPa 以下。由此可见，煤岩体交界面附近的硬厚岩柱断裂产生的高能事件极容易诱发冲击地压。值得注意的是，当煤岩体满足冲击地压发生的临界条件时，即使是一个微小的扰动也会诱发冲击地压灾害。结合前文的分析结果，乌东煤矿南采区现场冲击地压防治应切断应力传递路径并阻止或削弱扰动传递以降低冲击地压发生危险。

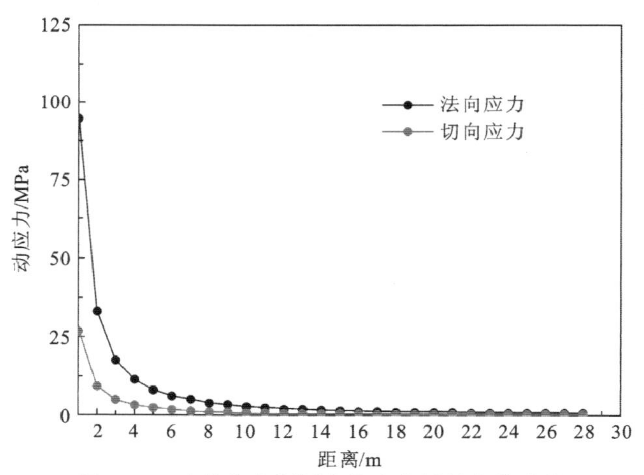

图 4.20　动荷载在硬厚岩柱中传播的变化曲线

2. 坚硬顶板诱发的冲击地压

与硬厚岩柱的分析方法相同，将 B_{3+6} 煤层坚硬顶板简化为一个悬臂梁力学模型，如图 4.21 所示，该模型综合考虑了坚硬顶板受力情况。坚硬顶板左侧受水平构造应力 F_{k} 和覆岩重力荷载 G 的影响，可简化为垂直于坚硬顶板的荷载 $F_4(x)$，B_{3+6} 煤层采空区黄土对坚硬顶板的支撑力为 $F_5(x)$，坚硬顶板左侧与煤层之间的作用力为 $F_6(x)$。

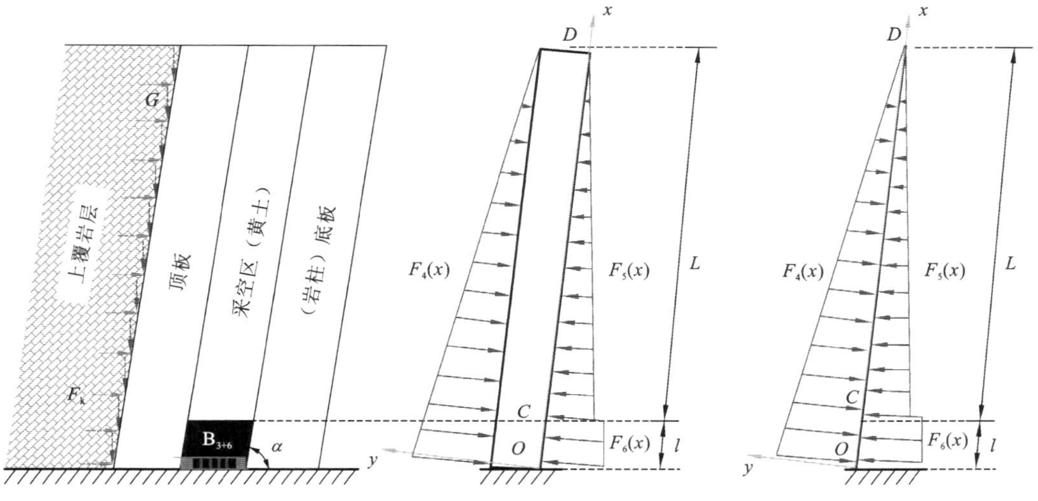

（a）覆岩结构　（b）简化悬臂岩柱力学模型　（c）简化悬臂梁力学模型

图 4.21　坚硬顶板力学模型

假定任意截面上坚硬顶板的宽度为单位长度，则坚硬顶板任意位置处的荷载 $F_4(x)$可以表示为

$$F_4(x) = (L + l - x)\sin\alpha(A\gamma_S\sin\alpha + \gamma_R\cos\alpha),\quad 0 \leqslant x \leqslant L + l \tag{4.28}$$

坚硬顶板右侧任意截面处黄土的支撑力 $F_5(x)$可以表示为

$$F_5(x) = \frac{1}{\lambda} f\gamma_L L\sin^2\alpha(L + l - x),\quad l \leqslant x \leqslant L + l \tag{4.29}$$

将 $F_4(x)$、$F_5(x)$和 $F_6(x)$代入式（4.18）和式（4.19）中计算可以得到不同荷载作用下柔度系数和自由项，将 $F_6(x)$的均布荷载等效为作用在 C 点的集中荷载，计算结果如表 4.6 所示（表中仅做近似计算）。

表 4.6　不同荷载下基本顶结构的弯矩图

项目	M_{F_4}	M_{F_5}	M_{F_6}
基本结构	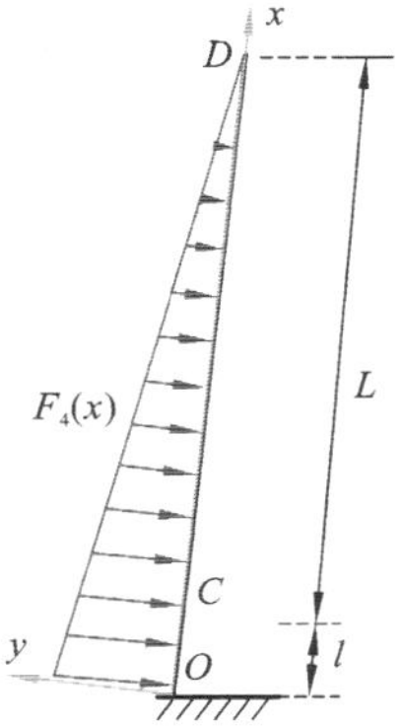	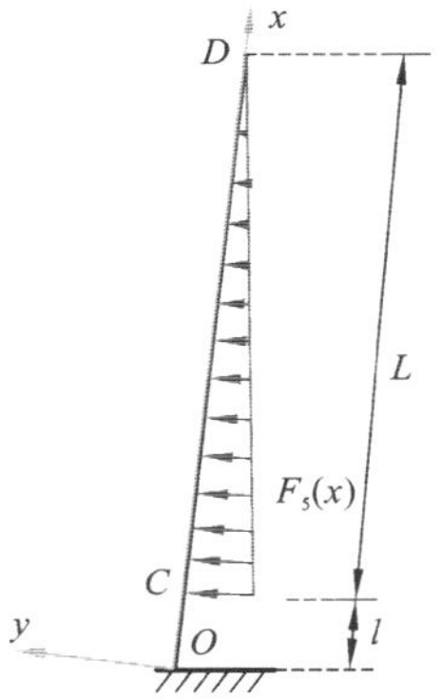	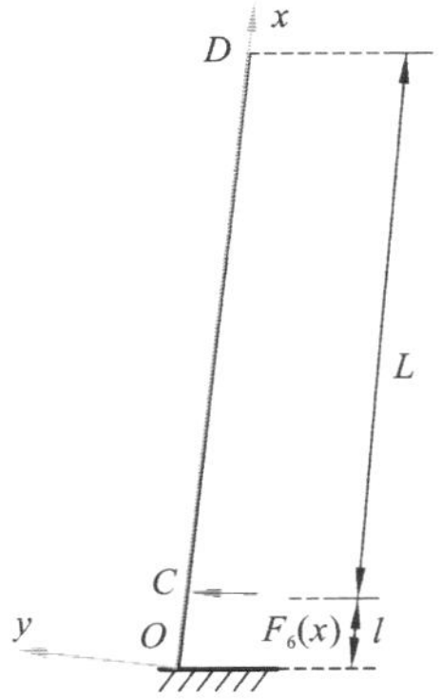
δ_{ij}	—	—	$\frac{l^3}{3EI}$
Δ_{iP}	$\frac{-F_4(x)l^2}{12EI}\left(L + \frac{2}{3}l\right)^2$	$\frac{q_5 Ll^2}{12EI}(L + 2l)$	—

注：$q_5 = \frac{1}{\lambda} f\gamma_L L\sin^2\alpha$

根据牛顿第三定律，任意截面处坚硬顶板的表面荷载为

$$F_6(x)=\frac{1}{4l}\left[F_4(x)\left(L+\frac{2}{3}l\right)^2-q_5L(L+2l)\right] \tag{4.30}$$

根据荷载的分布，可以计算出沿坚硬顶板任意位置处的弯矩函数 $M(x)$ 为

$$M(x)=\begin{cases}(L+l-x)(A\gamma_S\sin^2\alpha+\gamma_R\sin\alpha\cos\alpha)\left[\frac{1}{6}(L+l-x)-\frac{1}{4l}\left(L+\frac{2}{3}l\right)^2(l-x)\right]\\-\frac{f\gamma_L L^3\lambda^{-1}\sin^2\alpha}{4l}\left(x-\frac{l}{3}\right), & 0\leqslant x\leqslant l\\\frac{(L+l-x)^3\sin\alpha}{6}(A\gamma_S\sin\alpha+\gamma_R\cos\alpha-f\gamma_L\lambda^{-1}\sin\alpha), & l\leqslant x\leqslant L+l\end{cases} \tag{4.31}$$

根据弯矩与弹性应变能的关系，沿坚硬顶板任意 x 处的弹性应变能可以表示为

$$U(x)=\begin{cases}\frac{1}{2EI}\left\{(L+l-x)(A\gamma_S\sin^2\alpha+\gamma_R\sin\alpha\cos\alpha)\right.\\\left.\times\left[\frac{1}{6}(L+l-x)-\frac{1}{4l}\left(L+\frac{2}{3}l\right)^2(l-x)\right]-\frac{f\gamma_L L^3\lambda^{-1}\sin^2\alpha}{4l}\left(x-\frac{l}{3}\right)\right\}, & 0\leqslant x\leqslant l\\\frac{1}{2EI}\left[\frac{(L+l-x)^3\sin\alpha}{6}(A\gamma_S\sin\alpha+\gamma_R\cos\alpha-f\gamma_L\lambda^{-1}\sin\alpha)\right], & l\leqslant x\leqslant L+l\end{cases} \tag{4.32}$$

在不同坚硬顶板悬挑长度 L 条件下，沿 x 轴方向上的坚硬顶板弹性应变能变化曲线如图 4.22 所示。

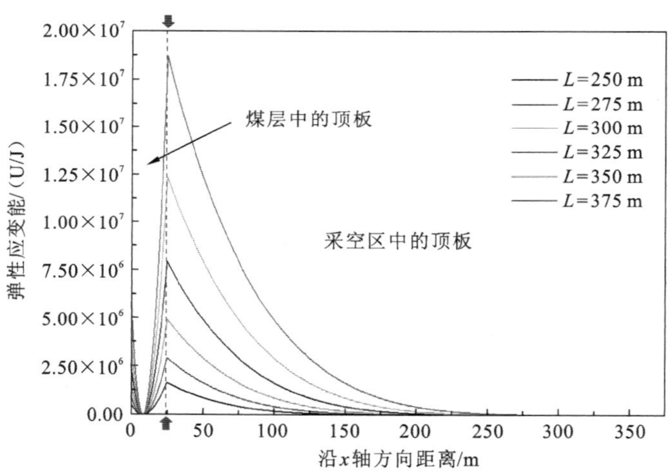

图 4.22 坚硬顶板弹性应变能沿 x 轴方向的变化曲线

从图 4.22 中可以看出，坚硬顶板悬挑长度越长则弹性应变能越高，且相同悬挑长度下坚硬顶板弹性应变能明显高于硬厚岩柱。理论计算结果中，坚硬顶板在 B_{3+6} 煤层与黄土交界处的弹性应变能达到最大值，但在现场实际监测的结果可以发现（图 4.23），坚硬顶板高能微震事件多集中于采煤工作面上方 8～16 m。这是由于硬厚岩柱的应力转移和坚硬顶板挤压导致 B_{3+6} 煤层的应力集中区与 B_{1+2} 煤层相比更大，煤岩体对坚硬顶板的侧向约束削弱，从而导致坚硬顶板在实际中发生弯曲的位置下移。相同悬挑长度下，坚硬顶板的弹性应变能远高于硬厚岩柱，这是由于坚硬顶板一侧直接承受水平构造应力和上覆荷载，而另一侧

与采空区接触，且坚硬顶板厚度不及硬厚岩柱的 1/2，自身抗弯刚度低于硬厚岩柱，坚硬顶板在采空区方向极容易发生弯曲变形，从而累积较多的弹性应变能。硬厚岩柱两侧为采空区，水平应力受黄土衰减影响大大降低，作用在硬厚岩柱上的水平应力变小，它主要是由于自身重力的作用发生弯曲，同时，由于硬厚岩柱自身厚度较大，有较大的抗弯刚度，弹性应变能相对较低。

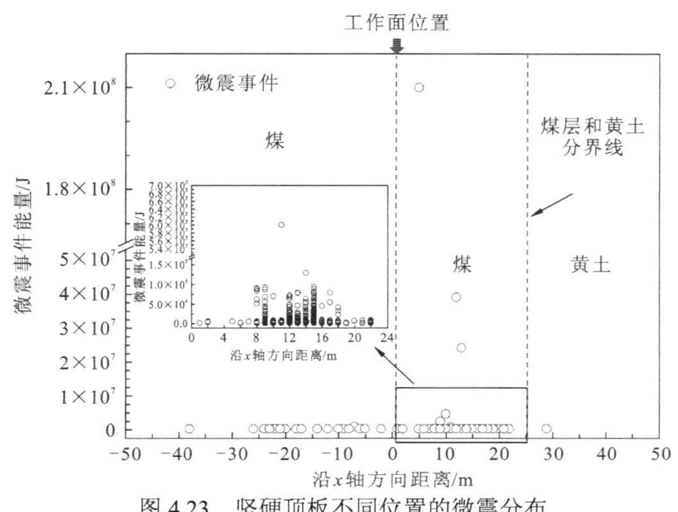

图 4.23　坚硬顶板不同位置的微震分布

“0”为工作面位置

对+450 m 水平 B_{3+6} 煤层自回采开始至回采结束时间段内的现场微震事件能量结果进行统计发现（图 4.24），在 5×10^3～10^4 J 硬厚岩柱高能微震事件出现的频次要远高于坚硬顶板，而坚硬顶板在 10^4～5×10^4 J 和>10^6 J 范围内微震能量总和远远高于硬厚岩柱，且存在 1 次 10^8 J 级别的事件。这是由于硬厚岩柱两侧临近采煤工作面，在回采的过程中，相比 B_{3+6} 煤层坚硬顶板来说，硬厚岩柱会受到更多的扰动而不断地释放能量，而坚硬顶板仅一侧临近工作面，受采煤扰动影响较小，坚硬顶板容易积聚更高的能量。

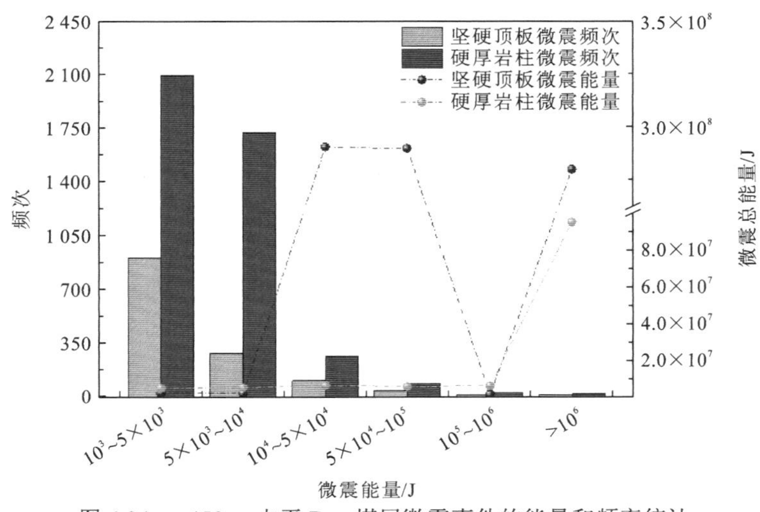

图 4.24　+450 m 水平 B_{3+6} 煤层微震事件的能量和频率统计

与缓倾斜煤层相比，急倾斜煤层冲击地压初始发生深度偏小，因此在相同的地质条件下，煤层倾角也是影响冲击地压发生的重要因素之一。当悬空坚硬顶板和硬厚岩柱的长度一定时，弹性应变能随煤层倾角的变化曲线如图 4.25 所示。对坚硬顶板来说，煤层倾角在 0°～90°变化时，弹性应变能出现先增大后减小的现象。α=69.5°时，坚硬顶板弹性应变能达到最大值。与缓倾斜煤层相比，急倾斜煤层的坚硬顶板拥有更高的弹性应变能，在相同的开采强度条件下，岩体更容易发生破裂释放能量，这也解释了为什么急倾斜煤层的冲击地压临界深度要远小于缓倾斜煤层。硬厚岩柱的弹性应变能变化趋势与坚硬顶板相同，α=56.1°时，硬厚岩柱弹性应变能达到最大值，但坚硬顶板的弹性应变能要远大于硬厚岩柱。这是由于煤层的采空区削弱了水平地应力的影响，硬厚岩柱的撬转很大一部分来自自身的重力作用而不是水平构造力。坚硬顶板与之相反，坚硬顶板的弯曲是水平构造力和上覆岩体共同作用的结果，自身重力仅是一小部分。同时，硬厚岩柱的抗弯刚度也大于坚硬顶板，因此在相同悬挑长度条件下，坚硬顶板的弹性应变能要远高于硬厚岩柱。

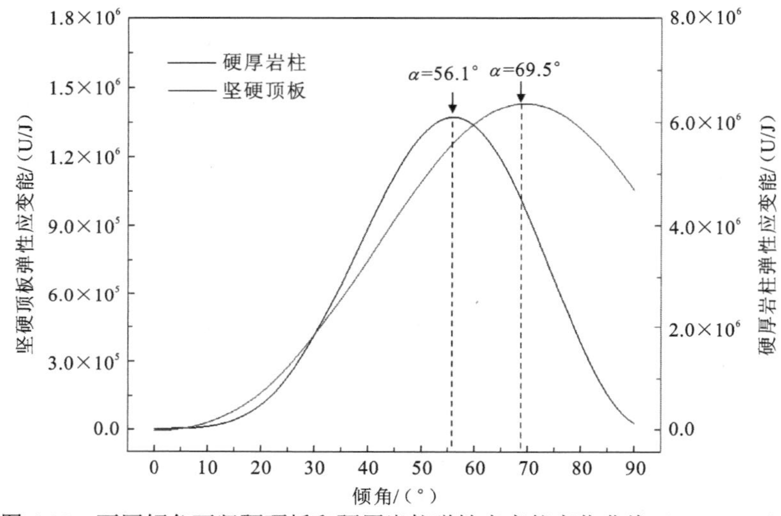

图 4.25　不同倾角下坚硬顶板和硬厚岩柱弹性应变能变化曲线（L=300 m）

4.2.4　硬厚岩柱和坚硬顶板耦合诱冲机理数值验证

根据上述现场调查和理论分析结果，近直立特厚煤层相邻采面冲击地压的发生是坚硬顶板与硬厚岩柱耦合作用的结果。为了验证分析结果的合理性，对煤层开采后坚硬顶板和硬厚岩柱组合引起的应力集中进行数值分析。利用 CASRock 软件模拟煤层开采过程中的应力演化。为了避免其他因素的干扰，模型忽略地质构造和采矿布局的影响。该模型根据工作面和巷道的实际大小建立，并考虑采空区的回填黄土和破碎煤矸石。B_{3+6} 煤层宽 48 m，B_{1+2} 煤层宽 37 m，中间岩柱宽 100 m，模型总宽度为 680 m，煤层倾角为 87°，煤层走向长 2500 m。简化实际地质条件，包括较薄和较弱的夹层[图 4.26（a）]。垂直方向施加重力荷载，重力加速度为 9.8 m/s^2。水平与垂直应力比通过+450～+475 m 的现场地应力测量进行校准（表 4.7[9-10]）。采用梯形应力边界条件，+450 m 水平面的最大水平主应力和最小主应力分别为 15.6 MPa 和 10.7 MPa。除上边界外的所有边界采用滚动支座约束。

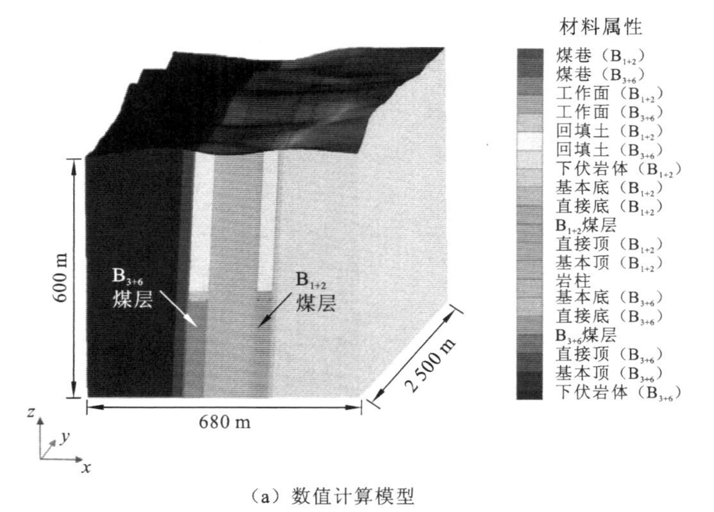

（a）数值计算模型

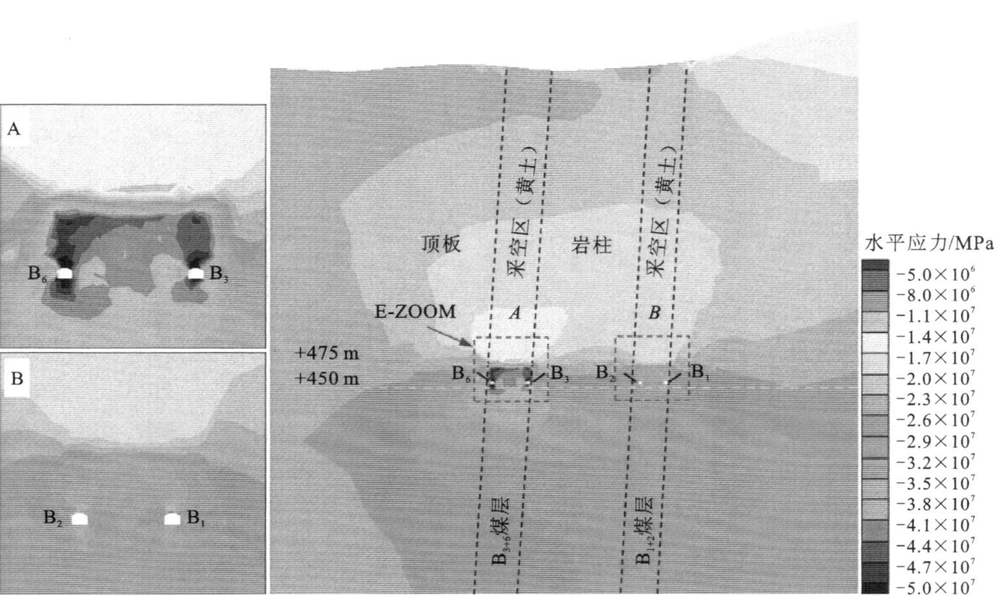

（b）“2·1”冲击地压水平应力分布

图 4.26　B_{3+6}煤层水平应力分布数值模拟结果

表 4.7　地应力测量结果

编号	水平/m	σ_H			σ_h			σ_V		
		大小/MPa	方位/（°）	倾角/（°）	大小/MPa	方位/（°）	倾角/（°）	大小/MPa	方位/（°）	倾角/（°）
1#	+475	15.2	158.0	15.6	10.4	70.4	8.6	8.7	188.3	72.1
2#	+475	14.1	157.3	7.8	9.6	69.2	7.8	8.4	189.4	74.8
3#	+450	15.8	158.5	15.9	10.2	76.0	15.0	9.3	193.0	69.4
4#	+450	15.4	160.5	13.6	11.3	76.0	8.6	9.5	178.7	65.0

模型中相应岩层的物理力学参数如表 4.8[11-12]所示，采用莫尔-库仑强度准则。根据前人研究成果[12-14]和乌东煤矿冲击倾向性鉴定报告[13-14]，对煤岩体的力学参数进行赋值。

表 4.8　乌东煤矿数值模型中煤岩物理力学性质参数

地层	γ/（kN/m³）	σ_t/MPa	σ_c/MPa	E/GPa	ν	c/MPa	φ/（°）
上覆岩体（B_{1+2}）	29.82	4.25	63.15	29.63	0.22	41.25	37.98
基本底板（B_{1+2}）	27.50	3.01	58.11	21.70	0.25	46.57	34.20
直接底板（B_{1+2}）	26.67	4.17	49.63	18.02	0.19	32.46	38.40
B_{1+2}煤层（B_{1+2}）	12.84	2.12	15.66	2.04	0.21	25.10	36.80
直接坚硬顶板（B_{1+2}）	20.32	3.77	30.20	26.80	0.21	35.34	33.05
基本坚硬顶板（B_{1+2}）	25.55	3.80	55.91	20.64	0.20	38.22	35.19
硬厚岩柱	24.83	4.25	65.82	16.74	0.23	31.17	30.88
基本底板（B_{3+6}）	28.87	4.39	61.12	25.91	0.22	37.66	35.10
直接底板（B_{3+6}）	27.74	4.01	57.32	20.39	0.25	33.82	36.25
B_{3+6}煤层（B_{3+6}）	12.53	1.68	17.04	3.09	0.19	11.68	38.57
直接坚硬顶板（B_{3+6}）	24.55	2.89	52.78	22.65	0.24	30.54	30.56
基本坚硬顶板（B_{3+6}）	26.85	3.66	46.90	27.56	0.22	34.22	35.91
上覆岩体（B_{3+6}）	27.46	4.43	58.79	21.37	0.22	21.46	36.50
回填土体（B_{1+2}）	15.00	1.00	10.00	16.00	0.25	5.00	40.00
回填土体（B_{3+6}）	15.00	1.00	10.00	16.00	0.25	5.00	40.00
煤层巷道（B_{1+2}）	12.84	2.12	15.66	2.04	0.21	25.10	36.80
煤层巷道（B_{3+6}）	12.53	1.68	17.04	3.09	0.19	11.68	38.57

以乌东煤矿“2·1”冲击地压事故为例，冲击地压发生时，B_{3+6}煤层和B_{1+2}煤层开采水平为+450 m，工作面走向位置分别为1 824 m和2 309 m。数值模拟计算得到的应力分布如图4.26（b）所示（冲击地压走向位置为1 730 m）。可以看出，B_{3+6}煤层的采动应力达到45.1 MPa，是煤岩体单轴抗压强度的2.64倍，是实测水平构造应力（开采深度为365 m）的2.85倍。高应力区位于B_3和B_6巷道的顶部和底部，最高应力值达57.6 MPa，而B_1和B_2巷道的顶部和底部，最高应力仅为41.2 MPa。数值结果表明，在硬厚岩柱与坚硬顶板的耦合作用下，B_{3+6}煤层的应力集中程度明显增加。这是因为B_{3+6}煤层除受到水平构造应力的挤压外，还受到硬厚岩柱和坚硬顶板的挤压。硬厚岩柱的撬动导致B_{1+2}煤层和B_{3+6}煤层之间的应力转移，从而增加了B_{3+6}煤层的应力。同时，煤层坚硬顶板向采空区的弯曲进一步增加了煤岩体的应力。硬厚岩柱和坚硬顶板的共同作用使B_3和B_6巷道附近的应力集中更加明显，更容易产生冲击地压。

图4.27为硬厚岩柱和坚硬顶板共同作用下B_{3+6}煤层发生冲击地压的示意图。随着采深的增加，水平构造应力也不断增加，导致B_{3+6}煤层和B_{1+2}煤层水平应力增大，当采深相同时，两煤层发生冲击地压的概率应该相近。但由于近直立特厚煤层的特殊开采方式，两煤层间的硬厚岩柱悬空并向采空区一侧发生弯曲变形，从而使硬厚岩柱撬转挤压B_{3+6}煤层并

释放了 B_{1+2} 煤层的应力，同时 B_{3+6} 煤层的坚硬顶板向采空区的弯曲挤压进一步增大了 B_{3+6} 煤层的应力，加之动力扰动作用，使 B_{3+6} 煤层在三者的叠加作用下更容易发生冲击地压，这就是在相同开采深度条件下，B_{3+6} 煤层与 B_{1+2} 煤层相比更容易发生冲击地压的原因。

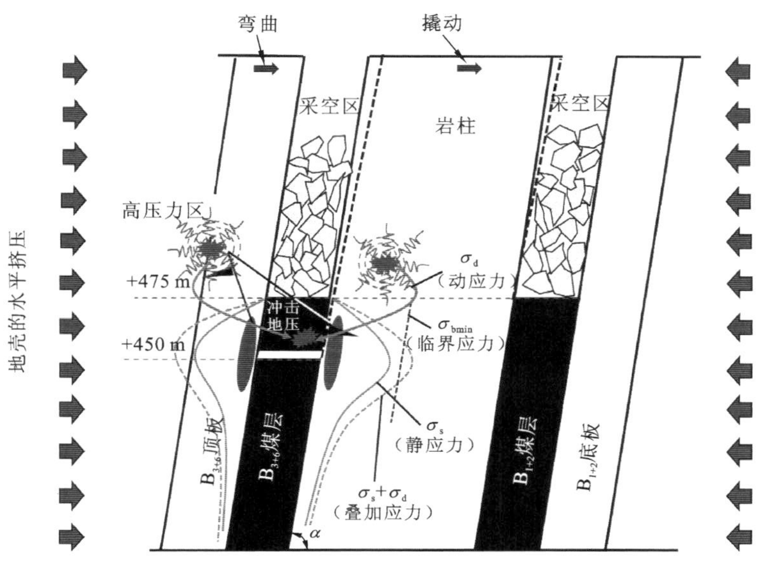

图 4.27　动荷载和静荷载叠加引起的冲击地压示意图

4.3　巨厚砾岩条件下覆岩结构的联动效应

4.3.1　义马矿区巨厚砾岩概况

义马矿区深部煤层顶板赋存发育至地表或接近地表的厚度 300～700 m 的巨厚砾岩，矿区南部的井田边界存在控制 4 个煤矿的大型逆冲断层，矿区由北向南煤层厚度变化较大，甚至局部发育超 30 m 的特厚煤层，使得冲击地压成为该矿区的主要灾害之一。义马矿区大部分区域煤层顶板赋存巨厚砾岩，砾岩在全煤田发育，厚度由北向南、自浅到深、从东部和西部边界区域向煤田中南部区域逐渐增大。东西及北部边界处砾岩厚度较小，甚至无砾岩发育，耿村煤矿、千秋煤矿、跃进煤矿和常村煤矿南部边界处巨厚砾岩厚度分别为 200～400 m、400～600 m、500～700 m 和 200～500 m。巨厚砾岩厚度最大处位于跃进井田西南部靠近逆冲断层区域。

4.3.2　关键结构覆岩结构扰动特征

1. 关键结构巨厚岩层联合运动特征

1）关键结构力学模型构建

当煤系地层赋存巨厚且强度较高的岩层时，随着下覆煤层的开采，巨厚岩层整体处于悬顶状态。研究表明，弯曲未破断的巨厚岩层不同层位的沉降具有非均匀性，下位岩层与上位岩层之间存在不同程度的分层现象。未垮落的巨厚岩层呈现分层特征，对于相邻工作面起直接控制作用的岩层为巨厚砾岩层中低位的 71 m 砾岩层，因此将巨厚岩层下位岩层作为研究对象。当两工作面之间累积采空相当长度后，数十米的下位巨厚岩层厚度远小于巨厚岩层悬顶长度，因此可将下位岩层简化为梁式模型进行求解。

当关键结构体两侧工作面回采时（左侧工作面自中间煤柱开始，向左推进；右侧工作面自中间煤柱开始，向右推进），覆岩空间结构特征如图 4.28（a）所示。该关键结构中，巨厚岩层下位薄层（以下简称薄层）由中间未破断岩层及两侧工作面上覆岩层支撑。为便于计算与分析，将薄层设为两边固支、中间铰支的状态，其受力状态如图 4.28（b）所示。该模型中 a 与 b 分别为两工作面上覆薄层悬顶边界至煤柱中心的距离，并非两工作面薄层真实悬顶长度 a'和 b'，由于 a、b 与薄层真实悬顶长度成正比，且以下计算不涉及 a'和 b'，为了便于叙述，称模型中 a 和 b 为两工作面薄层岩梁悬顶长度，并且将采空区较长的工作面称为先采工作面，采空区较短的工作面称为后采工作面。由于覆岩破裂按照一定角度向上发展，为正确求解薄层的悬空尺寸，需考虑覆岩破裂角 α、煤层至薄层的距离 h 和煤柱宽度 J 的影响，则简化模型中 a、b 与采空区长度 m 和 n 的关系为

$$a=m+\frac{J}{2}-h\cot\alpha,\quad b=n+\frac{J}{2}-h\cot\alpha \tag{4.33}$$

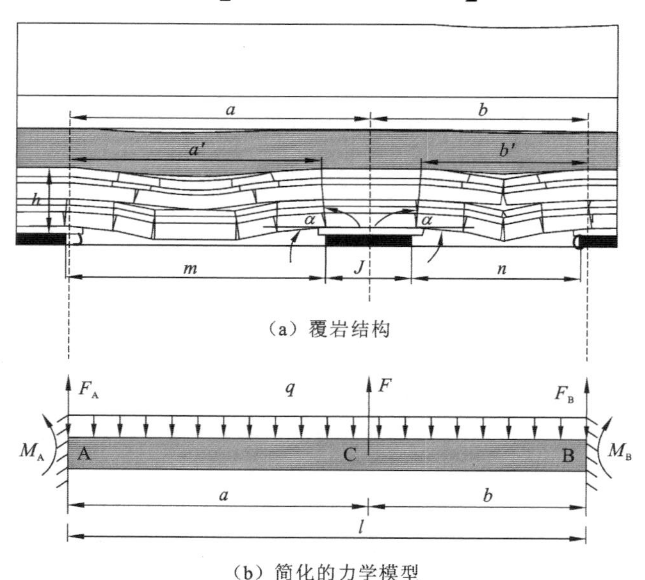

（a）覆岩结构

（b）简化的力学模型

图 4.28 结构力学模型及边界条件

根据材料力学可知，两端固支梁在上部均布荷载作用下，薄层岩梁任意截面的剪力和挠度方程分别为

$$F_1(x)=\frac{ql}{2}-qx \tag{4.34}$$

$$\omega_1(x)=-\frac{1}{EI}\left(-\frac{1}{24}qx^4+\frac{1}{12}qlx^3-\frac{1}{24}ql^2x^2\right) \tag{4.35}$$

式中：$x=0$ 位于梁 A 点处，x 轴方向为梁 A 点指向 B 点的方向，本小节坐标系均保持一致。

两端固支梁在中部集中力条件时，岩梁剪力和挠度方程分别为

$$F_2(x)=\begin{cases}-\dfrac{Fb^2}{l^2}\left(1+\dfrac{2a}{l}\right), & 0\leqslant x<a\\ \dfrac{Fa^2}{l^2}\left(1+\dfrac{2b}{l}\right), & a<x\leqslant l\end{cases} \tag{4.36}$$

$$\omega_2(x)=\begin{cases}-\dfrac{Fb^2}{6EI}\left(-\dfrac{3a+b}{l^3}x^3+\dfrac{3a}{l^2}x^2\right), & 0\leqslant x\leqslant a\\ -\dfrac{Fa^2}{6EI}\left[\dfrac{a+3b}{l^3}x^3-\dfrac{3a+6b}{l^2}x^2+3x-a\right], & a\leqslant x\leqslant l\end{cases} \tag{4.37}$$

两种荷载条件下砾岩层岩梁 C 处的挠度分别为

$$\omega_{C1}=\frac{qa^2b^2}{24EI} \tag{4.38}$$

$$\omega_{C2}=-\frac{F}{3EI}\times\frac{a^3b^3}{(a+b)^3} \tag{4.39}$$

由材料力学叠加原理可知，在上部均布荷载和中部集中应力作用下，某一横截面上的剪力等于仅受上部均布载荷和仅受中部集中应力条件下该横截面剪力的叠加，即

$$F(x)=F_1(x)+F_2(x) \tag{4.40}$$

故先采工作面和后采工作面煤岩体对薄层岩梁支反力 F_A 和 F_B 及岩梁在中间煤柱处（C 点）的挠度分别为

$$F_A=F(x=0)=\frac{ql}{2}-\frac{Fb^2}{l^2}\left(1+\frac{2a}{l}\right) \tag{4.41}$$

$$F_B=-F(x=l)=\frac{ql}{2}-\frac{Fa^2}{l^2}\left(1+\frac{2b}{l}\right) \tag{4.42}$$

$$\omega_C=\frac{qa^2b^2}{24EI}-\frac{F}{3EI}\times\frac{a^3b^3}{(a+b)^3} \tag{4.43}$$

将煤柱及其上覆岩柱视为刚性体，可得岩梁 C 处的挠度为 0，即 $\omega_C=0$，得到中间煤柱对上覆砾岩层支撑力为

$$F=\frac{ql^3}{8ab} \tag{4.44}$$

将式（4.44）代入式（4.35）和式（4.37），并将两式叠加，可得两端固支中间铰支砾岩层岩梁任意横截面上的挠度方程：

$$\omega(x)=\begin{cases}\dfrac{q}{24EI}x^2(x-a)\left[x-\dfrac{l(2a-b)}{2a}\right], & 0\leqslant x\leqslant a\\ \dfrac{q}{24EI}(x-a)(x-l)^2\left(x-\dfrac{al}{2b}\right), & a\leqslant x\leqslant l\end{cases} \tag{4.45}$$

2）巨厚岩层的联动形态

后采工作面上覆砾岩梁的对应范围为 $a\leqslant x\leqslant l$，$\omega(x)=0$ 的 4 个根为：$x_1=a$，$x_2=x_3=l$，$x_4=al/2b$，且 $x_4-x_3=l(a-2b)/2b$。

（1）后采工作面回采初期。该时期后采工作面岩梁悬露长度远小于先采工作面，即 $a>2b$ 时，则 $x_4>x_3$，由多项式判断方法可知，$\omega(x)<0$ 在 $a\leqslant x\leqslant l$ 上恒成立，后采工作面岩梁的状态为弯曲抬升状态。

（2）后采工作面回采中后期。当后采工作面回采相当长度后，$2b-a$ 由负值变为正值，即 $a<2b$ 时，则 $x_4<x_3$，经判断，$\omega(x)$ 在区间 $[a,al/2b]$ 和 $[al/2b,l]$ 内分别为负值和正值，故后采工作面岩梁在这两区间的状态分别为弯曲抬升和弯曲下沉状态。

（3）两工作面回采过程中砾岩梁形态演化过程。由于采矿活动是一个动态过程，相邻两工作面开采过程中，其上覆巨厚砾岩悬顶长度 a 和 b 是不断变化的。①当先采工作面回采相当长度而后采工作面初始回采长度较短时，即 $a\geqslant 2b$，率先开采的工作面导致滞后开采工作面采空区上方巨厚岩层下位薄层的整体抬升，一定程度上降低了后采工作面煤岩体的垂直应力环境，有可能诱发后采工作面冲击。②在两工作面相同的回采速度情况下，随着后采工作面回采一定长度后，即 $a\leqslant 2b$，此时后采工作面采空区上覆薄层在 $[a,al/2b]$ 内抬升，在 $[al/2b,l]$ 内下沉。两工作面回采过程中，砾岩梁形态演化过程及扰动范围如图 4.29 所示。

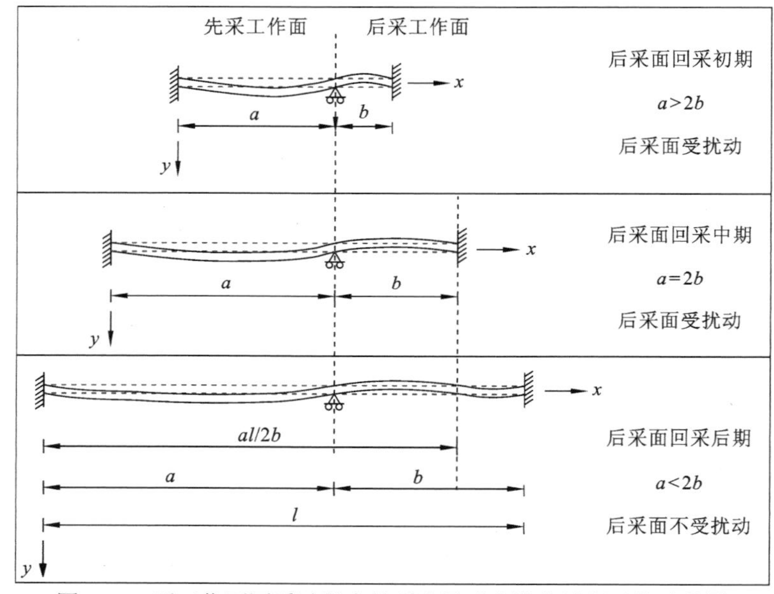

图 4.29　两工作面回采过程中的砾岩梁形态演化过程及扰动范围

3）基于联动形态的扰动范围

后采工作面岩梁整体呈弯曲抬升状态时，认为该砾岩赋存状态对后采工作面产生了较强的扰动，此时两工作面砾岩梁悬臂长度满足如下关系：

$$b\leqslant\frac{a}{2}\tag{4.46}$$

则有以下关系：

$$n\leqslant\frac{m}{2}-\frac{J}{4}+\frac{h\cot\alpha}{2}\tag{4.47}$$

因此，当两工作面采空长度满足式（4.47）的关系时，后采工作面会受到岩层抬升的扰动。

假设滞后工作面开始回采时，先采工作面已采空长度为 m_0 且两工作面回采速度相同，若某时期内后采工作面回采长度（采空长度）为 n_0 时，则先采工作面采空长度为 $m=m_0+n_0$，将两工作面采空长度代入式（4.47），得到 m_0 与 n_0 的关系为

$$n_0 \leqslant m_0 - \frac{J}{2} + h\cot\alpha \tag{4.48}$$

即后采工作面回采范围 n_0 满足如下范围时，认为后采工作面受巨厚砾岩联动扰动较强：

$$0 \leqslant n_0 \leqslant m_0 - \frac{J}{2} + h\cot\alpha \tag{4.49}$$

2. 相邻工作面开采采动应力演化特征

1）工作面冲击的力学模型构建

工作面或巷道发生冲击后，该位置煤岩体强度弱化，冲击区域上覆岩体对上方薄层的支撑作用减弱。假设工作面前方范围的煤岩体发生冲击，极限情况为煤岩体完全破坏并失去承载能力，覆岩垮落范围进一步扩大，薄层悬空长度进一步增大。依据假设，后采工作面和先采工作面发生冲击时，薄层悬空长度增长量分别为 Δb 和 Δa，工作面冲击的非对称“T”形结构力学模型及边界条件如图 4.30 所示。

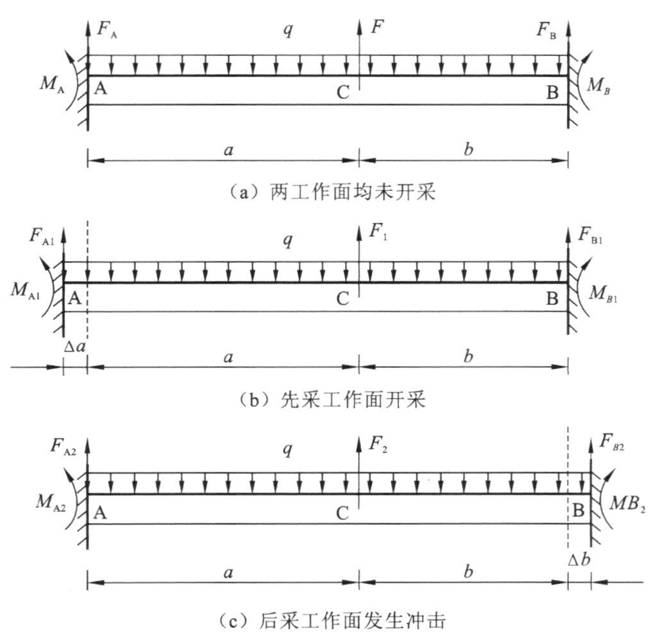

图 4.30 工作面冲击的关键结构力学模型及边界条件

2）先采工作面冲击后的应力演化特征

（1）后采面垂直压力变化。

将式（4.44）代入式（4.42），同时将 $l=a+b$ 代入并化简，最终可得岩梁 B 处所受支反力与两工作面薄层悬顶长度的关系为

$$F_B = \frac{q}{8b}(4b^2 + ab - a^2) \tag{4.50}$$

由式（4.50）可知，两工作面回采过程中[图 4.30（a）]，后采工作面煤岩体对岩梁支反力 F_B 与两工作面薄层岩梁悬臂长度 a 和 b 两变量有关，将式（4.50）中 F_B 对变量 a 求偏导，可得

$$\frac{\partial F_B}{\partial a} = \frac{q}{8b}(b - 2a) \tag{4.51}$$

由于先采工作面采空长度始终大于后采工作面，对某时刻两工作面岩梁悬顶长度 a_0 和 b_0 来说，总有 $a_0 > b_0 > 0$，故式（4.51）恒为负值，F_B 在方向 a 上为减函数，即先采工作面冲击后会导致后采面垂直压力降低（$F_{B1} < F_B$）。

（2）中间煤柱垂直压力变化。

将中间煤柱对上覆砾岩层支撑力 F[式（4.44）]对 a 求偏导，得

$$\frac{\partial F}{\partial a} = \frac{q(a+b)^2(2a-b)}{8a^2 b} \tag{4.52}$$

由于 $a_0 > b_0$，故式（4.52）恒为正值，F 在方向 a 上为增函数，即先采工作面冲击后会导致中间煤柱垂直压力升高（$F_1 > F$）。

3）后采工作面冲击后的应力演化特征

（1）先采工作面垂直压力变化。

将式（4.44）代入式（4.41），同时将 $l = a + b$ 代入并化简，最终可得岩梁 A 处所受支反力与两工作面薄层悬顶长度的关系为

$$F_A = \frac{q}{8a}(4a^2 + ab - b^2) \tag{4.53}$$

由式（4.53）可知，先采工作面煤体对薄层岩梁支反力 F_A 与两工作面岩梁悬臂长度 a 和 b 两变量有关，将式（4.53）中 F_A 对 b 求偏导，可得

$$\frac{\partial F_A}{\partial b} = \frac{q}{8a}(a - 2b) \tag{4.54}$$

对某时刻两工作面上覆岩梁悬臂长度 a_0 和 b_0 来说，①当 $a_0 > 2b_0$ 时，式（4.54）恒为正值，故 F_A 在方向 b 上为增函数，即后采面冲击后会导致先采面垂直压力升高（$F_{A1} > F_A$）；②当 $a_0 < 2b_0$ 时，F_A 在方向 b 上为减函数，即后采面冲击会导致先采面垂直压力降低（$F_{A1} < F_A$）。

（2）中间煤柱垂直压力变化。

同理将中间煤柱对上覆薄层支撑力 F[式（4.44）]对 b 求偏导，得

$$\frac{\partial F}{\partial b} = \frac{q(a+b)^2(2b-a)}{8b^2 a} \tag{4.55}$$

当 $a_0 > 2b_0$ 时，式（4.55）恒为负值，故 F 在方向 b 上为减函数，即后采面冲击会导致中间煤柱垂直压力降低（$F_2 < F$）。当 $a_0 < 2b_0$ 时，F 在方向 b 上为增函数，即后采面冲击会导致中间煤柱垂直压力升高（$F_2 > F$）。

上述分析可知，$a \geqslant 2b$ 为应力转移先采面的临界条件。进一步地，将式（4.33）代入该判别条件，得到应力能够转移至先采面时，后采面和先采面采空区长度 n 和 m 满足：

$$n \leqslant \frac{m}{2} - \frac{J}{4} + \frac{h\cot\alpha}{2} \tag{4.56}$$

综上所述，对于巨厚砾岩控制下的关键结构，当先采面发生冲击后，后采面垂直压力降低，中间煤柱垂直压力增高。当后采面发生冲击后，关键结构应力转移对象与两工作面采空长度 m 和 n、中间煤柱宽度 J、覆岩破裂角 α 和煤层至薄层的距离 h 有关。当上述参数满足式（4.56）时，后采面冲击能够导致先采面垂直压力升高，中间煤柱垂直压力降低；相反，后采面冲击能够导致先采面垂直压力降低，中间煤柱垂直压力升高。

4.3.3 巨厚砾岩条件下覆岩结构扰动验证

本小节采用 CASRock 软件对巨厚砾岩条件下的矿井群采动应力演化和覆岩运移特征进行分析。同时对相邻矿井两工作面开采过程中应力、位移和破坏区等特征展开分析验证。

1. 矿区大范围结构扰动特征

1）矿区数值模型建立

义马矿区地质构造环境在 2.2.2 小节已经进行了具体的介绍，为从整体上分析义马矿区大型地质体控制下相邻工作面开采力学行为，采用 CASRock 软件对整个矿区 5 个煤矿进行整体数值建模，分析 5 个煤矿开采后应力、位移和塑性区的分布特征。模拟过程的详细工作流程如图 4.31 所示。建模时选取图 4.32 所示方框区域，模型东西长 23.262 km，南北宽 7.235 km，由西至东依次分布杨村、耿村、千秋、跃进和常村 5 个煤矿，矿区等高线如图 4.32 所示。整体上呈极不对称向斜构造，北起于煤层隐伏露头，南止于逆冲断层，东西为沉积缺失边界。不同矿井煤层采深在 2～1 200 m。

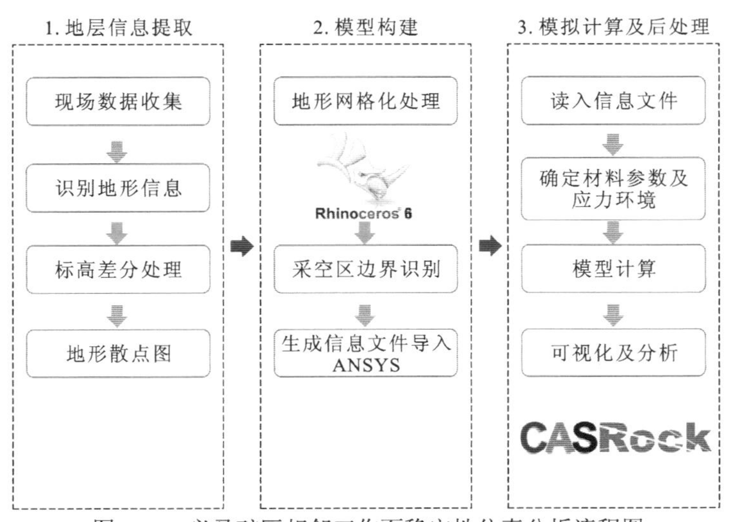

图 4.31　义马矿区相邻工作面稳定性仿真分析流程图

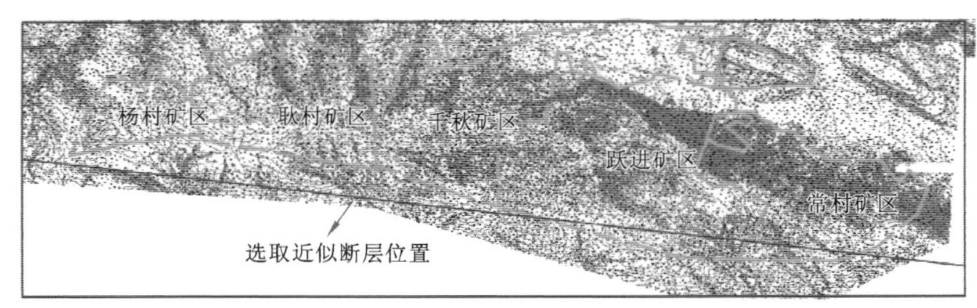

图 4.32　义马矿区煤田分布及研究的区域

为简便起见，将逆冲断层和采空区做了简化处理，如图 4.33（a）所示，建模所用的矿井采空区分布为 2019 年 12 月义马矿区的实际采空区分布。模型共包含 6 个岩层和 1 个大型断层[图 4.33（b）]，从上到下的岩层依次为（合并了较薄较弱的夹层）：巨厚砾岩、砂砾互层、泥岩、煤层、黏土岩、砂岩。模型约含 1200 万单元，采用并行求解器进行计算，图 4.33（c）是并行分区结果。模型的物理力学参数如表 4.9 所示，结合现场实测地应力信息对模型施加梯度应力场，煤岩体服从应变软化本构模型。模拟中首先施加初始应力场，待应力平衡后，对各个矿井的工作面进行开采模拟，然后分析开采后整个矿井群的力学特征。

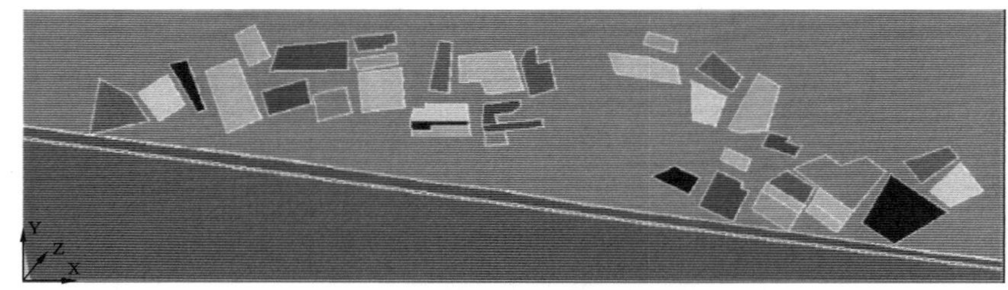

（a）义马矿区模拟简化的采空区

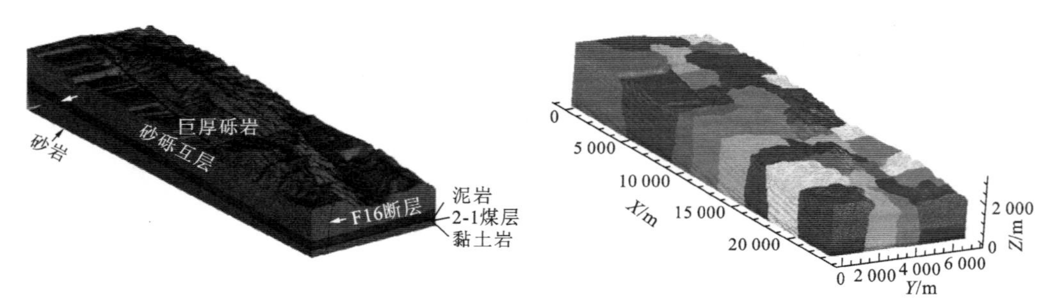

（b）数值模型的地层信息　　（c）并行分区

图 4.33　义马矿区数值模型及并行分区

表 4.9　数值模型的煤岩物理力学性质参数

岩体	γ/（t/m^3）	σ_t/MPa	σ_c/MPa	E/GPa	泊松比 ν	黏聚力 c/MPa	内摩擦角 φ/（°）
巨厚砾岩	2.73	2.56	57.03	31.83	0.36	21.12	43.40
砂砾互层	2.59	2.23	48.11	10.23	0.35	17.50	37.11
泥岩	2.66	2.61	35.77	17.66	0.14	13.58	29.25
2-1 煤	1.49	0.74	11.76	2.18	0.34	5.53	39.07
黏土岩	2.52	2.13	44.15	13.86	0.25	16.05	35.51
砂岩	2.59	4.58	95.87	24.21	0.20	35.21	16.33

2）区域采动应力演化及岩层运移特征数值分析

图 4.34（a）为应力平衡后得到初始的垂直应力场分布，CASRock 软件较好地反映了由浅部到深部垂直应力由小到大的分布规律（压应力为负），受地表高程的影响，地表应力场呈现非均匀分布特征，由于大型断层的存在，局部应力场出现应力集中，这一点也可以从图 4.34（b）中的典型切面的应力场分布更清楚地看出。图 4.35 给出了初始垂直应力模拟值与实测值的对比，模拟的初始应力能较好反映实际应力的分布规律。

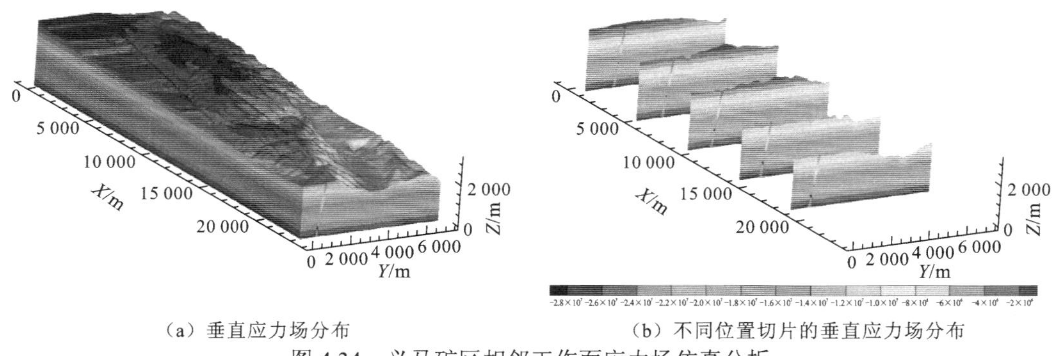

（a）垂直应力场分布　　（b）不同位置切片的垂直应力场分布

图 4.34　义马矿区相邻工作面应力场仿真分析

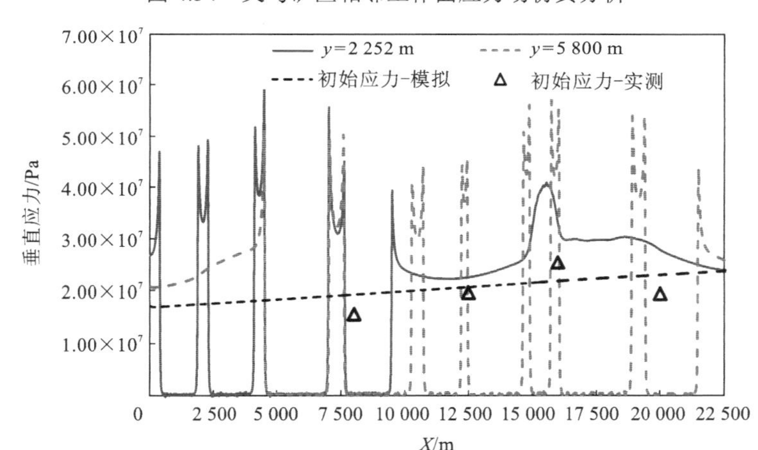

图 4.35　y=2 252 m 和 y=5 800 m 截面煤层的垂直应力分布及初始应力模拟与实测对比

这里将提取的应力值取正

将模型进行切片可以更好地了解内部力学特征，图 4.36 是 5 个矿井采空区开采后 X 方向和 Y 方向不同位置切片垂直应力场分布、位移矢量分布和塑性区分布。由垂直应力场分布可以看出[图 4.36（a）]，与开采前的应力场相比[图 4.36（a）]，采空区的存在引起应力场的非均匀分布，采空区坚硬顶板和底板的垂直应力得到了释放，而两帮和工作面前方出现了应力集中，且相邻工作面之间随着煤柱宽度的不同，应力集中程度也不同，并存在相互扰动的现象。

图 4.36（b）是采空区形成后的总位移矢量分布，较好地反映开采后引起的地表变形，采空区越大，地表变形越显著。采场煤采空后，覆岩破坏程度越大，覆岩和地表位移就越大，因此可使用覆岩位移大小表征岩层破坏程度，矿区北部煤层采深较浅，图 4.36（b）的各切片在 Y 方向上，随着 Y 的增大，煤层采深较浅，覆岩及地表位移较大；在 X=15 000～

20 000 m 存在相似的规律，这说明该矿区西部和北部浅埋煤层上覆巨厚砾岩未出现悬顶，而东部和南部巨厚砾岩整体处于悬顶状态。

图 4.36（c）是塑性区分布，可以看出，采空区顶底板、两帮和工作面前方是破坏比较严重的部位，有些地方出现了离层破坏，这与实际情况相符。此外，矿区西部为煤层采深较浅，图 4.36（c）中 X=1 000 m、X=4 000 m 和 X=7 000 m 时，采空区上方塑性区部分发育至地表，而深部切片采空区上方塑性区未与地表连通，X 方向在 3 000～7 000 m 塑性区较大而在 18 000～21 000 m 塑性区较小。这说明该矿区开采西部较浅煤层时，上覆砾岩发生塑性破坏，而靠近中部较深煤层开采时，其上覆巨厚砾岩完整性较好，在相邻工作面采空效应影响下有可能发生大范围联动响应。

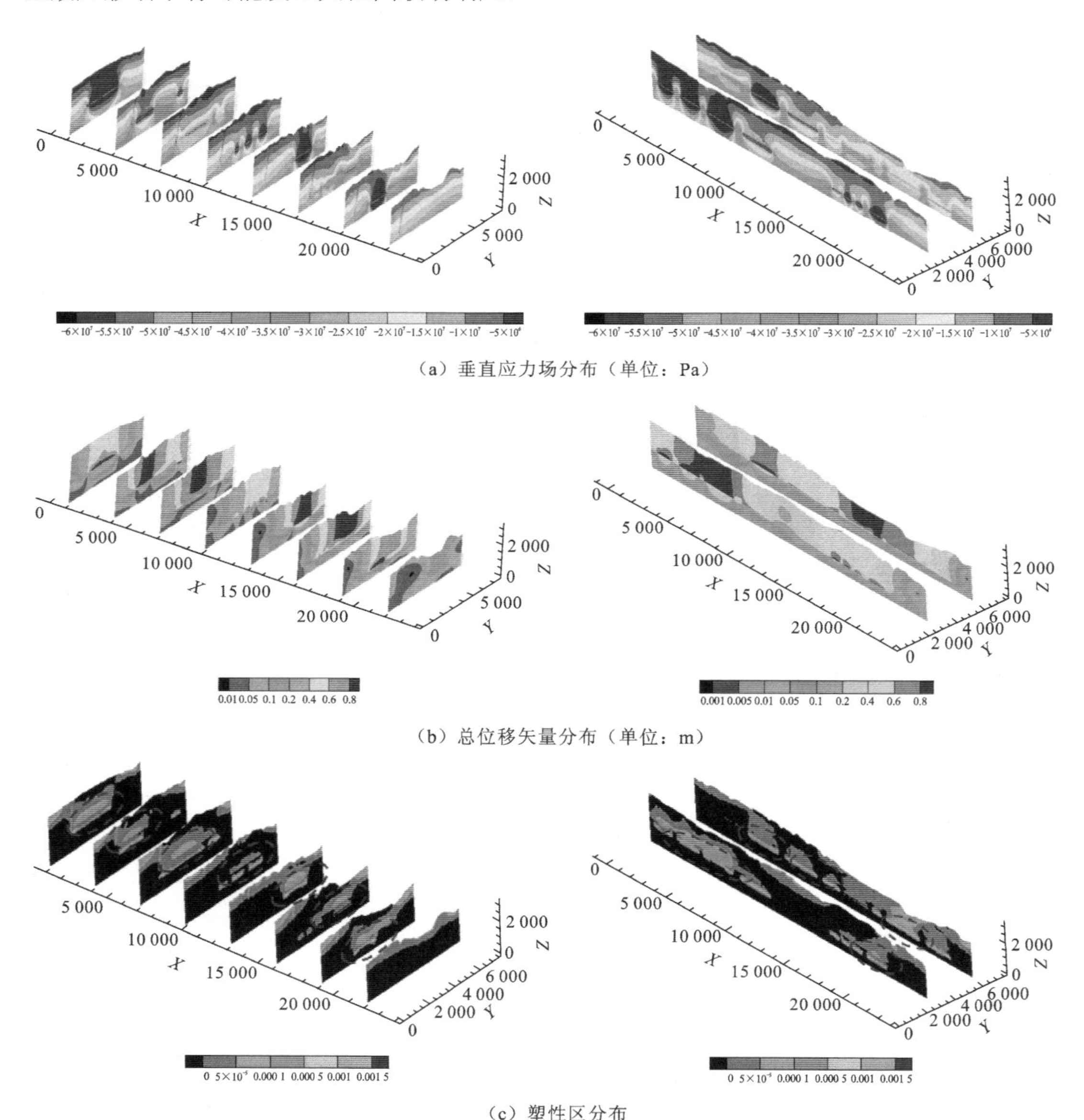

（a）垂直应力场分布（单位：Pa）

（b）总位移矢量分布（单位：m）

（c）塑性区分布

图 4.36　矿井采空区开采后 X 方向和 Y 方向不同位置切片力学特征

模拟结果显示，杨村煤矿采区的力学行为受逆冲断层的影响比较显著，而跃进煤矿采区离断层较近位置的力学行为不仅受断层的影响，也受上覆巨厚砾岩的影响。

图 4.37 为整个煤田沿东西向煤层两条采样线的塑性变形分布曲线，反映了采空区形成后应力和塑性变形的非均匀分布。开采后矿区未破断巨厚砾岩重量由残留煤柱承担，由于矿区浅部煤炭资源开采较充分，巨厚砾岩覆盖条件下残留煤柱应力急剧增大，甚至达到初始垂直应力的 2.5 倍；对深部而言，巨厚砾岩悬顶导致应力转移至煤柱和未采煤岩体，煤柱应力与浅部差别不大，而未采煤岩体垂直应力也稍高于未采前的初始垂直应力，煤岩体高垂直应力增大了冲击可能。

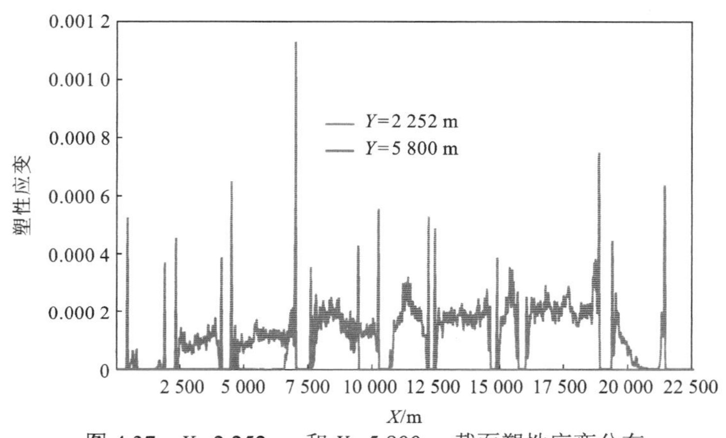

图 4.37　Y=2 252 m 和 Y=5 800 m 截面塑性应变分布

2. 相邻矿井工作面覆岩结构扰动特征

为了更加细致地分析相邻矿井开采扰动诱发冲击地压的规律，对跃进 23070 和常村 21220 两个相邻的典型工作面开采过程进行模拟，结合微震监测信息，综合分析相邻工作面开采诱发冲击地压的联动效应。

模型具体选取范围如图 4.38（a）所示，其中区域长边方向长度为 2 850 m，短边方向长度为 2 700 m，通过对跃进矿 1808、2003 和 2004 号钻孔、常村矿 1706、1807、1602 和 1603 号钻孔（图中圆点标记）整理分析，最终搭建的该区域地层模型如图 4.38（b）所示。该模型简化了实际地质条件，最终构建的岩层及煤层的力学参数如表 4.9 所示。

结合现场实际开采情况，23070 与 21220 工作面均为后退式回采，即由井间煤柱向两矿井下山的方向。23070 工作面先于 21220 工作面回采，其中 23070 为孤岛工作面，21220 北侧为采空区，南侧为实体煤。2015 年 2 月～2016 年 9 月为 23070 工作面和 21220 工作面共采阶段：21220 工作面于 2015 年 11 月开始回采，此时 23070 工作面已回采 627 m；23070 工作面于 2016 年 9 月回采完毕，此时 21220 回采 285.5 m。23070 工作面在切眼贯通期间大能量事件频发，非常具有代表性[15]。

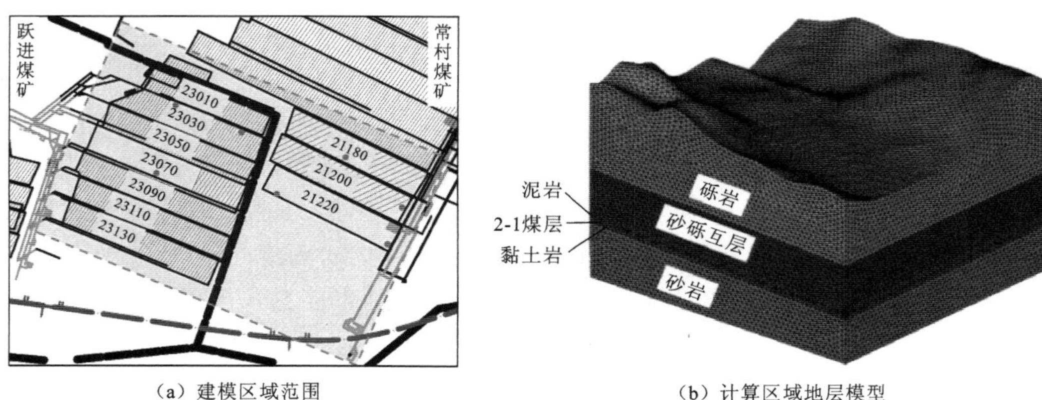

（a）建模区域范围　　（b）计算区域地层模型

图 4.38　跃进和常村煤矿地质结构体数值计算建模区域范围

用 CASRock 软件模拟 21220 工作面和 23070 工作面的开采过程。图 4.39（a）和图 4.39（b）分别为模拟的 23070 工作面回采 493 m 和 604 m 时的垂直应力分布（沿工作面中心线），即为 21220 工作面开切眼及贯通（但未开始回采）的应力变化过程。由图可以看出，在 21220 开切眼至贯通过程中，23070 工作面前方的垂直应力增大（由 55 MPa 增至 60 MPa），且井间煤柱区域的应力也有所升高（由 31 MPa 增至 34 MPa）。这表明随着煤层推采面积的增大，23070 工作面采空区悬空的巨厚砾岩对 23070 工作面前方的煤岩体及井间煤柱的作用力增大，此时一侧工作面回采或开切眼极易诱发冲击显现，导致该侧煤岩体承载力降低，对上覆岩体的支撑力降低，随之产生应力重分布，应力转移至煤柱处，导致另一侧工作面的应力增大，增加了冲击地压的发生概率。

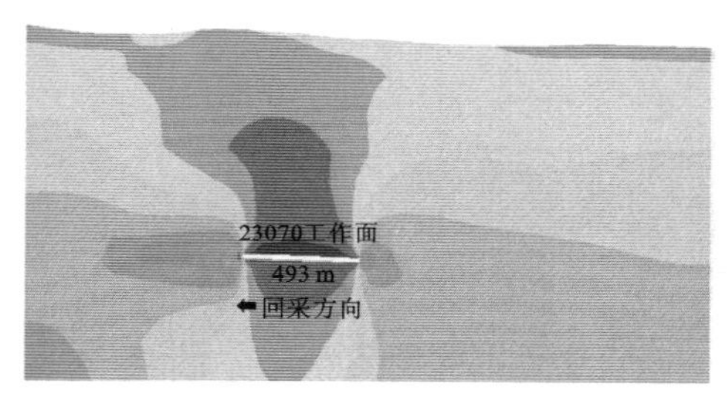

（a）23070工作面回采493 m，21220工作面开始开切眼

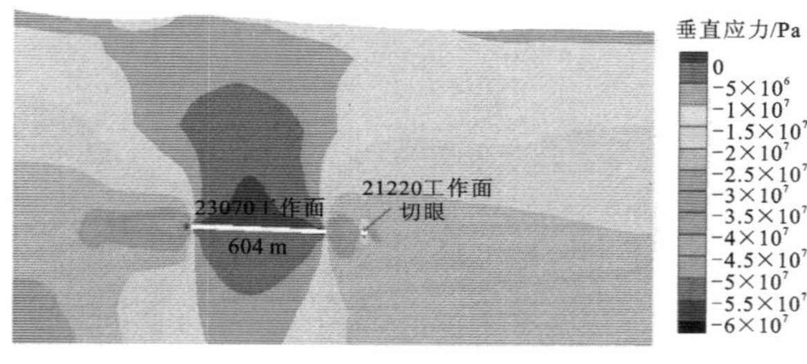

（b）23070工作面回采604 m，21220工作面切眼完成

图 4.39　23070 工作面回采时垂直应力变化

对比图 4.40（a）和图 4.40（b）可知，21220 工作面发生大能量矿震事件后，应力转移至井间煤柱和 23070 工作面处，造成井间煤柱和 23070 工作面煤岩体的垂直应力增大（由 58 MPa 增至 63 MPa），增大了 23070 工作面发生冲击地压的概率。而对比图 4.40（a）和图 4.40（c）可以发现，21220 工作面回采期间，井间煤柱两侧采空区范围分布不均匀，23070 工作面发生矿震后，该工作面煤岩体对巨厚砾岩的支撑作用减弱，巨厚砾岩以井间煤柱为支点的联动作用弱化了 21220 工作面砾岩的下沉，导致 21220 工作面处的应力有所降低（由 34 MPa 下降至 31 MPa），降低了 21220 工作面发生煤岩体破坏或冲击地压的概率，数值计算结果较好地解释了在巨厚砾岩条件下导致相邻工作面煤岩体破坏的结构效应。

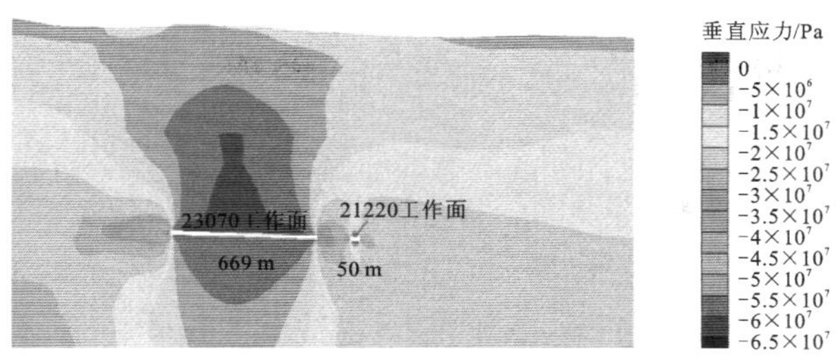

（a）23070工作面与21220工作面正常回采未发生冲击地压

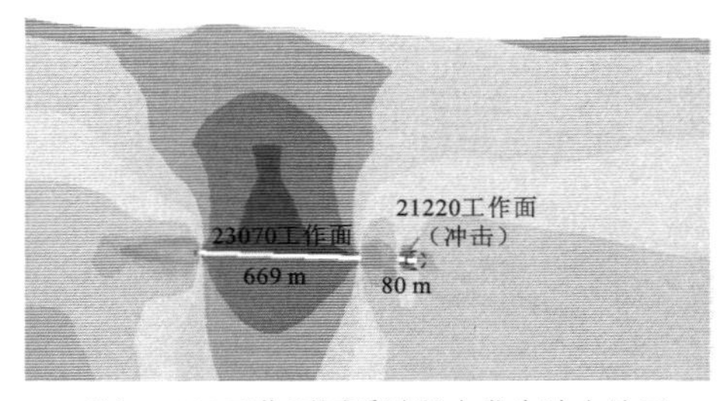

（b）21220工作面回采过程中发生冲击地压

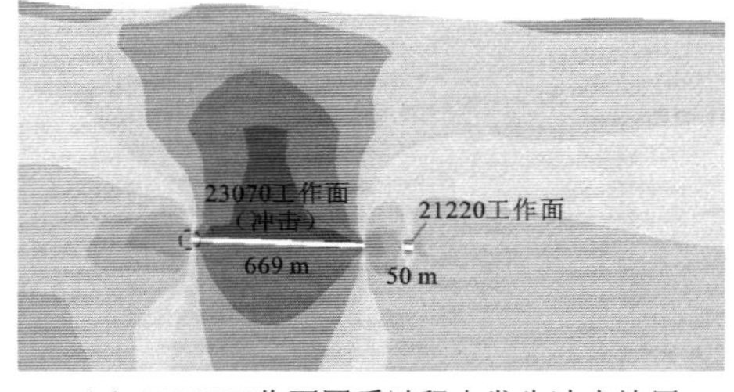

（c）23070工作面回采过程中发生冲击地压

图 4.40　两工作面回采过程冲击地压前后垂直应力变化对比

4.4　地堑构造条件下覆岩结构的下沉挤压效应

4.4.1　龙堌煤矿工程概况

龙堌煤矿 2305S 工作面位于−810 m 水平二采区南翼第 5 个工作面，工作面走向长度为 1 904 m，煤层平均厚度为 9 m，属于典型的深井煤层综放工作面。煤层直接顶板以细砂岩、中砂岩为主，且存在厚度 18～40 m 不等的砂岩复合坚硬顶板。如图 4.41 所示，工作面内存在 FD6 和 FD8 两条对开采影响较大的断层。其中 FD8 断层位于工作面北部，主要位于三联巷以北，与工作面斜交，为正断层，实际揭露落差 10～15 m，倾角 70°，倾向北西，走向北东，断层在工作面延展长度为 720 m；FD6 断层位于 2019 年已推采完毕的2304S工作面北部，正断层，落差0～10 m，倾角 70°，倾向南东，走向北东，断层在 2304S 工作面延展长度 400 m。FD6 断层和 FD8 断层的平均间距为 278 m，走向基本一致，在两条断层之间形成楔形地堑结构。

图 4.41　楔形地堑构造区平面图

4.4.2 地堑结构顶板平衡结构力学解析

1. 楔形体局部滑移失稳力学判据

取地堑构造区域煤层走向方向单位宽度的楔形体为研究对象（图 4.42）。依据楔形体内部采空区宽度沿着断层走向方向逐渐增大的特点，建立一个可使楔形体发生下沉的最小采空区宽度理想模型，即假设该条件下的地堑结构的最小采空区宽度沿着断层走向保持不变，进而将三维问题简化为二维平面应变问题进行求解。楔形体中的岩层是连接采空区与断层构造带的实体结构，其受采动影响的变化是断层发生活化运动的关键。楔形体基本受力情况如图 4.42（a）所示。

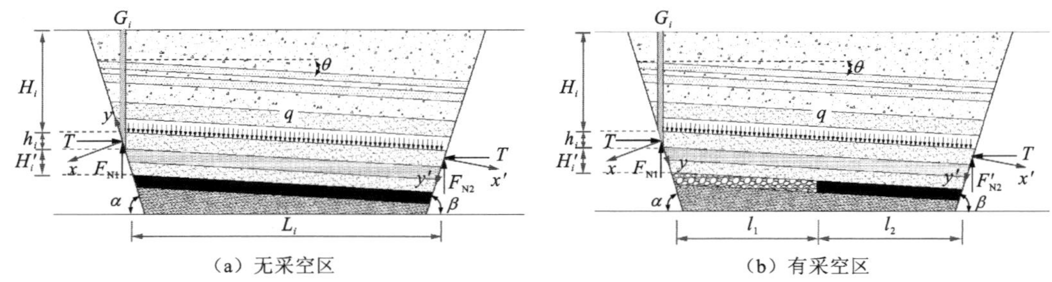

（a）无采空区　　（b）有采空区

图 4.42　楔形体受力分析示意图

将 F_{N1}、T 分别沿左侧断层面进行分解可得

$$
\begin{cases} F_x = G_i\cos\alpha - F_{N1}\cos\alpha - T\sin\alpha \\ F_y = T\cos\alpha + G_i\cos\alpha - F_{N1}\sin\alpha \end{cases} \tag{4.57}
$$

式中：G_i 为第 i 层岩层与断层交界面上覆岩体重量，$G_i = H_i h_i \cos\alpha$；F_{N1} 为左侧断层面对岩层的支撑力；T 为水平地应力经断层面作用至岩层的挤压力；α 为左侧断层倾角；F_x、F_y 为断层面处的 x，y 方向的合力。

根据左侧断层处岩层刚好发生滑动下移的临界条件 $F_x\tan\varphi \leqslant F_y$ 可得

$$
\frac{F_{N1} - G_i}{T} \geqslant \frac{1}{\tan(\alpha - \varphi)} \tag{4.58}
$$

式中：φ 为断层带岩体的内摩擦角。对同一区域的煤岩体来说，T 与实际地质构造有关，其大小为定值，左侧断层面处的结构体是否滑动主要取决于 F_{N1} 和 G_i 的大小。用同样的方法可以得到右侧断层处岩层下滑需要满足的条件：

$$
\frac{F_{N2} - L_i G_i \sin\theta}{T} \geqslant \frac{1}{\tan(\beta - \varphi)} \tag{4.59}
$$

式中：L_i 为第 i 层岩层的水平倾向长度；F_{N2} 为右侧断层面对岩层的支撑力；β 为右侧断层倾角。

当楔形体内的工作面回采时，如图 4.42（b）所示，两侧断层的平衡状态被打破，取局部岩层为研究对象（图 4.43），对岩层进行受力分析可得[16]

$$
\begin{cases}
F'_{\mathrm{N1}} + F'_{\mathrm{N2}} = \dfrac{\gamma(h_i + H_i)}{\cos\theta}[l_1 + s_1 + s_2 + + H'_i(\cot\alpha + \cot\beta)] - F(x) \\
F(x) = \int_0^{s_1/\cos\theta} F_1(x) + \int_0^{s_2/\cos\theta} F_1(x) + \int_0^{s_3/\cos\theta} F_2(x) - \gamma V_u \\
V_u = \dfrac{H'_i}{2\cos\theta}(H'_i \cot\beta + 2l_2)
\end{cases} \tag{4.60}
$$

式中：γ 为煤层上覆岩层平均重度；H_i 为岩层上覆岩层厚度；h_i 为计算岩层厚度；H'_i 为岩层下部岩层厚度；V 为第 i 层岩层与煤层之间的体积；l_1 和 l_2 分别为回采和未回采工作面水平倾向长度；s_1 为未开采煤体极限平衡区宽度；s_2 为未开采煤体弹性区宽度；s_3 为原岩应力区至右侧断层的距离；$F(x)$ 为计算岩层所受支撑力；$F_1(x)$ 为工作面超前支承压力；$F_2(x)$ 为原岩应力区煤层顶板压力。

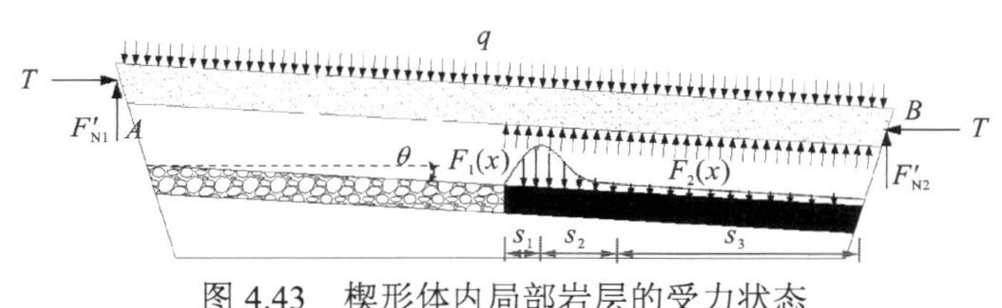

图 4.43 楔形体内局部岩层的受力状态

根据文献[17-18]，$F_1(x)$ 和 $F_2(x)$ 满足式（4.61）：

$$
\begin{cases}
F_1(x) = \dfrac{s_1\tau_0}{\tan\varphi}\dfrac{1+\sin\varphi'}{1-\sin\varphi'}\exp\left[\dfrac{2f(1+\sin\varphi')}{c(1-\sin\varphi')}x\right], \quad 0 \leqslant x \leqslant s_1 \\
F_1(x) = s_2 K\gamma(H_i + h_i + H'_i)\exp\left[\dfrac{2f}{c\lambda}(s_1 - x)\right], \quad s_1 \leqslant x \leqslant s_2 \\
F_2(x) = \gamma(H_i + h_i + H'_i)x
\end{cases} \tag{4.61}
$$

式中：τ_0 为煤层煤岩体的极限抗剪强度；λ 为煤层侧压系数；φ' 为煤岩体内摩擦角；f 为煤层与顶板之间的摩擦系数；c 为煤层厚度；K 为超前支承压力集中系数。

则根据式（4.58）和式（4.59）可知：

$$
F'_{\mathrm{N1}} + F'_{\mathrm{N2}} \geqslant T\left[\frac{1}{\tan(\alpha-\varphi)} + \frac{1}{\tan(\beta-\varphi)}\right] + (L_i\sin\theta + 1)G_i \tag{4.62}
$$

联立式（4.60）～式（4.62）可以求得第 i 层岩层发生滑移下沉需要满足的条件为[16]

$$
\begin{aligned}
&\frac{\gamma(h_i + H_i)}{\cos\theta}[l_1 + s_1 + s_2 + H'_i(\cot\alpha + \cot\beta)] - \frac{s_1\tau_0}{\tan\varphi\cos\theta}\frac{c}{2f}\left[\exp\left(\frac{2f}{c\cos\theta}\frac{1+\sin\varphi'}{1-\sin\varphi'}s_1\right) - 1\right] \\
&-\frac{s_2 K\gamma\left(H_i + h_i + H'_i\right)}{\cos\theta}\left\{\frac{c\lambda}{2f}\exp\left(\frac{2f}{c\lambda\cos\theta}s_1\right) - \frac{c\lambda}{2f}\exp\left[\frac{2f}{c\lambda\cos\theta}(s_1 - s_2)\right]\right\} \\
&\geqslant T\left[\frac{1}{\tan(\alpha-\varphi)} + \frac{1}{\tan(\beta-\varphi)}\right] + (L_i\sin\theta + 1)G_i
\end{aligned} \tag{4.63}
$$

如图 4.43 所示，假设楔形体内部煤层总宽度保持不变，则根据室内试验实测结果和现场经验对不等式（4.63）内的参数进行赋值：γ=24 kN/m^3；h_i=220 m；H_i=H'_i=0 m；s_1=25 m；s_2=50 m；τ_0=3.02 MPa；φ=38°；θ=7°；c=9 m；f=0.01；λ=0.85；φ'=25；s_3=95 m；K=2。现场地应力测试结果σ_{H}=37.93 MPa，单位区域挤压力 T=37 930 kN。结果如图 4.44

所示，根据现场地质条件，楔形体两侧断层倾角为 70°，工作面进入 FD6 和 FD8 断层形成的楔形体区域时，最小采空区宽度为 64.1 m，大于临界采空区宽度为 56.8 m，因此，当工作面进入地堑构造区域时，楔形体会发生局部滑移下沉而挤压 2305S 工作面煤岩体。

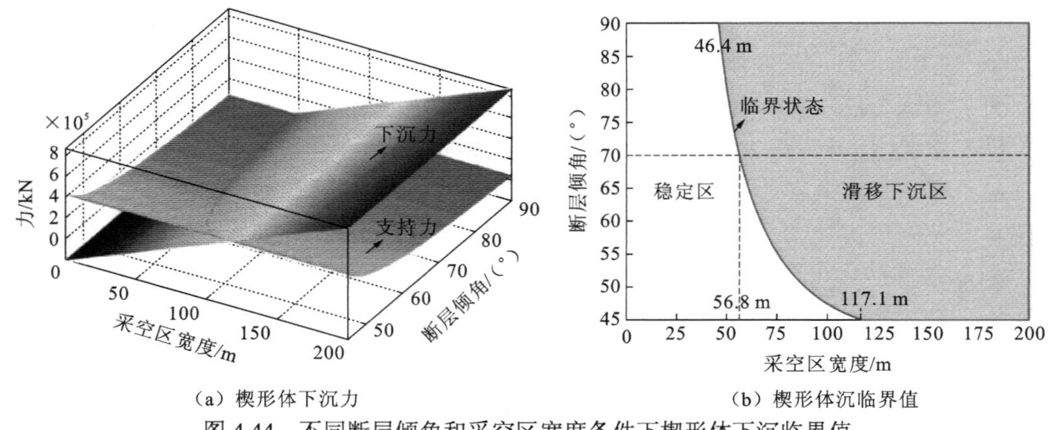

（a）楔形体下沉力　　　　（b）楔形体沉临界值

图 4.44　不同断层倾角和采空区宽度条件下楔形体下沉临界值

2. 楔形体区域顶板卸压区高度计算

如图 4.45 所示，H_d 为卸压区法向高度，S 为采空区上方卸压区边界，V 采空区上方卸压区岩体体积，V_m 为采出的煤岩体体积，S_m 为采空区上方卸压区表面。假设煤层回采前后系统的力维持平衡状态，采用 Salamon 的方法计算回采前储存在系统内部的弹性应变能 U_m 为

$$U_m = \frac{1}{2}\left(\int_{S_m} \sigma_i^{(P)} \mu_i^{(P)} \mathrm{d}S - \int_{V_m} F_i \mu_i^{(P)} \mathrm{d}V \right) \tag{4.64}$$

式中：U_m 为煤层开采区域的弹性应变能；$\sigma_i^{(P)}$ 和 $\mu_i^{(P)}$ 分别为作用在煤层回采前待开采区域上表面的主应力和待开采区域上表面位移分量；F_i 为回采区域煤岩体体积力，为简化计算忽略体积力，即 $F_i=0$。

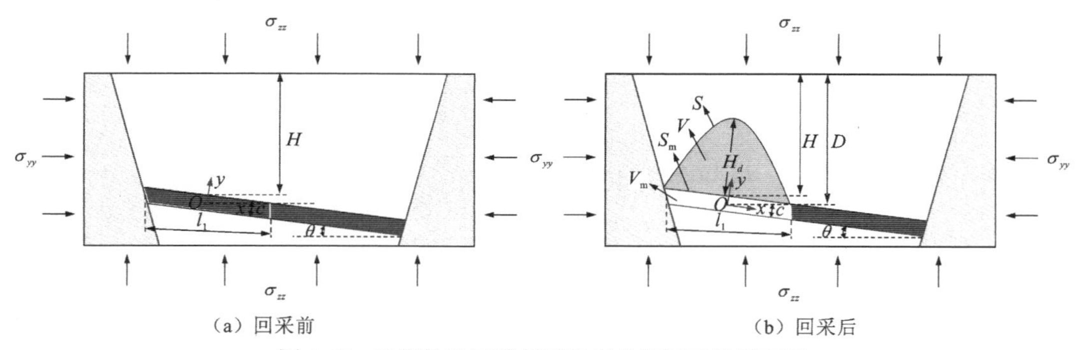

（a）回采前　　　　（b）回采后

图 4.45　地堑构造区煤层开采后的卸压区域示意图

楔形体滑移下沉后，煤层开采前主应力状态可以表示为

$$\begin{cases} \sigma_i^{(P)} = \sigma_{zz}^{(P)} = \gamma H \\ \sigma_{xx}^{(P)} = \sigma_{yy}^{(P)} = \dfrac{\nu}{1-\nu}\gamma H \end{cases} \tag{4.65}$$

式中：$\sigma_{zz}^{(P)}$ 和 $\sigma_{yy}^{(P)}$ 分别为竖直方向和水平方向的原岩应力；ν为岩体泊松比；H 为采空区上方楔形体高度。

假设顶板的位移只由正应变引起，则根据坐标转换公式，沿 x 轴和 y 轴的正应力大小可表示为

$$\begin{cases} \sigma_x^{(P)} = \left(\sin^2\theta + \dfrac{\nu}{1-\nu}\cos^2\theta\right)\gamma H \\ \sigma_y^{(P)} = \left(\cos^2\theta + \dfrac{\nu}{1-\nu}\sin^2\theta\right)\gamma H \end{cases} \tag{4.66}$$

根据胡克定律，对唯一的非零应变 $\varepsilon_i^{(P)}$ 积分可得

$$\mu_i^{(P)} = \frac{\gamma H^2}{2E(1-\nu)}[\nu^2\sin^2\theta + (1-\nu-\nu^2)\cos^2\theta] \tag{4.67}$$

将式（4.66）和式（4.67）代入式（4.64）中可得

$$U_{\mathrm{m}} = \frac{H\gamma^2}{2(1-\nu)^2 E}\left[\nu^3\sin^4\theta + \frac{\nu-2\nu^3}{4}\sin^2 2\theta + (1-2\nu-\nu^3)\cos^4\theta\right]\int_{S_{\mathrm{m}}} H^2 \mathrm{d}A \tag{4.68}$$

令 $\int_{S_{\mathrm{m}}} H^2\mathrm{d}A = I$，$I$ 为煤层采空区截面对地面的惯性矩，根据材料力学中的平行轴理论可知：

$$I = I_0 + A_{\mathrm{m}} D^2 \tag{4.69}$$

式中：I_0 为采空区横截面穿过其重心的惯性矩；A_{m} 为采空区横截面面积；D 为采空区中心到地面的距离。三者的计算公式为

$$\begin{cases} A_{\mathrm{m}} = \dfrac{cl_1}{\cos\theta} \\ D = H + \dfrac{c}{2\cos\theta} \\ I_0 = \dfrac{l_1 c^3}{12\cos\theta} \end{cases} \tag{4.70}$$

将式（4.69）和式（4.70）代入式（4.68）中得

$$\begin{aligned} U_{\mathrm{m}} = &\frac{\gamma^2 H l_1}{2(1-\nu)^2 E\cos\theta}\left[\nu^3\sin^4\theta + \frac{\nu-2\nu^3}{4}\sin^2 2\theta + (1-2\nu-\nu^3)\cos^4\theta\right] \\ &\times\left[H^2 c + \frac{c^3(\cos^2\theta+3)}{12\cos^2\theta} + \frac{H^2 c}{\cos\theta}\right] \end{aligned} \tag{4.71}$$

当卸压区未出现冒落破坏时，黏塑性应变能为 0，此时卸压区内岩体总储能由弹性应变能组成：

$$U_{\mathrm{d}} = \frac{1}{2}\int_0^h \sigma\varepsilon A_{\mathrm{d}}\mathrm{d}h = \frac{1}{2}E\varepsilon^2 A_{\mathrm{d}} H_{\mathrm{d}} \tag{4.72}$$

式中：U_{d} 为顶板卸压区域的弹性应变能；σ 为楔形体岩层对煤岩体施加应力值；ε 为煤岩体的应变值；A_{d} 为采空区倾向长度乘以单位宽度，即 $A_{\mathrm{d}} = l_1/\cos\theta$；$H_{\mathrm{d}}$ 为顶板卸压区高度。

若卸压区的岩体处于极限平衡状态，则有

$$\sigma_{\mathrm{c}} = \frac{E\varepsilon}{1-\varepsilon/\varepsilon_{\mathrm{m}}} \tag{4.73}$$

式中：σ_c 为煤岩体的单轴抗压强度；ε_m 为极限状态下岩体的应变值。

根据文献[19]，ε_m 与膨胀系数 b 满足 $\varepsilon_m = 1 - 1/b$，将式（4.73）代入式（4.72）中并积分可得

$$U_d = \frac{\sigma_c^2 l_1 E H_d}{2\left(E + \frac{b\sigma_c}{b-1}\right)^2 \cos\theta} \tag{4.74}$$

不考虑煤层因开采扰动而使岩体产生的塑性变形，则开采煤体区域的弹性应变能与顶板卸压区域的弹性应变能相等，即 $U_m = U_d$。联立式（4.74）和式（4.64）计算得到卸压区高度为[16]

$$H_d = \frac{\gamma^2 H\left(E + \frac{b\sigma_c}{b-1}\right)^2}{(1-\nu)^2 \sigma_c^2 E^2}\left[\nu^3 \sin^4\theta + \frac{\nu - 2\nu^3}{4}\sin^2 2\theta + (1 - 2\nu - \nu^3)\cos^4\theta\right] \times \left[H^2 c + \frac{c^3(\cos^2\theta + 3)}{12\cos^2\theta} + \frac{H^2 c}{\cos\theta}\right] \tag{4.75}$$

按照试验测定结果参数取值为 $b=1.4$，$E=4.96$ GPa，$\nu=0.20$，$\sigma_c=18.8$ MPa，采空区上方楔形体高度 $H=220$ m。将各参数代入式（4.75）中求得楔形体区域顶板卸压区高度 H_d 为 151.3 m。计算结果表明，当 2304S 工作面回采后，地堑构造区内煤层上覆 151.3 m 范围内岩层发生垮落断裂，而超过该范围内的岩体易发生悬顶而不易发生垮落。当 2305S 工作面回采时，工作面的开采扰动或由此而引起的断层活动等因素会造成大区域构造应力调整，从而引起 2304S 采空区上覆岩层大范围悬顶结构局部应力集中，导致悬顶结构破断，诱发冲击地压[16]。现场 ARAMIS 微震监测系统发现，“2·22”冲击地压事件位于顶板以上 160 m，该位置位于悬顶处，现场监测结果与理论分析结果吻合较好。

4.4.3 地堑构造区冲击地压数值模拟与分析

采用 CASRock 软件对龙堌“2·22”冲击地压进行数值模拟与机理分析，数值计算模型及上覆岩性分布如图 4.46（a）所示，模型以该煤矿实际地质条件及开采技术条件为研究背景，构建范围为水平地面标高−1 080 m～−675 m，模型走向长 870 m，倾向方向长 610 m，FD6 断层和 FD8 断层以实际倾角、倾向、走向及落差建立，断层宽度为 2 m。模型主要构造部分细节如图 4.46（b）所示，模型共计约 1 300 万个单元。在 X 和 Y 方向分别施加该方向的边界约束条件，根据现场实测地应力结果施加边界荷载条件，在 Z 方向底部施加固定边界约束顶部为自由端，同时施加重力荷载条件，上覆岩层作为随动层，计算采用莫尔-库仑强度准则。模型的相应岩层物理力学参数如表 4.10 所示。

表 4.10　煤岩体物理力学参数

岩体	γ/（kN/m³）	σ_t /MPa	σ_c /MPa	E /GPa	ν	c /MPa	φ/（°）
煤层	13.15	1.40	10.26	1.68	0.25	2.60	35.02
粉砂岩	25.51	2.14	82.36	11.46	0.21	5.13	34.24
细砂岩	26.27	3.99	110.60	9.18	0.20	5.75	34.28

续表

岩体	γ/（kN/m³）	σ_t /MPa	σ_c /MPa	E /GPa	ν	c /MPa	φ/（°）
中砂岩	26.37	4.07	71.00	12.10	0.13	3.90	35.55
泥岩	26.09	2.09	74.80	8.42	0.23	4.40	35.02
砂质黏土	28.21	2.37	76.08	12.27	0.20	5.39	34.69
黏土岩	21.20	2.56	58.79	10.23	0.25	5.11	36.50
断层	17.20	2.56	61.12	2.30	0.25	3.10	38.00

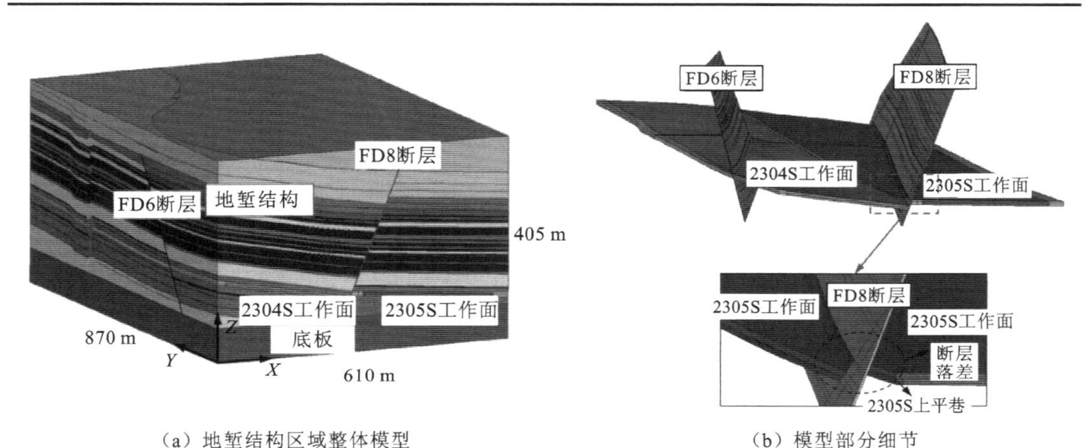

（a）地堑结构区域整体模型　　（b）模型部分细节

图 4.46　数值计算模型

2304S 工作面回采完成后，其典型覆岩运移及垂直应力云图分别如图 4.47（a）和图 4.47（b）所示。由位移云图分布可以看出，随着楔形体内部采空区的范围增大，低位覆岩破裂运移，覆岩受扰动区域升高，高位岩层下方出现明显的垮落空间，高位岩层悬空。与开采前的应力场相比，采空区的存在引起应力场的非均匀分布，采空区顶底板的垂直应力得到释放；两帮和工作面前方出现应力集中，在地堑构造区楔形体内部煤岩体采空区逐渐增大，其对采动应力影响程度逐渐加剧，同时受高位岩层悬空或运移的影响，采动应力分布及其峰值变化明显，这为 2305S 工作面回采期间冲击地压的发生提供了高静应力条件。

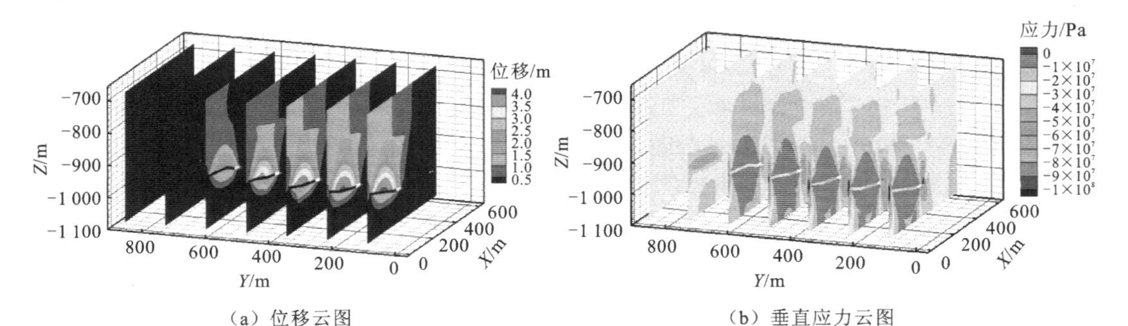

（a）位移云图　　（b）垂直应力云图

图 4.47　2304S 工作面回采完成后典型状态覆岩运移及采动应力分布云图

为了更明显地观察巷道应力变化情况，选取数值模型中发生冲击地压的局部区域进行分析。局部区域模型的应力边界条件按照整体模型初步回采 2305S 工作面时的结果进行施加。计算结果如图 4.48 所示，从 RFD>1 的区域和等效塑性应变大于 0 的区域分布情况可以发现，2305S 工作面上平巷及三联巷有明显的塑性变形，2305S 工作面巷道位置处有明显的应力集中。根据最大垂直应力分布可以明显看出，冲击发生区域（即地堑构造内部区域）的垂直应力明显高于未冲击区域。数值计算结果表明，楔形体内部区域巷道位置更容易发生冲击显现。

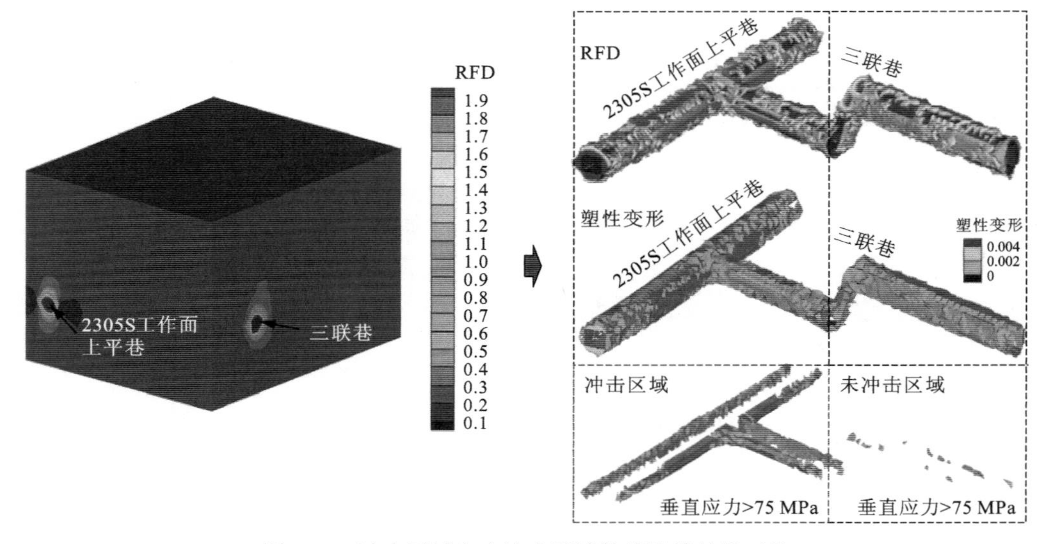

图 4.48　冲击区域和未冲击区域数值计算结果对比

参 考 文 献

[1] 孙欢. 采动煤岩应力-裂隙-渗流耦合机理研究及应用[D]. 西安: 西安科技大学, 2017.

[2] ZHAO S K, SUI Q, CAO C, et al. Mechanical model of lateral fracture for the overlying hard rock strata along coal mine goaf[J]. Geomechanics and Engineering, 2021, 27(1): 75-85.

[3] 曹安业, 薛成春, 吴芸, 等. 煤矿褶皱构造区冲击地压机理研究及防治实践[J]. 煤炭科学技术, 2021, 49(6): 82-87.

[4] 吴振华, 潘鹏志, 赵善坤, 等. 近直立特厚煤层组“顶板-岩柱”诱冲机理及防控实践[J]. 煤炭学报, 2021, 46(S1): 49-62.

[5] WU Z, PAN P Z, CHEN J Q, et al. Mechanism of rock bursts induced by the synthetic action of “roof bending and rock pillar prying” in subvertical extra-thick coal seams[J]. Frontiers in Earth Science, 2021, 9: 1102.

[6] WANG Z Y, DOU L M, WANG G F, et al. Resisting impact mechanical analysis of an anchored roadway supporting structure under P-wave loading and its application in rock burst prevention[J]. Arabian Journal of Geosciences, 2018, 11(5): 1-18.

[7] DOU L M, MU Z L, LI Z L, et al. Research progress of monitoring, forecasting, and prevention of rockburst in underground coal mining in China[J]. International Journal of Coal Science & Technology, 2014, 1(3): 278-288.

[8] HE J, DOU L M. Gradient principle of horizontal stress inducing rock burst in coal mine[J]. Journal of Central South University, 2012, 19(10): 2926-2932.
[9] 陈建强, 闫瑞兵, 刘昆轮. 乌鲁木齐矿区冲击地压危险性评价方法研究[J]. 煤炭科学技术, 2018, 46(10): 22-29.
[10] HE S Q, SONG D Z, HE X Q, et al. Coupled mechanism of compression and prying-induced rock burst in steeply inclined coal seams and principles for its prevention[J]. Tunnelling and Underground Space Technology, 2020, 98: 103327.
[11] 李东辉, 何学秋, 陈建强, 等. 乌东煤矿近直立煤层冲击地压机制研究[J]. 中国矿业大学学报, 2020, 49(5): 835-843.
[12] 何学秋, 陈建强, 宋大钊, 等. 典型近直立煤层群冲击地压机理及监测预警研究[J]. 煤炭科学技术, 2021, 49(6): 13-22.
[13] 煤炭科学技术研究院有限公司. 乌东煤矿 B_{1+2}、B_{3+6} 煤层及其顶底板岩层冲击倾向性鉴定报告[R]. 神华新疆能源有限责任公司, 乌鲁木齐, 2017.
[14] 煤科总院北京开采研究所, 天地科技股份有限公司. 大洪沟、小红沟煤矿煤岩层冲击倾向性测定[R]. 神华新疆能源有限责任公司, 乌鲁木齐, 2011.
[15] 赵善坤. 强冲击危险厚煤层孤岛工作面切眼贯通防冲动态调控[J]. 采矿与安全工程学报, 2017, 34(1): 67-73.
[16] 吴振华, 潘鹏志, 潘俊锋, 等. 地堑构造区冲击地压发生机制及矿震活动规律[J]. 岩土力学, 2021, 42(8): 2225-2238.
[17] 齐庆新, 窦林名. 冲击地压理论与技术[M]. 徐州: 中国矿业大学出版社, 2008.
[18] 韩科明, 于秋鸽, 张华兴, 等. 上下盘开采影响下断层滑移失稳力学机制[J]. 煤炭学报, 2020, 45(4): 1327-1335.
[19] YAVUZ H. An estimation method for cover pressure re-establishment distance and pressure distribution in the goaf of longwall coal mines[J]. International Journal of Rock Mechanics and Mining Sciences, 2004, 41(2): 193-205.

第5章　大型地质体控制下相邻工作面采掘扰动特征

5.1　相邻工作面开采互扰微震时空特征

在大型地质体大范围作用下，相邻工作面开采可能存在相互扰动（互扰），互扰发生时，其中各自的微震事件必然存在一定的关联，一侧采场开采或煤岩体的破裂导致应力重分布，该过程可能会导致采动应力转移至另一侧采场，从而诱发另一侧采场煤岩体的破坏。本节以义马矿区和乌东煤矿相邻工作面开采为背景，分析大型地质体控制下相邻工作面冲击地压发生的微震时空特征。

5.1.1　工程背景

对于义马矿区，结合矿区当前及历史上实际开采条件，跃进煤矿和常村煤矿、耿村煤矿和千秋煤矿井田边界区存在相邻工作面的布置，两工作面分别为跃进23070工作面和常村21220工作面、耿村13230工作面和千秋21121工作面，对该区域的两工作面展开针对性研究。

在跃进—常村区域，巨厚砾岩厚度为400～600 m，跃进23070工作面开采深度为698～795 m；煤层平均厚度6.5 m，平均倾角12°；工作面倾斜长210 m，可采长度960 m，为孤岛工作面，东与常村矿21220工作面相邻。常村21220工作面开采深度为710～815 m，平均煤厚7.9 m，平均倾角11.5°；工作面倾斜长265 m，可采长度689 m，北侧为采空区，南侧为实体煤。相邻工作面间留设宽度为140 m的井田边界煤柱，两面切眼宽度均为7.5 m，回采方式均为后退式回采。

在耿村—千秋区域，巨厚砾岩厚度为300～500 m，井间区域煤层平均厚度23.4 m，平均倾角11°，13230工作面倾斜长196 m，可采长度971 m，其北侧为13210采空区，南侧为实体煤，东与千秋矿21121工作面采空区相邻；21121工作面倾斜长130 m，可采长度1220 m，其北部与南部均为采空区，21101、21121和21141工作面分别于2000年、2007年和2012年回采完毕。13230与21121工作面间留设宽度为160 m的井田边界煤柱，13230工作面回采方式为井田边界向13采区下山方向的后退式回采，日推进度为0.6 m。13230工作面于2015年12月1日开始回采，2015年12月22日发生冲击地压事故后停产1年，于2016年11月1日恢复生产。

对于乌东煤矿，南采区采用水平分段放顶煤的采煤方法，每层分段高度为25 m，其中割煤厚度为3 m，放煤高度为22 m，上部采空区用黄土进行回填，属于大采放比放顶煤回采。并且采用上采下掘的开拓方式，一般情况下回采和掘进活动同时进行。乌东煤矿南采区目前共开采B_{1+2}和B_{3+6}两组煤层，在+500～+450 m水平采取两组煤层同时开采的方式，

+450 m（部分）及以下开始两组煤层交错开采，即首先开采 B_{3+6} 煤层，之后再开采 B_{1+2} 煤层。乌东煤矿采用水平分层放顶煤开采工艺，其两煤层工作面长度均为 2 520 m，从分层主石门（0 m）开始东至开切巷（2 520 m），回采本分层同时掘进下分层巷道。

义马矿区和乌东煤矿相邻工作面布置和煤层开采情况如图 5.1 所示。

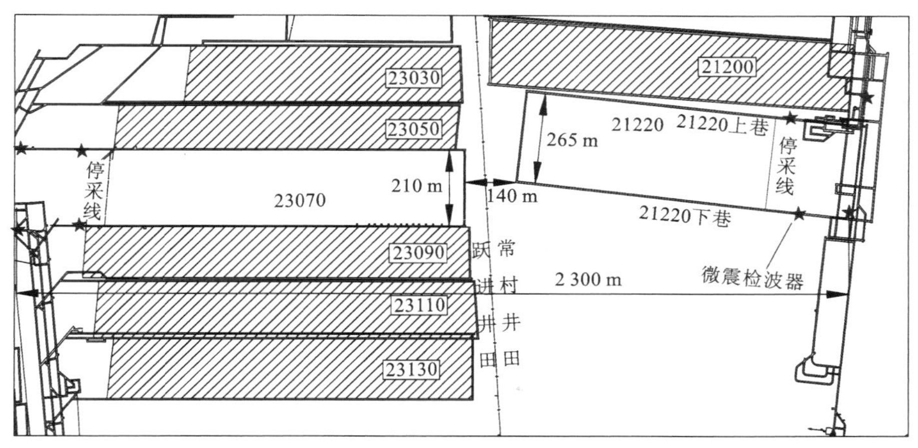

（a）跃进—常村井间区域

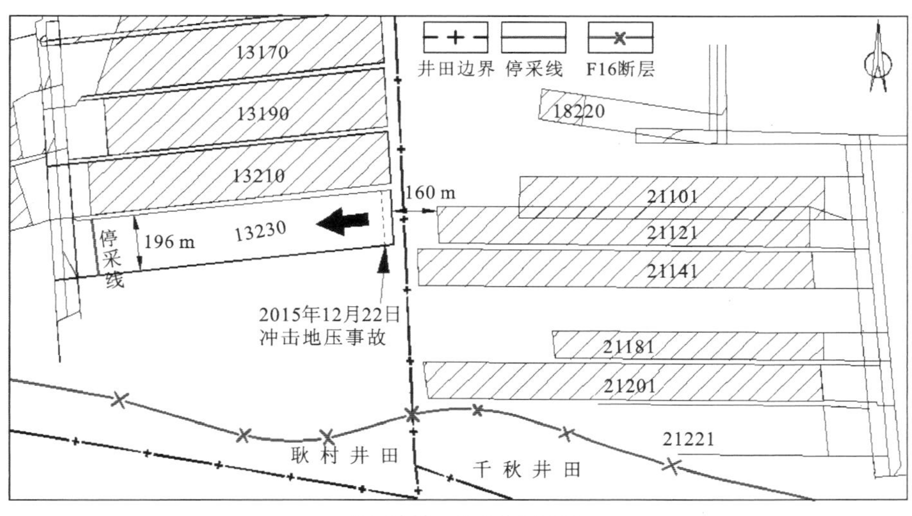

（b）耿村—千秋井间区域

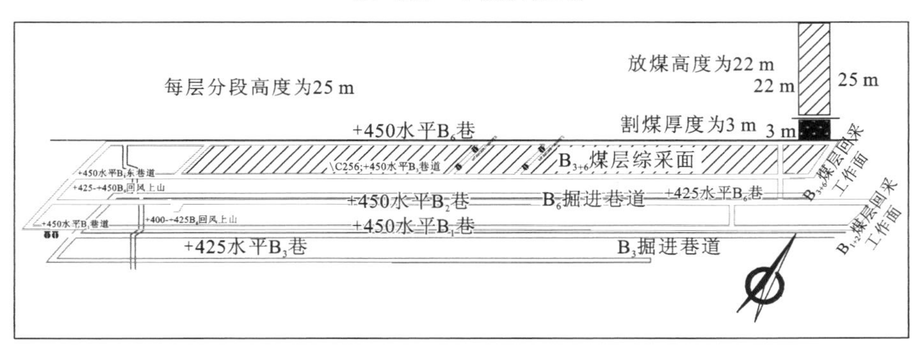

（c）乌东煤矿南采区采掘平面图

图 5.1 义马矿区和乌东煤矿相邻工作面布置平面图

5.1.2　义马矿区相邻工作面微震时空特征

1. 应力转移表征方法

一般情况下当两矿井或采区没有发育断层和褶皱等地质构造时，可近似认为波在两工作面的同一种介质中传播期间的波速保持不变。由于震动波是能量波，传播时必然会有阻尼效应，这种阻尼效应与岩质有关，岩质越软弱阻尼越强，岩质越坚硬阻尼越弱[1]。根据义马矿区现场实测，P 波在煤、泥岩、砂岩、砾岩中传播波速分别为 1 736 m/s、3 816 m/s、4 382 m/s 和 4 952 m/s。开采活动中震源的波动必然会向四周工作面传播，在衰减到 0 之前被检波器拾取才为有效事件。如图 5.2（a）所示，以一个煤炮震动为例，在两工作面回采过程中，微震检波器始终超前工作面 150 m 布置，在极限条件下，即两工作面推至停采线时，跃进—常村和耿村—千秋井间两检波器距离最远相距分别为 1 700 m 和 2 700 m。按照波在砂岩和砾岩中的平均速度计算，极限状态下两个矿井监测到同一震源发震时间间隔小于 2 s，即当两个矿井监测到的微震时间差小于 2 s 时认为是同一个微震事件。考虑现场地质条件复杂，因应力转移而产生的微震事件的响应有滞后性，必须考虑时间效应的影响[2]。因此将两矿井监测的震源发震时间间隔在 1 min 以内的微震事件视为另一侧工作面通过扰动而引发的该侧工作面的微震事件，即在 2 s～1 min 内的事件为引发微震事件或联动微震事件，如图 5.2（b）所示。

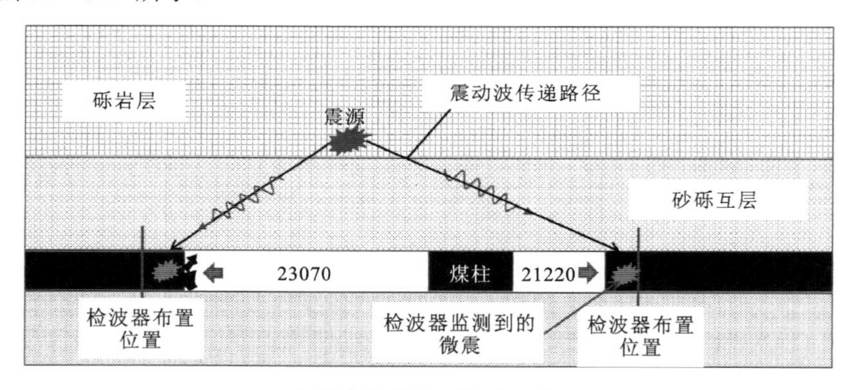

（a）两矿井对同一震源监测过程

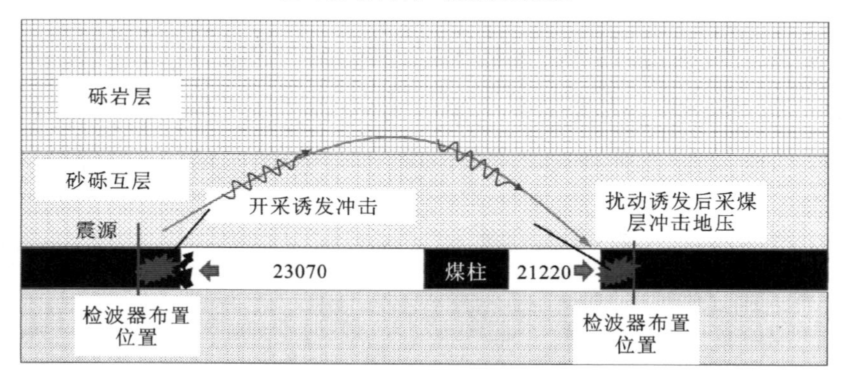

（b）覆岩扰动诱发矿井冲击过程

图 5.2　同一微震事件和引发微震事件的监测过程

2. 应力扰动规律

1）跃进 23070 和常村 21220 工作面

经统计，两工作面进入同时开采阶段，发震时间在 1 min 以内引发的微震事件共 109 组（发震时间 2 s 内一共 3 组），煤炮事件 29 组（发震时间 2 s 内一共 2 组），见附录 A。这表明在大型地质体控制下煤层开采发生冲击地压，其释放的能量以扰动应力的形式传递至临近煤层，导致微震事件发生。之后发生的微震事件为联动事件，诱导产生联动事件的微震事件为诱发事件。可以发现大型地质体控制下相邻工作面冲击地压的发生存在时间传递特征，即诱发事件在前，联动事件在后。

在 21220 工作面掘进开切眼期间（2015 年 2～6 月），两工作面发生诱冲事件共 81 组，其中包含煤炮事件 17 组。从时间特征来看，在 21220 工作面开切眼期间两工作面因巨厚砾岩应力转移而产生的微震所占比例基本相同，但从煤炮发生的空间特征来看，21220 工作面附近微震能量明显高于 23070 工作面，如图 5.3 所示。这是由于在开切眼期间，上覆砾岩荷载主要由 23070 工作面煤岩体与井间煤柱承担，在 23070 工作面回采过程中不断扰动煤岩体释放储存在煤体内的弹性能，而煤柱区域 21220 工作面开切眼扰动小释放煤岩体内的弹性能有限，因此当 23070 工作面煤岩体破碎后应力重新分布转移至井间煤柱时，21220 工作面在高静应力的共同作用下易产生高能事件。由于井间煤柱宽度较窄，21220 工作面开切眼时产生的动力扰动，必然也会传递到 23070 工作面，诱发 23070 工作面产生联动微震事件。

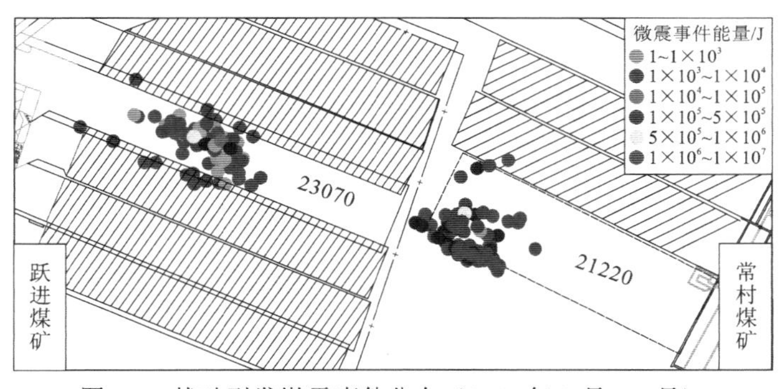

图 5.3 扰动引发微震事件分布（2015 年 2 月～6 月）

在 21220 工作面回采期间（2015 年 11 月～2016 年 9 月），两工作面诱冲事件共 24 组，其中煤炮事件仅有 4 组。从空间特征进一步分析，明显可以看出 23070 工作面受 21220 工作面影响较大，从所有引发微震事件的能量分布来看，23070 工作面微震事件平均能量（8.93×10^5 J）要高于 21220 工作面平均能量（5.40×10^5 J），空间分布如图 5.4 所示。当 23070 工作面出现大能量事件时，23070 工作面煤层释放能量以应力波的形式对正在回采的 21220 工作面产生扰动，诱导 21220 工作面产生联动事件。而当 21220 工作面出现冲击时，也必然会扰动 23070 工作面产生联动事件。

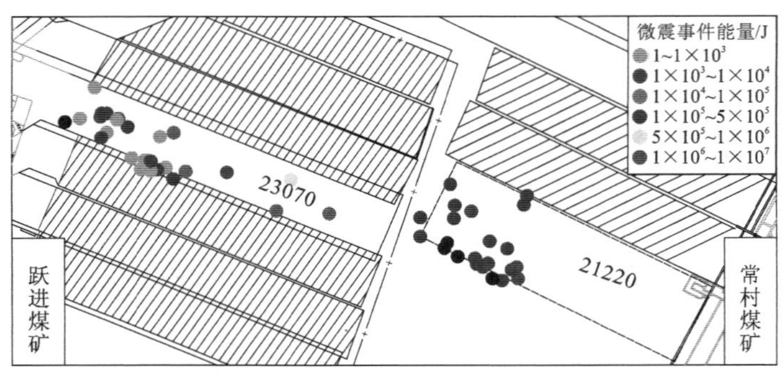

图 5.4　扰动引发微震事件分布（2015 年 11 月～2016 年 9 月）

综合以上微震事件的空间分布可以发现，义马矿区上覆巨厚砾岩条件下相邻矿井间的冲击地压存在明显的空间扰动特征，即一侧煤层开采产生的冲击地压会扰动另一侧正在回采煤层而产生微震事件，当回采煤层的应力状态刚好达到冲击地压临界应力状态时，一侧工作面扰动的叠加会迅速打破这种平衡状态，从而使另一侧煤层发生联动冲击地压。

2）耿村 13230 工作面和千秋 21 采区

2015 年 12 月 1 日～2020 年 6 月 22 日期间，耿村 13230 工作面和千秋 21 采区引发微震事件空间分布如图 5.5 所示。经统计，该时期共发生 45 组引发微震事件，13230 工作面微震事件分布范围较小，位于该工作面附近，千秋 21 采区事件分布范围较大，部分集中分布于 21 采区下山，其余均匀分布于 21 采区采空区、“刀柄式”煤柱和 13230 工作面采空区内。从震源发震时间先后来看，耿村煤矿 13230 工作面早于千秋煤矿 21 采区的事件共 38 组，其余 7 组事件先发生于千秋煤矿，说明整体上应力由 13230 工作面转移至千秋 21 采区，尤其是采区下山；从 37 组 13230 工作面引发千秋 21 采区的微震事件的平均能量来看，13230 工作面事件能量（1.32×10^6 J）约为千秋 21 采区事件能量（5.69×10^5 J）的 2 倍，说明 13230 初始能量释放较高，而后应力转移诱发 21 采区的能量较低。

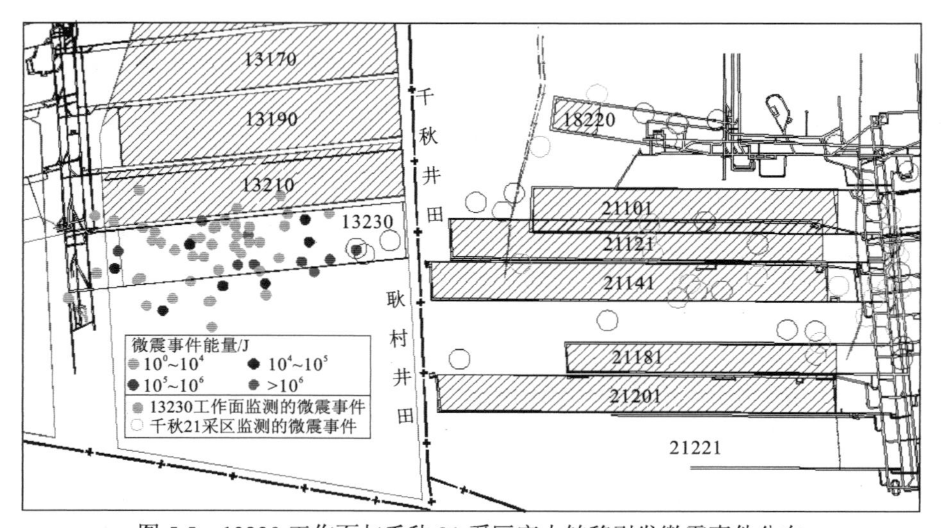

图 5.5　13230 工作面与千秋 21 采区应力转移引发微震事件分布

5.1.3 乌东煤矿微震空间联动分布特征

以乌东煤矿+475 m 水平和+450 m 水平 B_{3+6} 综放工作面“3·13”“11·24”和“2·1”3次冲击地压为例，通过获取冲击地压发生前采煤工作面高静应力集中区的微震震源的监测数据，分别对3次冲击地压发生前12天的微震源时空演化进行分析，如图5.6所示。

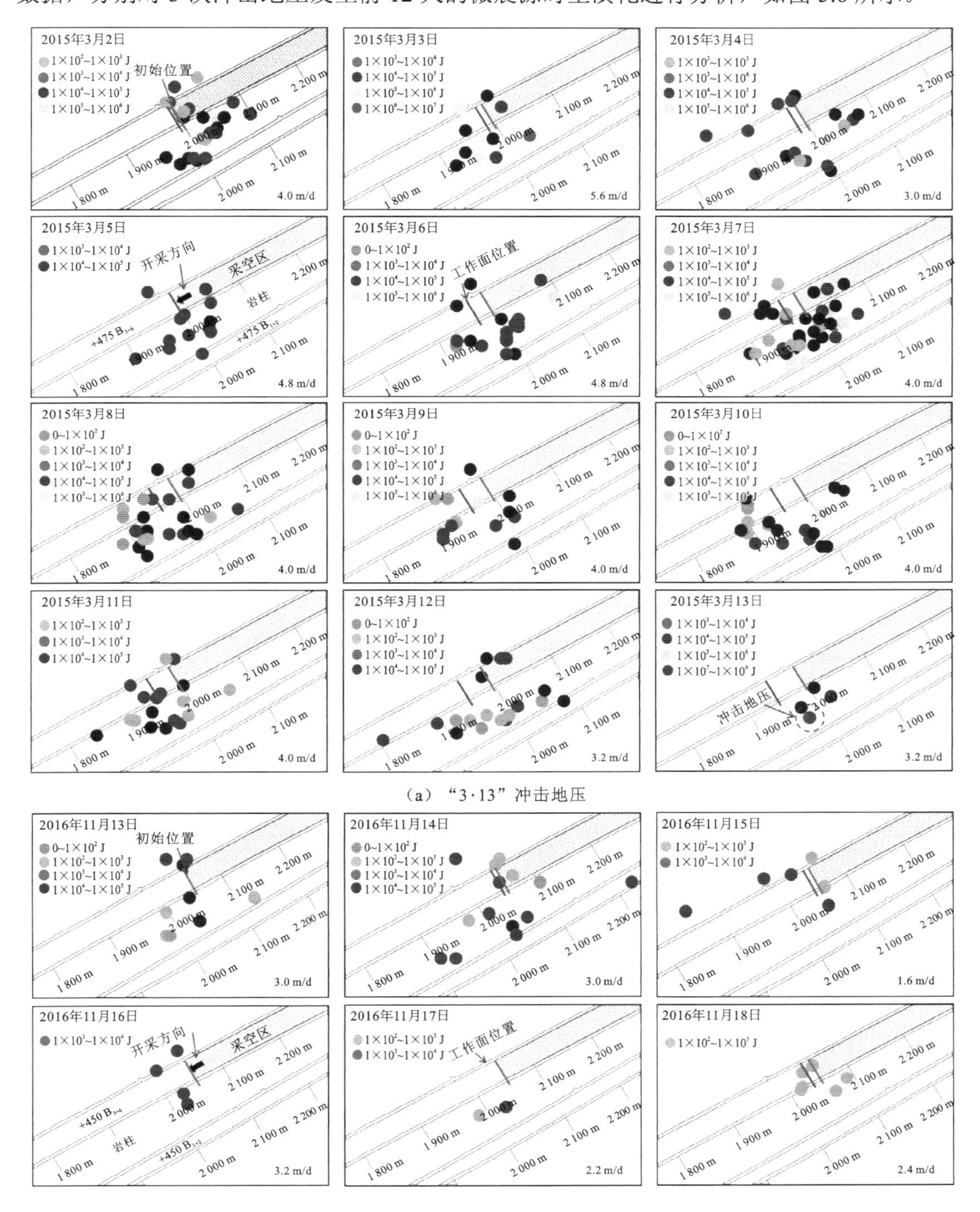

（a）“3·13”冲击地压

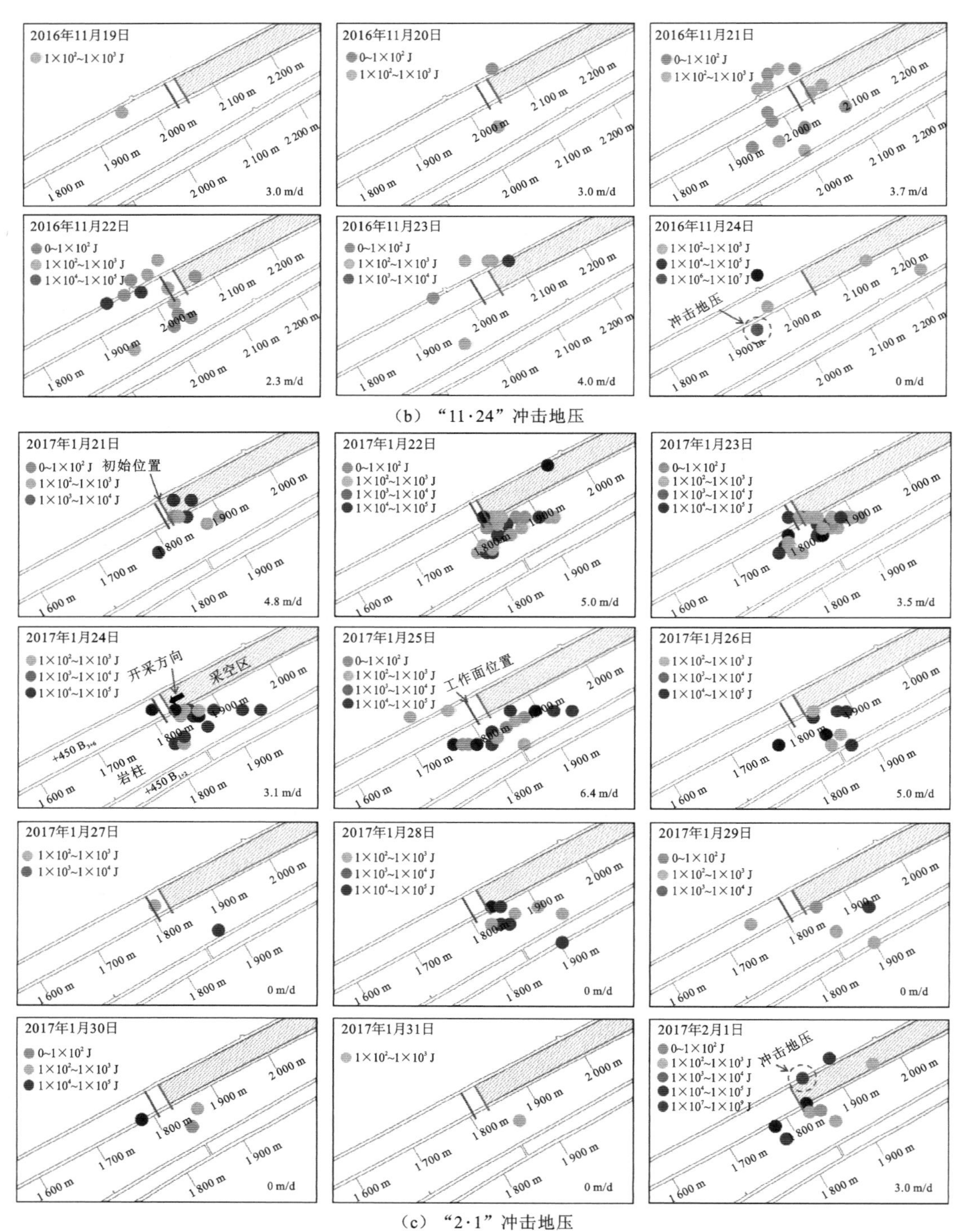

(c) “2·1”冲击地压

图 5.6 不同能量范围下的微震源分布演化

从微震源的时间序列来看，乌东煤矿 3 次冲击地压发生前微震事件数和能量都有类似的变化规律，即在冲击地压发生前第 5～7 天，微震事件数相对于前一个正常开采时期存在突增—突降的过程，直到冲击地压发生。例如，在“3·13”冲击地压中，微震源数的异常增加发生在冲击地压发生前 6 天，震源异常增加前微震事件日总能量值为 4.79×10^5 J，异常增加期间微震日总能量值为 9.07×10^{6} J，平均增长率为 94.71%。在“11.24”冲击地压中，微震源数的异常增加发生在冲击地压发生前 4 天，震源异常增加前微震事件日总能量值为 4.13×10^{2} J，异常增加期间微震日总能量值为 1.41×10^{4} J，平均增长率为 97.07%。在“2·1”冲击地压中，微震源数的异常增加发生在冲击地压发生前 4 天，震源异常增加前微震事件日总能量值为 2.32×10^{3} J。异常增加期间微震能量日均值为 9.70×10^{4} J，平均增长率为 97.61%。由此可见，3 次冲击地压发生前微震事件异常增加期间的日总能量平均增长率都在 90%以上。上述演化规律表明，冲击地压发生前 7 天是煤岩体积聚能量的过程，在这段时间中，在硬厚岩柱结构撬动作用下煤岩体内部的能量处于极不平衡的状态，当能量积聚到一定程度，且煤岩体结构达到极限平衡状态，微小的扰动就能产生冲击地压。如图 5.6（c）所示，虽然在“2·1”冲击地压前几天开采速度为零（右下角显示），但微震源的演化规律与“3·13”和“11·24”冲击地压发生前相似。

从微震源的空间演化来看，微震源主要集中在硬厚岩柱附近。在“3·13”冲击地压发生前 12 天中高能事件（$>10^{3}$ J）在岩柱、B_{3+6} 煤层、煤层顶板上的比例分别为 79.7%、11.4%和 8.9%；在“11·24”冲击地压发生前 12 天中，高能事件（$>10^{3}$ J）在岩柱、B_{3+6} 煤层、煤层顶板上的比例分别为 66.7%、9.1%和 24.2%；在“2·1”冲击地压发生前 12 天中，高能事件（$>10^{3}$ J）在岩柱、B_{3+6} 煤层、煤层顶板上的比例分别为 84.3%、13.7%和 2.0%。说明岩柱部分裂隙的发育和扩展明显高于煤层和 B_{3+6} 顶板。这是由于乌东煤矿 B_{3+6} 煤层与 B_{1+2} 煤层不断交替开采的特殊开采方法，使硬厚岩柱的悬空长度逐渐增加，结构控制作用越来越明显。

从以上微震事件的空间分布可以发现，相邻工作面冲击地压的发生与大型地质体的结构控制密切相关，即一侧工作面的开采导致大型地质体覆岩活动而产生应力转移，当另一侧工作面煤层的应力状态刚好达到冲击地压临界应力状态时，在动载扰动的叠加作用下可能发生冲击显现。

5.2 相邻工作面开采全周期采动应力互扰特征

5.2.1 巷道间掘进互扰效应分析

1. 不同巷道空间位置

随着煤矿开采深度的增加，巷道间的掘进扰动效应愈加强烈，扰动强烈程度与巷道的空间位置密切相关。本小节以义马矿区为工程背景，采用CASRock软件数值模拟分析水平距离和垂直距离对掘进扰动效应的影响程度。

1）模型建立

巷道间相互扰动数值计算模型如图 5.7 所示，模型尺寸为 $X\times Y=100\ \text{m}\times100\ \text{m}$，先掘巷道和后掘巷道均为直墙半圆拱形，巷道宽×高为 5.4 m×3.8 m。考虑埋深约为 850 m 的自重应力，物理力学参数如表 5.1 所示。

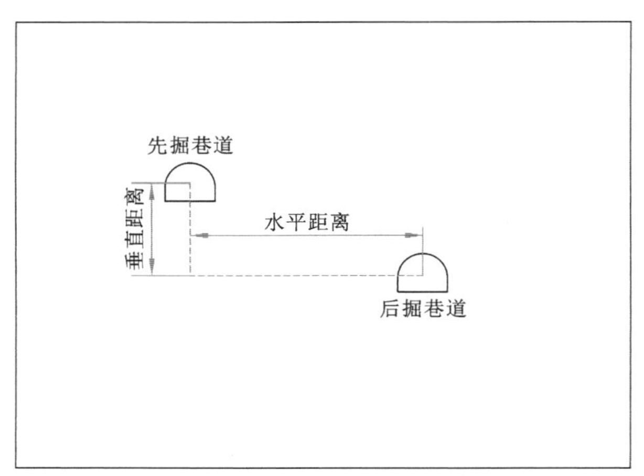

图 5.7　巷道间相互扰动模型示意图

表 5.1　材料物理力学参数

参数	值	参数	值	参数	值
E/GPa	8.24	ρ/（kg/m^3）	2 500	φ/（°）	33
ν	0.27	c/MPa	7.63	σ_t/MPa	4.15

结合义马矿区的开采条件，巷道间的距离为 15～30 m。因此，模拟巷道间的水平距离范围为 15～30 m，垂直距离范围为 0～30 m。分别考虑两巷道不同水平距离和垂直距离条件下，后掘巷道对先掘巷道力学行为的影响进行分析，具体模拟方案如表 5.2 所示。

表 5.2　巷道空间位置模拟方案

方案一		方案二	
水平距离/m	垂直距离/m	水平距离/m	垂直距离/m
15	0	0	15
20	0	0	20
25	0	0	25
30	0	0	30

2）模拟结果分析

待模型达到初始应力平衡后，先开挖先掘巷道，达到静态平衡后，再开挖后掘巷道。分别研究两巷道不同水平距离、垂直距离条件下，巷道应力场和位移场的分布特征，并分析相邻巷道垂直距离和水平距离对掘进扰动效应的影响程度。

（1）应力分布特征。

巷道开挖后，巷道周围岩体内的应力发生变化，重新分布。巷道周围应力受扰动的区域称为影响带，一般以超过原岩应力值的 5%作为影响带的边界。如果相邻巷道的影响带彼此不重叠，则可以认为巷道间的距离是安全的。如果相邻巷道的影响带彼此重叠，但影响带边界未达到巷道旁支承应力峰值时，巷道间的距离也是安全、合理的。即使相邻巷道的影响带边界已达到巷道旁支承应力峰值位置，使最大切向应力值增加，但没有超过岩体的强度极限时，从理论上讲，巷道间的距离也是可以接受的。因此，分析巷道群围岩应力的影响，是确定巷道间距的重要依据。

图5.8为两相邻并行巷道在水平距离B分别为15 m、20 m、25 m、30 m时，后掘巷道开挖对先掘巷道围岩垂直应力分布的影响情况。可以看出，随着两并行巷道间水平距离的增加，巷道间的扰动效应逐渐减弱。当巷道间距为15 m时，两相邻巷道帮部的应力增高区有大面积的重叠，两帮之外的应力影响范围比较大，此时扰动效应较强，不利于先掘巷道的维护。当巷道间距为20 m时，巷道帮部的应力增高区仍有重叠，后掘巷道的开挖仍会对先掘巷道产生扰动影响。当巷道间距为25 m时，两相邻巷道帮部仍有部分的应力集中，但重叠区域的应力相对减小，说明掘进扰动效应在逐渐减弱，稍加支护后可以满足巷道稳定性的要求。当巷道间距为30 m时，两巷道帮部的应力增高区相距较远，增高的应力值不大，后掘巷道对先掘巷道的扰动效应可以忽略不计。

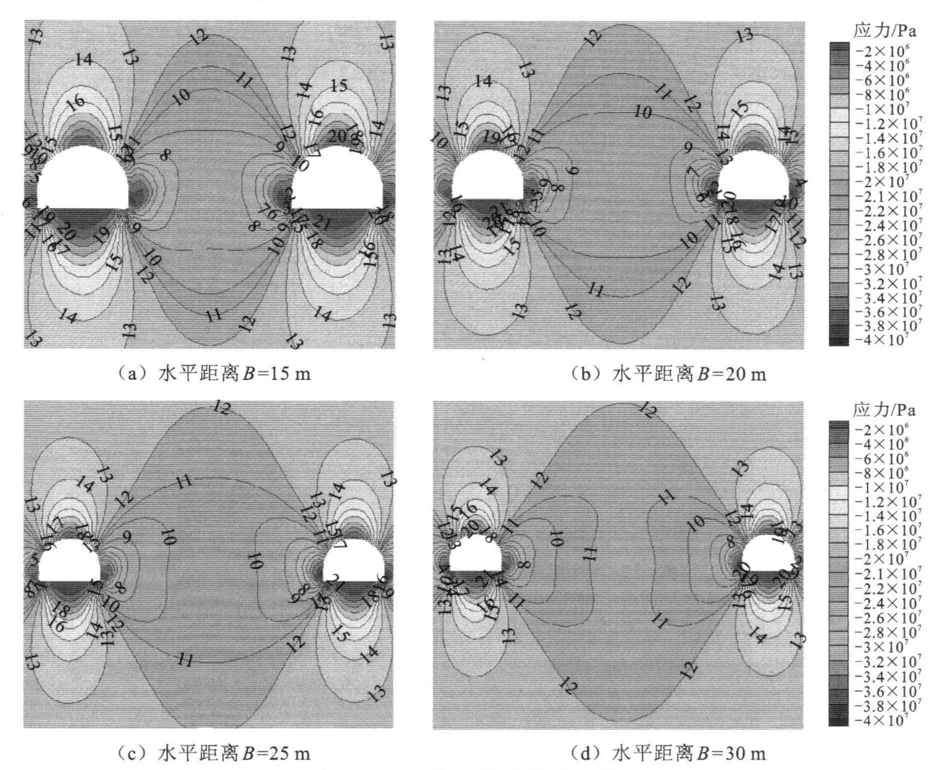

（a）水平距离B=15 m　（b）水平距离B=20 m

（c）水平距离B=25 m　（d）水平距离B=30 m

图5.8　方案一垂直应力云图

综上所述，两相邻并行巷道间的水平距离对巷道围岩的垂直应力分布影响较大。随着巷道间水平距离的增加，掘进扰动效应不断减弱，越有利于巷道的维护。

图5.9为两相邻上下重叠巷道在垂直距离B分别为15 m、20 m、25 m、30 m时，后掘巷道开挖对先掘巷道围岩垂直应力分布的影响情况。从图中可以看出，与左右并行巷道开挖扰动不同的是，后掘巷道在顶底板间的应力降低区产生重叠。随着巷道间垂直距离的增加，应力重叠区域逐渐减小，说明巷道间的掘进扰动效应逐渐减弱，越有利于巷道的维护。

对上下重叠巷道而言，掘进扰动效应表现为顶底板间应力降低区的叠加。垂直距离的增加能降低扰动效应对先掘巷道顶底板垂直应力的影响，但对两帮垂直应力的影响还未可知；左右并行巷道与之相比，扰动效应在于帮部应力增高区域的重叠，叠加后的应力集中

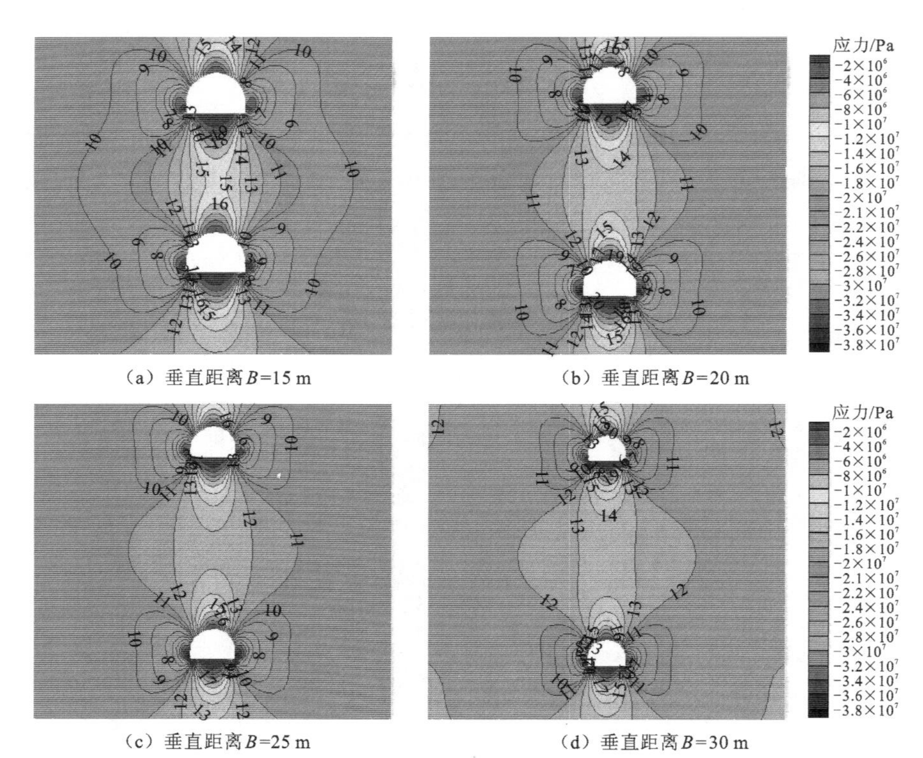

（a）垂直距离B=15 m　　（b）垂直距离B=20 m

（c）垂直距离B=25 m　　（d）垂直距离B=30 m

图 5.9　方案二垂直应力云图

程度更大，对巷道帮部的破坏程度也就越为严重。水平距离的增加能够显著削弱扰动效应对先掘巷道两帮垂直应力的影响，但对于顶底板垂直应力的影响情况无法明确得出。

（2）位移分布特征。

将水平距离作为变量，固定垂直距离为 0，做出先掘巷道受扰动效应影响后的围岩变形情况，如图 5.10 所示。

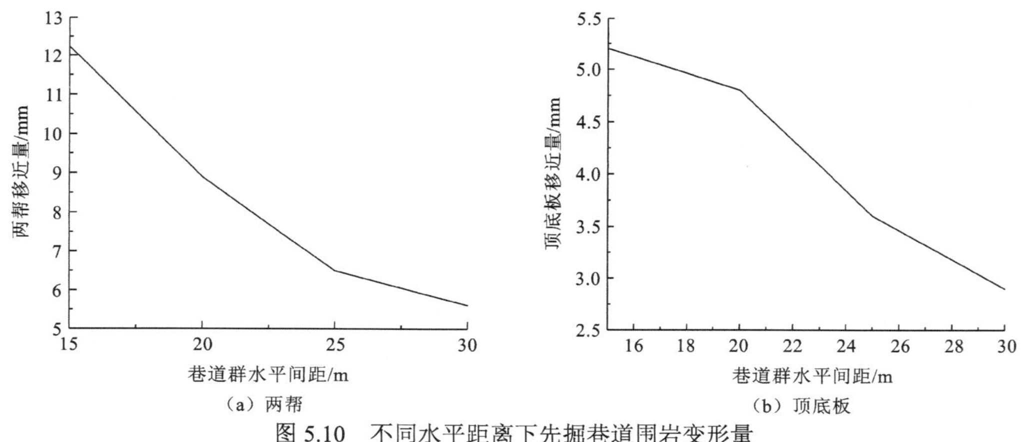

（a）两帮　　（b）顶底板

图 5.10　不同水平距离下先掘巷道围岩变形量

从图 5.10 可知，当水平距离为 15 m 时，先掘巷道顶底板和两帮的移近量分别为 5.21 mm 和 12.23 mm，此时巷道总围岩变形量为 17.44 mm。随着水平距离的增加，先掘巷道的围岩变形量逐渐减小。顶底板与两帮移近量的最大变化率分别为 0.054 mm/m、0.242 mm/m。当水平距离为 30 m 时，先掘巷道围岩两帮的变形量达到最小值。

将垂直距离作为变量，固定水平距离为0，作出先掘巷道受扰动效应影响后的围岩变形情况，如图5.11所示。

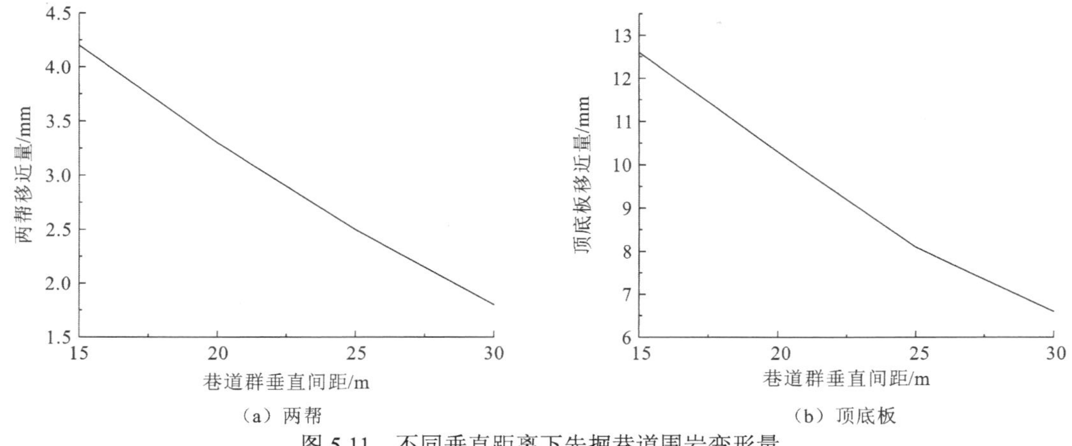

（a）两帮　　（b）顶底板

图5.11　不同垂直距离下先掘巷道围岩变形量

从图5.11可以看出，当垂直距离为15 m时，先掘巷道顶底板和两帮的移近量分别为12.63 mm和4.20 mm，此时巷道总围岩变形量为16.83 m。随着垂直距离的不断增加，先掘巷道的围岩变形量逐渐增大。顶底板与两帮移近量的最大变化率分别为0.46 mm/m、0.18 mm/m。当垂直距离为30 m时，先掘巷道围岩顶底板变形量达到最大值。

当两巷道间距相同时，虽然水平距离和垂直距离使得先掘巷道在顶底板和两帮移近量上有所不同，但是总的巷道围岩变形趋势却是大致相同的，即水平距离和垂直距离对掘进扰动效应的影响规律是大致相同的。

2. 不同巷道掘进顺序

在深井巷道群的开挖施工过程中，第一条巷道的开挖使围岩应力重新分布。重新分布的应力会对第二条巷道的开挖过程产生影响。以此类推，第三条巷道开挖前所处的围岩应力状态取决于前两次巷道开挖扰动平衡后的应力状态。不同的开挖顺序使得深井巷道群在施工过程中围岩应力重分布的相互叠加顺序不同，并最终造成巷道群整体围岩的应力场和位移场有所差异。

本小节重点以义马矿区上山巷道群为研究对象，根据排列组合共设计三种不同的开挖顺序施工方案进行模拟分析，讨论在既定巷道空间位置关系的条件下，开挖顺序对巷道群整体围岩稳定性的扰动程度，为施工顺序提供一定的指导。

1）模型建立

模型以义马矿区煤底板专用回风巷、胶带机上山、底板回风上山为工程背景，由于现场问题的复杂性，数值计算不可能完全再现工程实际情况，需要对实际工程地质条件进行一定程度的简化，建立数值计算模型，如图5.12所示。为了充分减小模型边界的影响，同时考虑计算效率问题，确定模型尺寸为 $X \times Y = 100\ \text{m} \times 80\ \text{m}$。巷道形状为直墙半圆拱形，宽×高为5.4 m×3.8 m。

模型采用莫尔-库仑强度准则，考虑埋深为850 m的自重应力。巷道围岩各层岩性和厚度根据综合柱状图进行选取，岩石力学参数如表5.3所示。为便于描述，根据空间分布

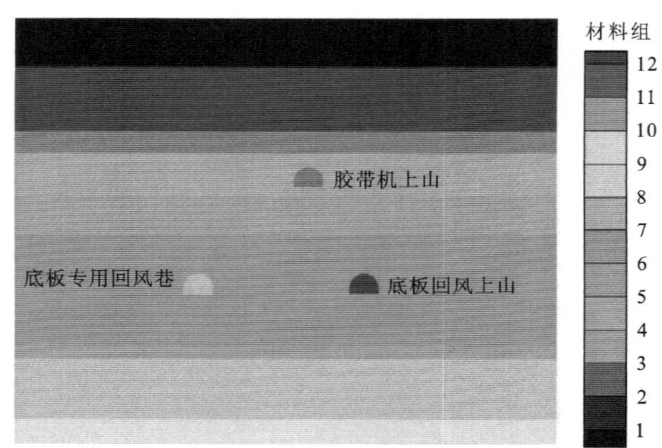

图 5.12　巷道群掘进顺序数值计算模型

表 5.3　岩石物理力学参数

岩性	E/GPa	μ	ρ/（t/m³）	c/MPa	φ/（°）	σ_t/MPa
砂质泥岩	2.9	0.21	2.81	0.8	35	0.5
细砂岩	2.2	0.25	2.67	1.0	30	1.4
泥岩	2.6	0.22	2.71	0.6	33	0.4
1-2 煤	0.9	0.16	1.44	0.5	35	0.3
中砂岩	1.5	0.22	2.66	0.9	32	1.2
1-1 煤	1.2	0.21	1.98	0.9	26	1.0
粉砂岩	2.6	0.22	2.71	1.2	33	0.8
砂岩砾岩互层	2.7	0.25	2.67	2.0	30	0.6
泥岩	1.8	0.27	2.70	1.0	38	1.3

的不同，底板专用回风巷、胶带机上山和底板回风上山分别称作左侧巷道、中部巷道和右侧巷道。巷道开挖方式共三种，其中方案一开挖顺序为左侧巷道、中部巷道、右侧巷道；方案二顺序为左侧巷道、右侧巷道、中部巷道（先两边后中间）；方案三顺序为中间巷道、左侧巷道、右侧巷道（先中间后两边），三个方案具体如表 5.4 所示。

表 5.4　巷道掘进顺序设计方案

方案	掘进顺序		
	底板专用回风巷	胶带机上山	底板回风上山
方案一	1	2	3
方案二	1	3	2
方案三	2	1	3

2）模拟结果分析

（1）应力分布特征。

方案一、二、三的掘进顺序掘进后巷道的垂直应力云图如图 5.13～图 5.15 所示。临近巷道的掘进导致两巷道帮部的垂直应力增高区产生重叠，与此同时在巷道顶底板的应力降低区域也存在叠加影响，这使巷道间的掘进扰动效应产生。虽然不同掘进方案下的最终垂直应力分布较为相似，但是通过监测巷道围岩的应力，从表 5.5 中的监测数据可以看出巷道在开挖初始时的围岩应力普遍较大，同一条巷道的顶底板应力降低区在不同方案下的值最大相差 1.05 MPa，两帮的应力增高区的应力值最高相差 2.51 MPa，说明在不同的开挖顺序的情况下，围岩应力响应的程度也存在明显差异。

表 5.5　三种掘进顺序方案巷道的围岩垂直应力　　（单位：MPa）

方案	底板专用回风巷		胶带机上山		底板回风上山	
	顶底板	两帮	顶底板	两帮	顶底板	两帮
方案一	-5.40	-28.82	-5.17	-27.88	-5.26	-28.27
方案二	-5.40	-28.82	-5.06	-26.27	-5.73	-29.85
方案三	-4.35	-26.31	-5.75	-28.18	-5.14	-28.11

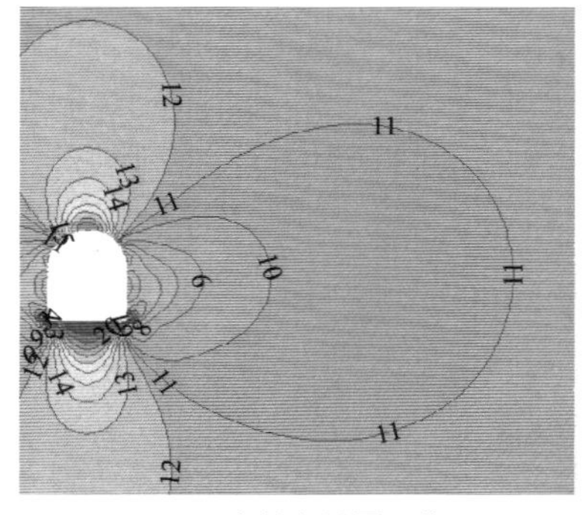

（a）底板专用回风巷

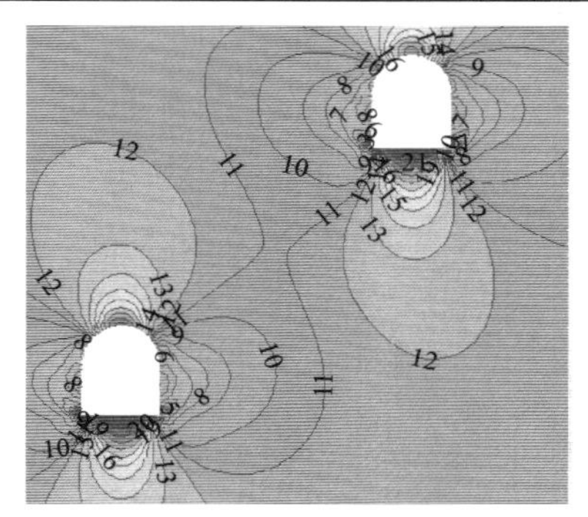

（b）胶带机上山

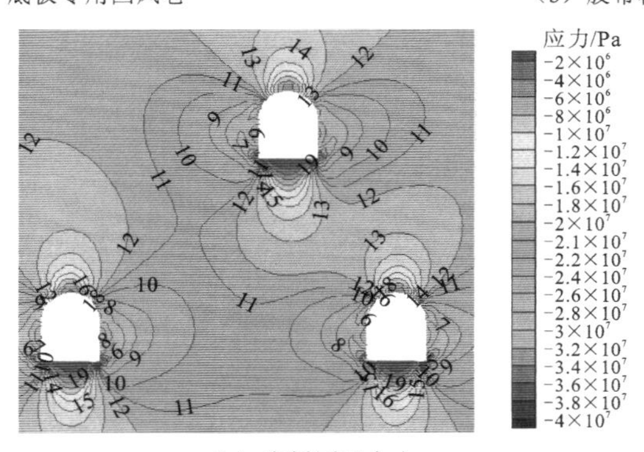

（c）底板回风上山

图 5.13　方案一垂直应力云图

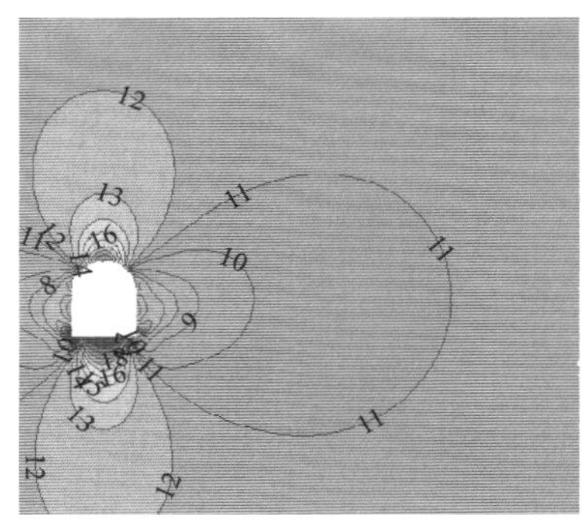

（a）底板专用回风巷

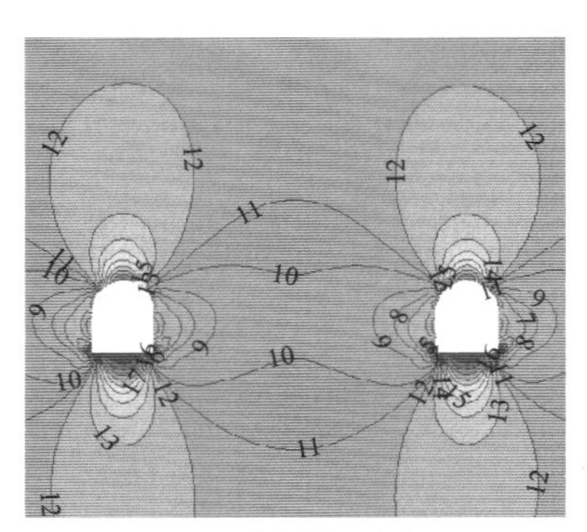

（b）底板回风上山

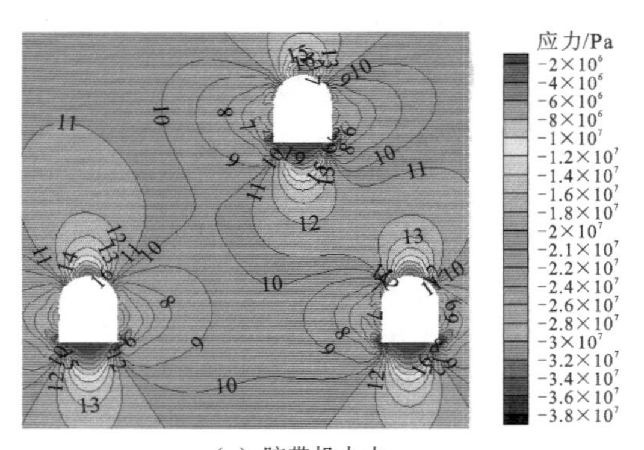

（c）胶带机上山

图 5.14　方案二垂直应力云图

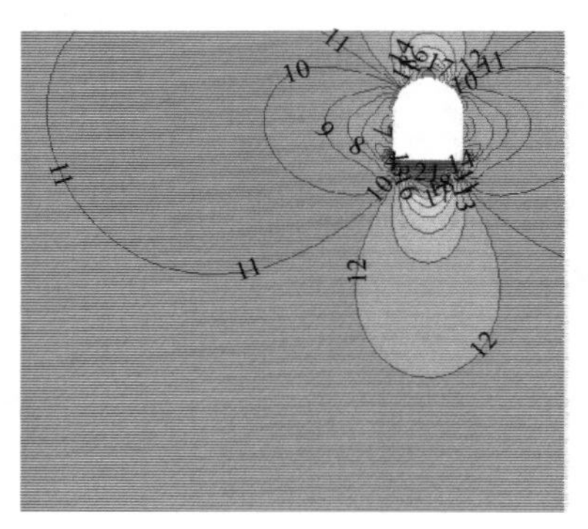

（a）胶带机上山

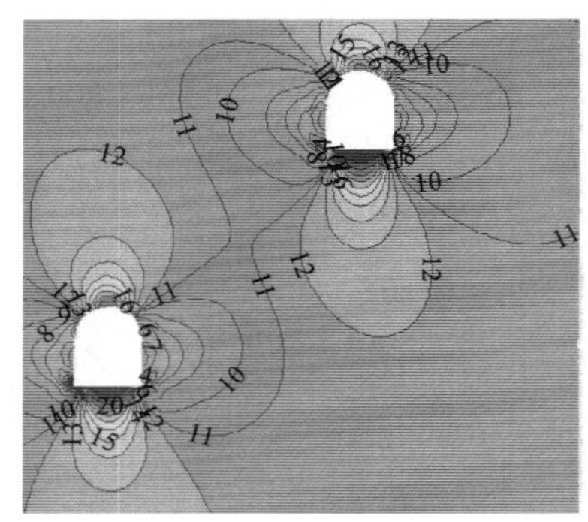

（b）底板专用回风巷

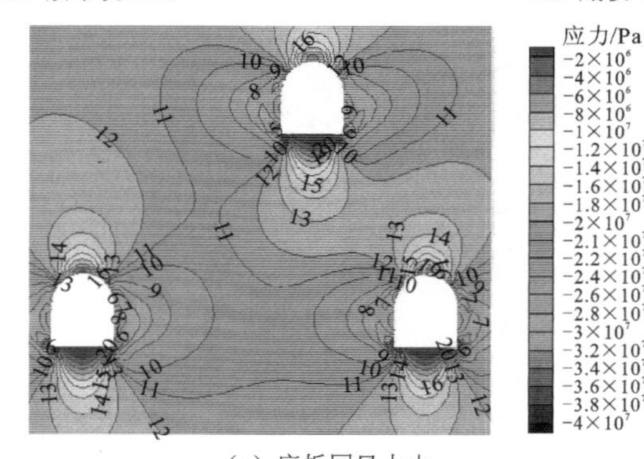

（c）底板回风上山

图 5.15　方案三垂直应力云图

方案一、二、三的掘进顺序掘进后巷道的水平应力云图如图 5.16～图 5.18 所示。对比以上三种方案的应力云图可知，各掘进顺序方案最终的水平应力分布规律没有明显变化，整体分布形态基本相同。底板专用回风巷、胶带机上山和底板回风上山均在两帮区域均形成了水平应力高压区。由于底板专用回风巷与另外两条巷道相距较远，两帮应力增高区域没有与另外两条巷道产生重叠；胶带机上山和回风上山相距较近，顶板应力降低区产生重叠区，各掘进顺序方案所形成的应力叠加范围、大小、分布特征也基本相同。

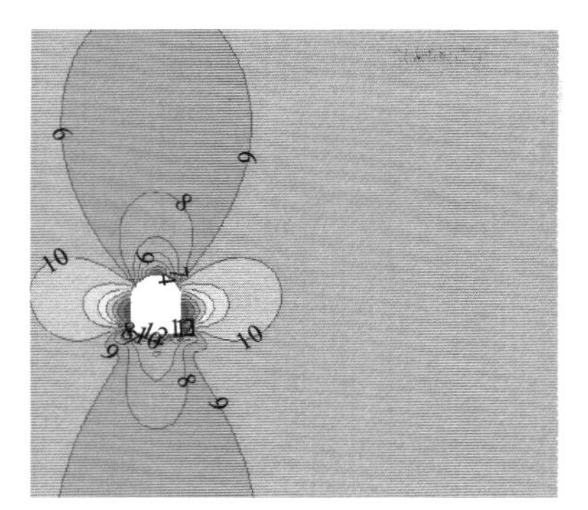

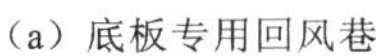

（a）底板专用回风巷

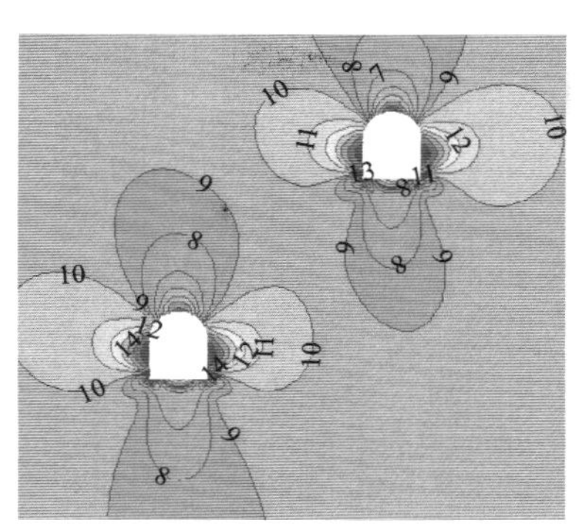

（b）胶带机上山

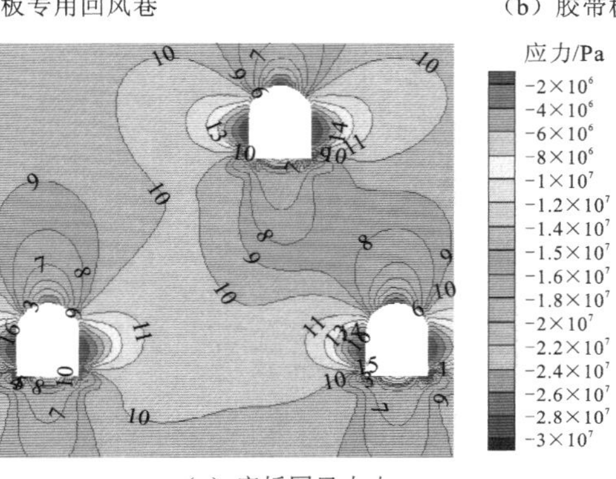

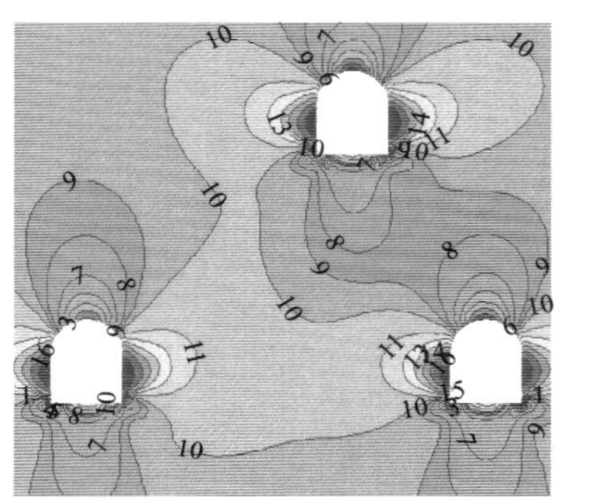

（c）底板回风上山

图 5.16　方案一水平应力云图

（a）底板专用回风巷

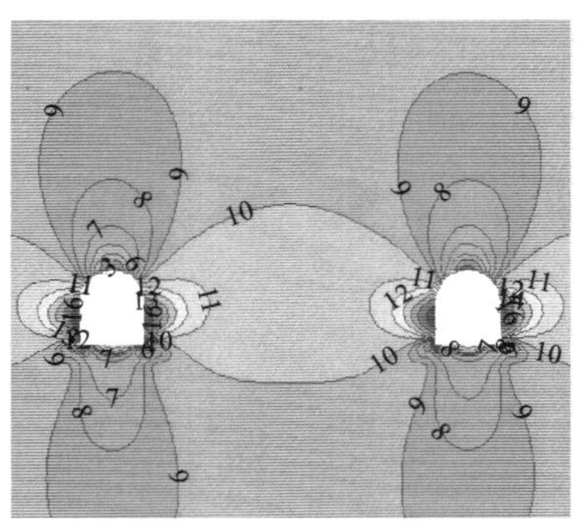

（b）底板回风上山

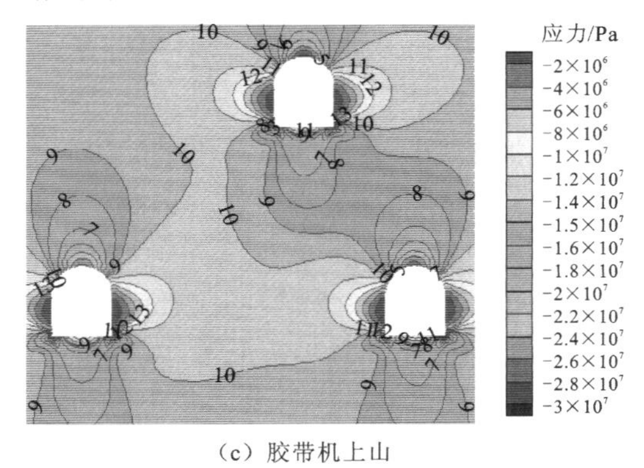

（c）胶带机上山

图 5.17　方案二水平应力云图

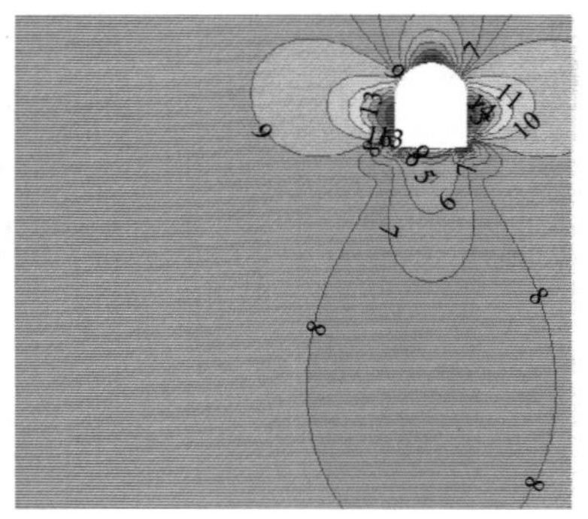

（a）胶带机上山

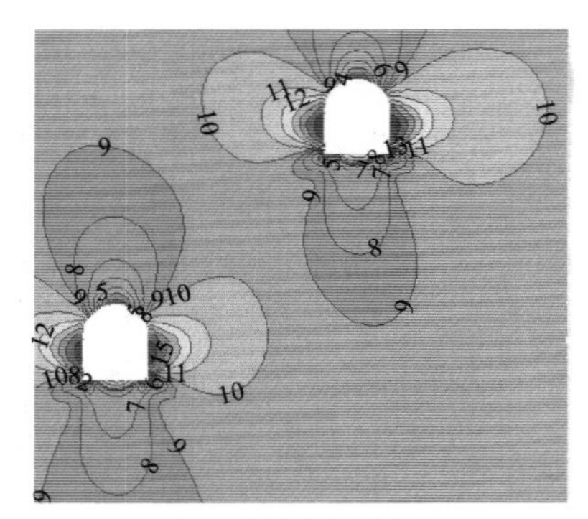

（b）底板专用回风巷

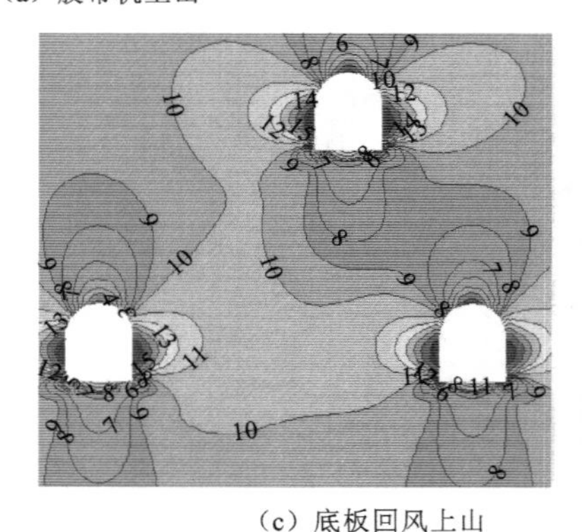

应力/Pa
-2×10^6
-4×10^6
-6×10^6
-8×10^6
-1×10^7
-1.2×10^7
-1.4×10^7
-1.5×10^7
-1.6×10^7
-1.8×10^7
-2×10^7
-2.2×10^7
-2.4×10^7
-2.6×10^7
-2.8×10^7
-3×10^7

（c）底板回风上山

图 5.18　方案三水平应力云图

（2）围岩变形量特征。

根据模拟监测数据，得到不同掘进顺序方案下各巷道的围岩变形量，具体数据如表 5.6 所示。

表 5.6　三种开采顺序方案巷道最终围岩变形量　　（单位：mm）

方案	底板专用回风巷		胶带机上山		底板回风上山	
	顶底板	两帮	顶底板	两帮	顶底板	两帮
方案一	22.18	17.27	30.75	22.37	21.84	16.97
方案二	21.34	17.81	26.84	20.19	22.32	17.28
方案三	20.88	16.92	30.11	23.94	21.02	16.74

分析表 5.6 中的数据可知：胶带机上山的围岩变形量与其余两条巷道相比明显较大，这是由于建模过程中其围岩为 1-2 实体煤，岩性较差所导致；在 3 条巷道掘进过程中，掘进顺序对巷道的围岩变形量影响较大。对同一条巷道而言，其围岩变形量随着掘进顺序的提前呈增长趋势。底板专用回风巷和底板回风上山的围岩变形量在不同掘进顺序时相差不大，差值均不超过 2 mm。胶带机上山的围岩变形量随着掘进顺序的不同变化最大，最先掘进（方案三）与最后掘进（方案二）相比，顶底板移近量相差近 3.27 mm。因此，掘进顺序对岩性较差的胶带机上山的围岩变形量影响较大。

巷道群掘进过程中，应按照巷道对围岩变形量的要求来确定巷道间的掘进顺序。考虑底板专用回风巷和底板回风上山允许有一定的变形，而胶带机上山要求巷道围岩变形量较小。根据表 5.6 可知，按照先两边后中间的掘进顺序（方案二）掘进时，胶带机上山的围岩变形量最小。因此，方案二为优选方案。

5.2.2　巷道与工作面开采互扰效应分析

在研究井间结构相关扰动作用关系当中，巷道与巷道之间的关系普遍存在于任何采煤系统中，然而巷道与工作面也同样存在着相互扰动作用，这是两种功能作用不同的地下空间结构，研究巷道与工作面的相对位置关系，可以更好地服务于巷道与工作面的配置分布，本小节以巷道与工作面的相对关系，分析不同工作面间距、不同工作面开采方向对先掘巷道的影响。

1. 模型建立与模拟方案

本次模拟采用莫尔-库仑本构模型，模型尺寸为 $X \times Y = 560\ m \times 180\ m$，先掘巷道为直墙半圆拱形，后采工作面选择走向作为剖面，巷道宽×高为 5.4 m×3.8 m。模型上边界为应力边界，按照上覆岩层自重施加均布载荷（21 MPa），其余边界为位移边界，数值计算模型如图 5.19 所示。巷道围岩各层岩性和厚度根据综合柱状图进行选取，岩石力学参数如表 5.7 所示。

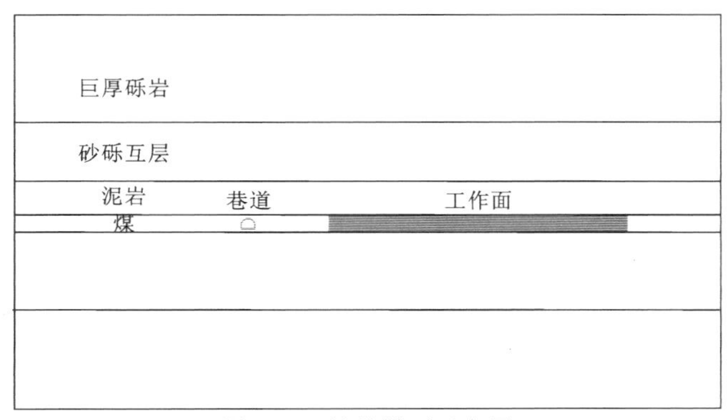

图 5.19　计算模型示意图

表 5.7　模型参数

岩性	ρ/（t/m³）	E/GPa	ν	c/MPa	φ/（°）
巨厚砾岩	2.81	27.9	0.21	7	35
砂岩砾岩互层	2.67	22.7	0.25	6.5	30
泥岩	2.71	25.6	0.22	6	33
煤	1.44	9.9	0.16	1.5	35
黏土岩	2.66	16.5	0.22	1.6	32
砂岩互层	1.98	14.2	0.21	4	26

根据建立的数值计算模型，研究巷道与工作面不同间距、开挖方向及层位的相互影响关系，首先设计 5 种巷道与工作面不同的间距，分别为 60 m、50 m、40 m、30 m、20 m，

然后采用靠近巷道开采、远离巷道开采两种方式，最后根据巷道与工作面的相对位置，分别设置为巷道在工作面之上、巷道与工作面平行、巷道在工作面之下三种位置关系。

2. 模拟结果分析

1）不同间距对相互扰动影响

分别按照方案一的掘进顺序掘进后巷道的垂直应力分布云图如图 5.13 所示。巷道周围的应力分布随着不同间距的变化如图 5.20 所示。

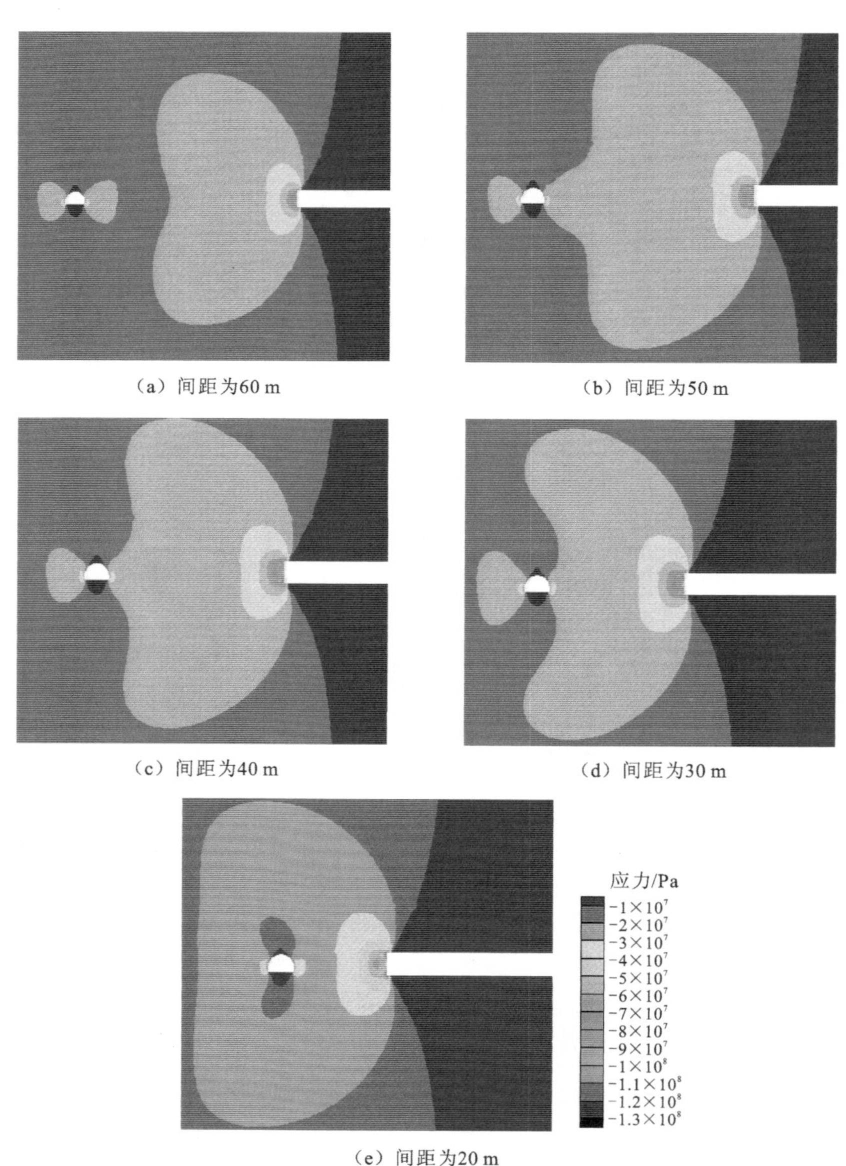

（a）间距为60 m　（b）间距为50 m

（c）间距为40 m　（d）间距为30 m

（e）间距为20 m

图 5.20　不同间距下的垂直应力分布云图

由图 5.20 可以看出，巷道与工作面的临界影响间距为 50 m，当两间距大于 50 m 时，工作面回采时的应力分布呈现对称的特征，说明巷道的存在对工作面的回采并没有影响；当间距小于 50 m、大于 20 m 时，巷道的存在影响着工作面采空区后方的应力分布，并且与后方的支承压力增高区贯通；当间距等于 20 m 时，巷道的应力分布全部包含在工作面采空区后方的应力增高区，此时的巷道由于应力增高区的叠加，极大地增加了巷道失稳破坏的危险性。

2）不同开采方向对相互扰动影响

图 5.21 为不同开采方向的垂直应力曲线，从图可以看出，无论是靠近还是远离巷道开采，巷道右帮的垂直应力都呈先增大后减小的变化趋势。当开采到 40 m 时，此时巷道右帮的垂直应力达到最大值，在两种开挖方向当中，在工作面开采到 70 m 之前，远离巷道开采的应力值大于靠近巷道开采的应力值，当工作面开采超过 70 m 时，靠近巷道开采的应力值大于远离巷道开采时的应力值。

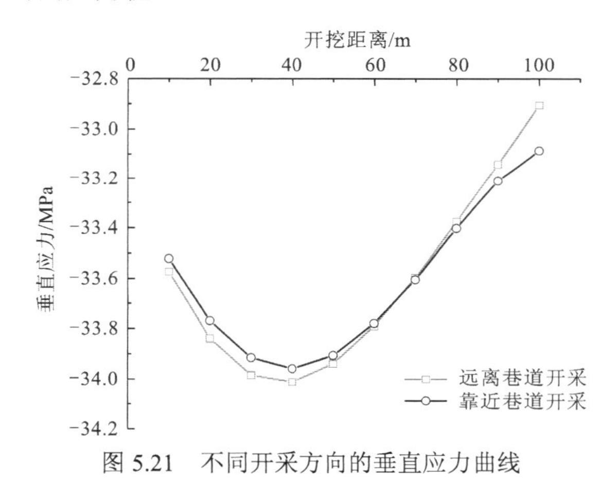

图 5.21　不同开采方向的垂直应力曲线

不同开采方向的变化会引起先掘巷道开挖后二次应力场显著的差异，不仅体现在先掘巷道围岩的应力水平的高低和波动范围，还体现在应力集中区的分布范围和程度。靠近巷道开采和远离巷道开采两种不同方向的开采方式使得后采工作面对先掘巷道右帮应力的影响明显不同。

5.2.3　相邻工作面开采互扰效应分析

基于生产效率的考虑，矿井开采过程中工作面常常出现密集布置的情况，这就出现了相邻工作面布置。影响深井相邻工作面开采扰动效应的因素众多，从工作面自身角度来分，可划分为内在因素和外在因素两个方面。内在因素：工作面围岩物理力学性质、开采深度及原岩应力分布情况等。外在因素：相邻工作面布置空间层位关系、开采速度、工作面开采方式、开采顺序及采动影响强度程度等。这些都是影响相邻工作面稳定的主要因素，内在因素属于相邻工作面原始状态属性，影响严重且不可更改，只能通过外在因素降低工作面群间的扰动影响效应。煤矿工作面在开采施工以后，周边一定范围内将产生地应力的释放与调整。浅部地应力较小，在既定范围内不会出现大的开挖相互扰动，而在深部这种情况变得尤为明显。义马矿区的平均开采深度在 800 m 以上，在大型控制体深部煤矿开采相邻矿井中，不同空间结构间均存在着相邻工作面的相互扰动作用，以及结构的联动失稳效应，由于煤矿深部工作面所处的高地应力环境与煤岩低强度矛盾突出，深部煤矿开采呈现矿压显现剧烈、围岩变形量大、持续时间长、相互扰动影响大等一系列工程响应特点。相邻工作面的开采方式在一定程度上决定了彼此扰动影响程度。如果开采方式不合理，则会引起开采扰动影响带相互叠加，对维持围岩的稳定性极为不利，可能造成支护后的工作面重新返修，消耗更多的人力和物力，影响矿井的正常生产运营。因此，对不同开采条件下煤矿的应力和变形行为进行研究尤为重要。深部煤矿开采在施工开挖后，通过在一定围岩深部范围引起地应力的释放与调整，在应力重新达到平衡状态的过程中，工作面围岩产生一定的变形。与此同时，在深部煤矿工作面的开采过程中，为了兼顾诸多方面的需求，会采用多种开采方式。在高地应力作用下，工作面的开采方式对整个煤矿开采围岩稳定性的影响是必须谨慎考虑的重要因素。

本小节建立埋深在 800～1 200 m 的深部煤矿相邻工作面开采扰动效应计算模型，通过 CASRock 软件进行计算与分析，从理论上研究不同开采条件下相邻工作面的应力、位移的变化规律，为控制井间结构稳定性的研究提供依据。

1. 模型建立与模拟方案

为探究深部煤矿开采在不同开采条件下的影响机制，考虑相邻工作面开采顺序、层位、时间、采空区大小及相邻工作面之间合理距离等因素对覆岩结构稳定的影响程度。本次模拟的目的是系统分析相邻工作面开采下的应力和变形行为，共拟定 4 种模拟方案。

方案一：建立同水平的相邻工作面开采计算模型，分析在不同开挖顺序的条件下（先开采左工作面，后开采右工作面；先开采右工作面，后开采左侧工作面。其中左右两侧工作面所处围岩的力学性质均不一样）目标工作面的应力、位移、塑性区分布特点。

方案二：建立不同水平位置相邻工作面开采计算模型，分析在不同层位条件下（以右侧工作面开采为例，右侧工作面相对于左侧工作面的位置分别置于上方、平行、下方）目标工作面的应力、位移、塑性区分布特点。

方案三：建立不同采空区大小条件下的相邻工作面计算模型，分析工作面开采不同采空区（分别开采 20%、40%、60%、80%、100%）对相邻工作面的应力、位移、塑性区分布的影响。

方案四：分别建立相邻工作面不同间距数值计算模型，分析不同间距对相邻工作面的影响程度。

选取相邻工作面开采模型，在建模时，为了便于监测目标工作的扰动影响，固定相邻工作面的位置。在研究开采顺序、开采区大小对开挖扰动效应的影响时，选取煤矿开采下相邻工作面沿走向的二维模型，忽略工作面倾向的影响，模型整体尺寸为 180 m×560 m，煤层采高 5 m，共 6 层，模型网格数为 100 800，总节点数为 101 541，相邻工作面煤岩体物理力学参数见表 5.8。在分析层位对相邻工作面的影响时，将后采工作面的位置作为变量。由于工作面开挖的影响范围存在一定限度，设计模型左右边界距离切眼或停采线位置 100 m，以防止边界效应对工作面开采产生影响。

表 5.8　相邻工作面煤岩物理力学参数

位置	岩性	ρ/（kg/m³）	E/GPa	ν	c/MPa	φ/（°）
左侧	巨厚砾岩	2.81×10^3	27.9	0.21	7	35
	砂岩砾岩互层	2.67×10^3	22.7	0.25	6.5	30
	泥岩	2.71×10^3	25.6	0.22	6	33
	煤	1.44×10^3	9.9	0.16	1.5	35
	黏土岩	2.66×10^3	16.5	0.22	1.6	32
	砂岩互层	1.98×10^3	14.2	0.21	4	26
右侧	巨厚砾岩	2.71×10^3	25.6	0.22	6	33
	砂岩砾岩互层	2.67×10^3	22.7	0.25	6.5	30
	泥岩	2.70×10^3	17.8	0.27	3.3	38
	煤	1.44×10^3	9.9	0.16	1.5	35
	黏土岩	2.46×10^3	16.1	0.23	3.2	30
	砂岩互层	1.44×10^3	12.8	0.16	3.5	35

模拟中施加位移约束和初始地应力场，即在模型左右两侧施加 X 方向的位移约束，在模型底部施加 Y 方向约束条件，顶部荷载值根据地下工程的埋深及容重确定，工作面上覆岩层平均容重为 26.33 kN/m³，工作面平均开采深度为 850 m。

2. 岩石物理力学参数

采用 CASRock 软件中的含拉截断的莫尔-库仑模型进行计算，所需岩体的物理力学参数主要有：弹性模量、密度、黏聚力、内摩擦角、剪胀角、抗拉强度、残余黏聚力、残余抗拉强度等。根据所做的岩石物理力学性质试验，并参照义马矿区有关地质资料，最终确定有效的岩体物理力学参数见表 5.8。建立的 CASRock 数值模型如图 5.22 所示，监测点位如图 5.23 所示。

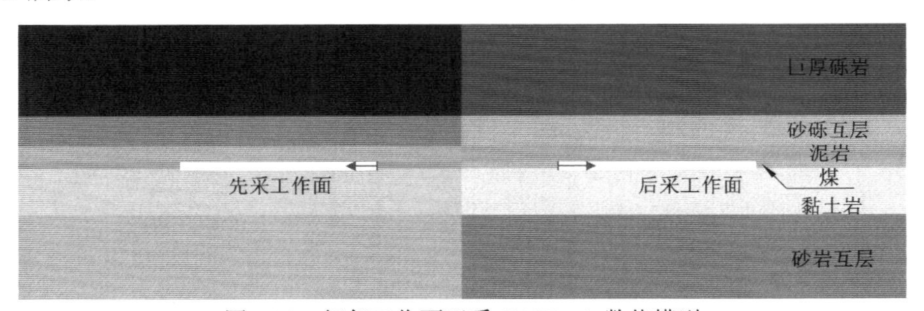

图 5.22　相邻工作面开采 CASRock 数值模型

3. 模拟结果分析

1）不同开采顺序对相互扰动的影响

在深部煤矿开采相邻工作面的开挖施工过程中，先采工作面的开采使得围岩应力重新

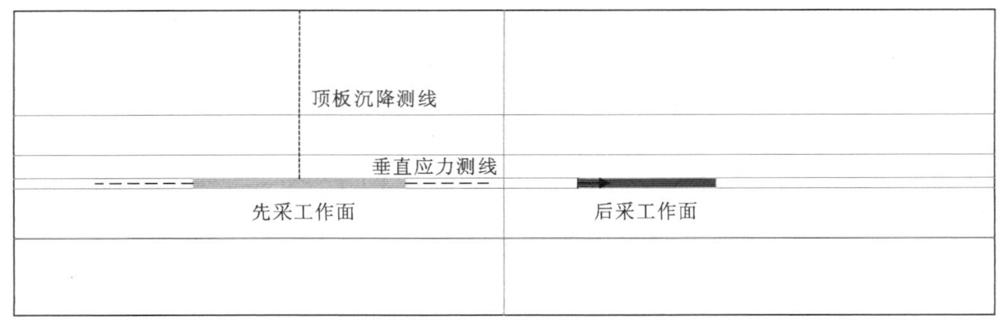

图 5.23　模型监测点位置

分布。重新分布的应力会对后采工作面的开采过程产生影响。以此类推，后采工作面开挖前所处的围岩应力状态取决于先采工作面开采扰动平衡后的应力状态。不同的开采顺序使得深部群在煤矿开采施工过程中围岩应力重分布的相互叠加顺序的不同，并最终造成煤矿开采整体围岩的应力场和位移场有所差异[1]。

本小节设计两种不同的开采顺序施工方案进行模拟分析，讨论在既定的条件下，开采顺序对煤矿开采整体围岩稳定性的扰动程度，为施工顺序提供一定的指导。

按照方案一、方案二不同的工作面回采顺序模拟后得到的工作面的垂直应力和垂直位移云图如图 5.24、图 5.25 所示。

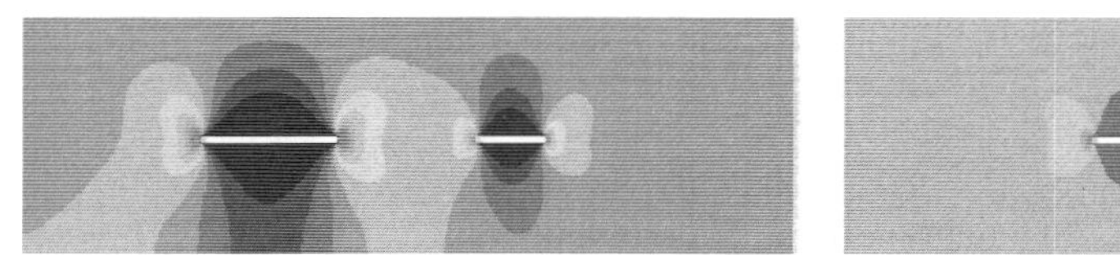

（a）方案一　　（b）方案二

图 5.24　不同开采顺序下相邻工作面垂直应力云图

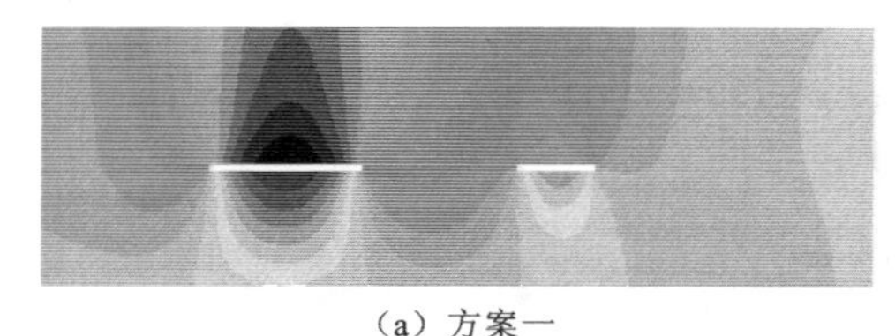

（a）方案一

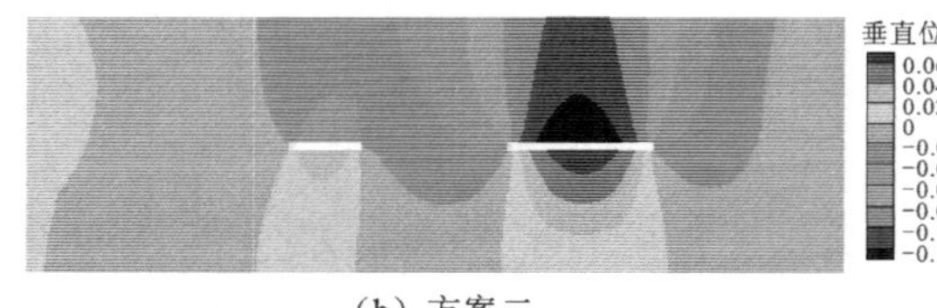

（b）方案二

图 5.25　不同开采顺序下相邻工作面垂直位移云图

临近工作面的开采导致工作面前方的垂直应力产生明显的增高区，与此同时，在相邻工作面之间的煤柱上原岩应力区域也存在叠加影响，这导致工作面间存在开采扰动效应。从图 5.24、图 5.25 中可以看出，先采工作面的应力集中较大，工作面前方及采空区后方应力较大，相邻工作面之间的应力集中区域存在相互影响，应力产生叠加，当右侧工作面后采时，相邻工作面顶板的应力释放区范围明显大于左侧工作面，原因在于右侧工作面所处的煤岩体强度大于左侧工作面的煤岩体强度，所以先采工作面在左侧时，应力变化较大。

对比方案一和方案二，不同开采方案最终的垂直应力和垂直位移分布规律没有明显差异，整体分布形态基本相同。先采工作面因开挖得较为完全，应力重分布较为充分，因此围岩基本处于稳定的状态，而后采工作面处于一个动态开挖的过程，围岩的应力状态随着开采的进行而改变，从图 5.24 可以看出，在工作面前方一定范围内存在着应力集中区，煤层顶底板由于开采形成的采空区而释放了部分应力，导致顶底板的应力都有所降低，两工作面开采应力在相邻工作面之间形成了应力集中区的贯通，不同开采方案所形成的应力叠加范围、大小、分布特征也基本相同。

2）不同工作面间距对相互扰动的影响

两相邻工作面的围岩应力分布规律与单一工作面开采时存在着明显的差异。这是由于先采工作面除了受自身开挖的二次应力影响，还受后采工作面的三次应力影响，其应力状态比单一工作面要复杂得多。除此之外，还可以发现，相邻工作面的开采扰动效应存在着一定的范围，两工作面距离越近，扰动效应越大，工作面周围破坏得越严重；反之，扰动效应则越小，超出一定距离外，扰动效应可以忽略不计。因此，必然存在一个临界间距，使得两平行工作面开始产生扰动效应。为了研究相邻工作面在一定垂直距离、不同水平距离的情况下工作面开采扰动规律，建立相邻工作面间距分别为 20 m、40 m、60 m、80 m、100 m 的二维数值模型进行计算，结果如图 5.26 所示。

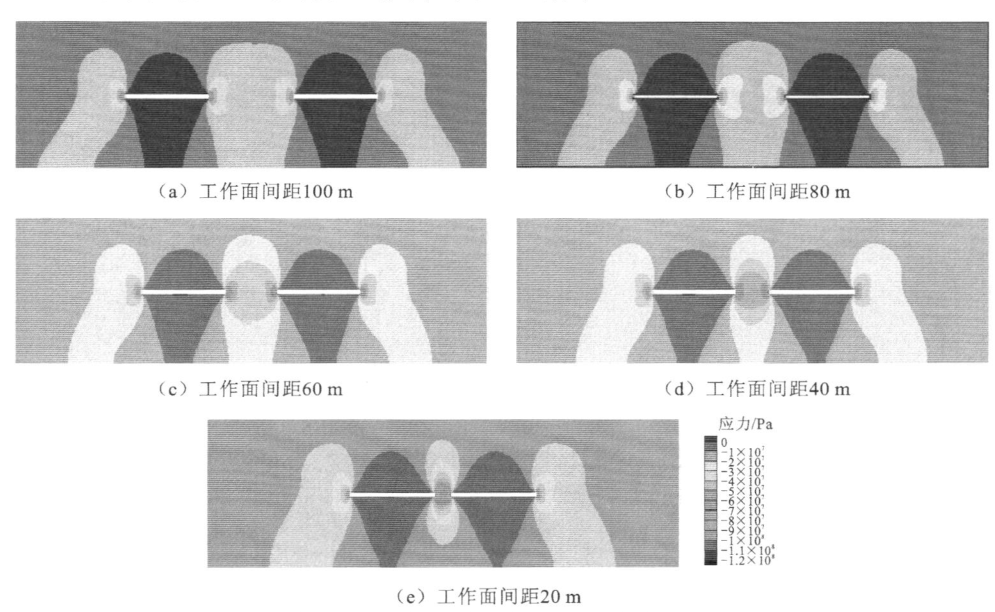

（a）工作面间距100 m　（b）工作面间距80 m

（c）工作面间距60 m　（d）工作面间距40 m

（e）工作面间距20 m

图 5.26　不同工作面间距下的应力云图

从图 5.26 中可以看出，随着两平行工作面水平距离的增加，工作面间的扰动效应在逐渐减弱。当工作面间距为 20 m 时，两相邻工作面前方的应力集中区出现大范围的重叠，而且在先采工作面切眼位置也出现应力升高区，说明此时扰动效应较强，不利于工作面开采稳定。当工作面间距为 40 m 时，工作面前方的应力集中区仍有部分重叠，后采工作面仍然会对先采工作面产生扰动影响。当工作面间距为 60 m 时，先采工作面刚好处于后采工作面前方压力影响区，相互扰动效应进一步减弱。当工作面间距为 80 m 时，先采工作面不处于后采工作面支承压力影响范围内，此处区域应力增高的现象不明显。当工作面间距为 100 m 时，先采工作面已经远离后采工作面前方压力影响区，此时后采工作面对先采工作面的扰动效应可以忽略不计。

取先采工作面的前方及后方一定距离为监测点，观察煤岩体的应力和沉降量随着相邻工作面开采的变化。如图 5.27（a）、（b）所示，先采工作面后方垂直应力始终小于先采工作面前方垂直应力，这是因为后采工作面处于动态开采的过程，此时围岩应力并不稳定，由开采卸荷造成的应力增高主要集中在工作面的前方和切眼位置；先采工作面前方的垂直应力距离后采工作面较近，受到后采工作面扰动效应较为明显，而先采工作面切眼处的垂直应力由于距离的原因，增加得并不明显。观察先采工作面顶板的沉降，由图 5.27（c）可知，顶板沉降量在随着相邻工作面间距的减小而增大，但是顶板沉降的分布形态却是一样的，不会因为工作面间距的改变而改变，还可以看出，当相邻工作面间距为 20 m 时，其沉降量的增幅是最大的，说明在这个距离下，相邻工作面间产生的相互扰动效应较为剧烈。因此，在实际工程当中，尽量不要使相邻工作面的间距小于 20 m。

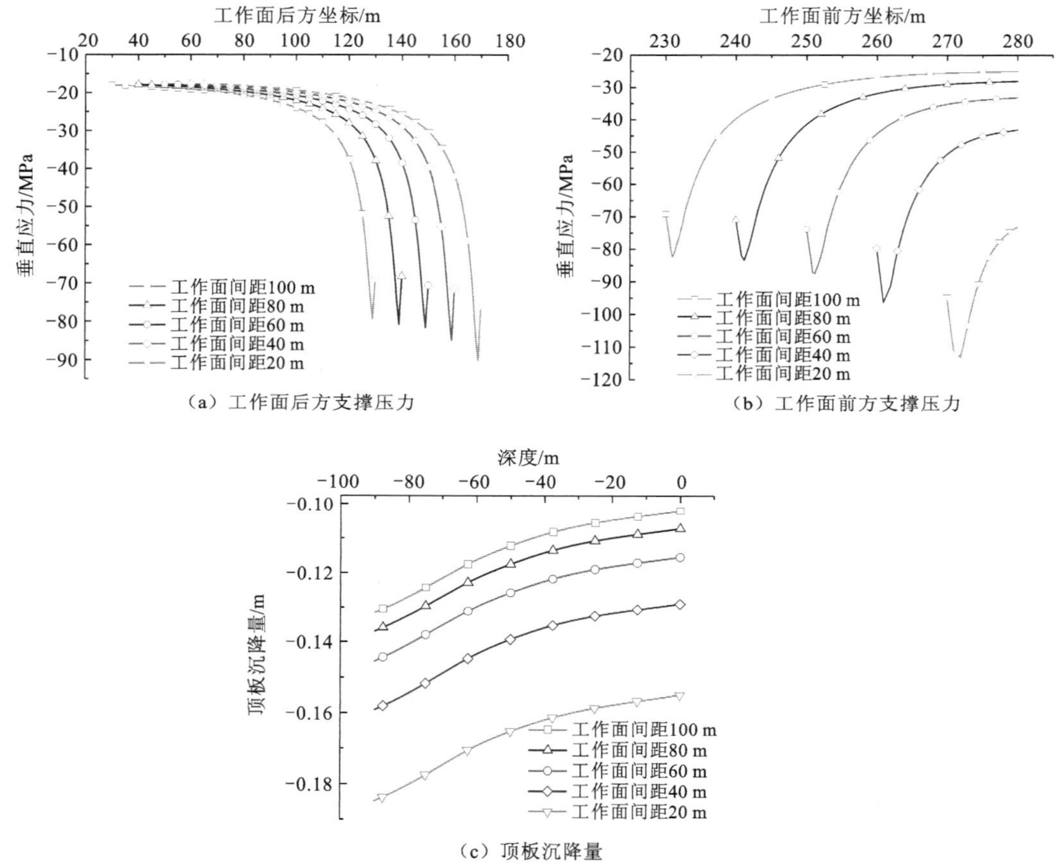

（a）工作面后方支撑压力　（b）工作面前方支撑压力

（c）顶板沉降量

图 5.27　不同工作面间距下工作面的应力-沉降量曲线图

3）不同开采程度对相互扰动的影响

在研究相邻工作面的扰动效应时，后采工作面对先采工作面的影响程度与后采工作面的开采程度也有关。以原始模型为标准，相邻工作面间距 30 m，开采步距为 10 m/步。对比分析后采工作面分别开采 10%、30%、50%、70%、90%的总开采长度条件下先采工作面的垂直应力分布，结果如图 5.28 所示。

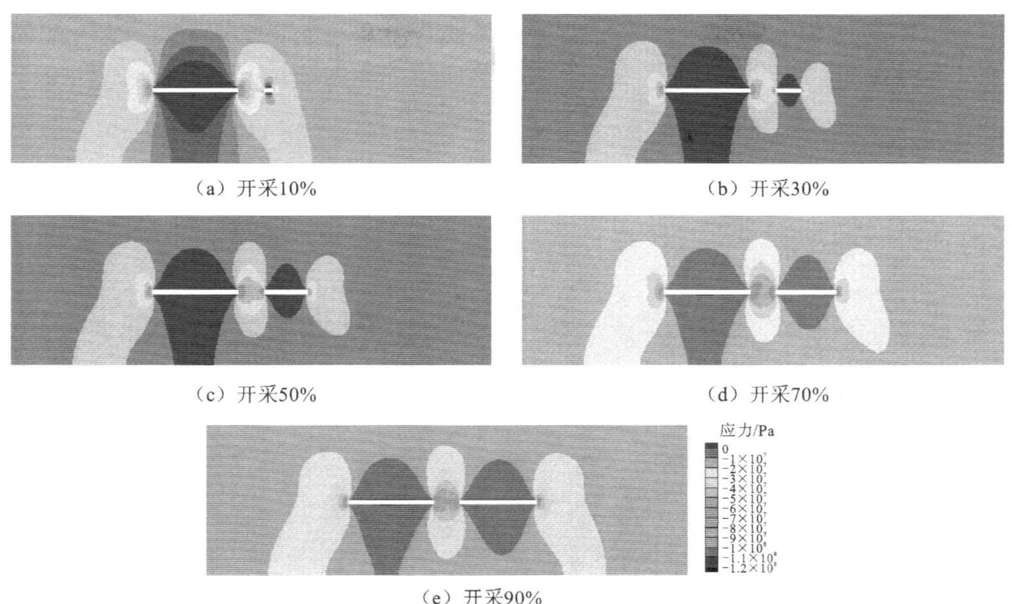

（a）开采10%　（b）开采30%　（c）开采50%　（d）开采70%　（e）开采90%

图 5.28　后采工作面不同开采程度下的垂直应力云图

从图 5.28 看，随着后采工作面的开采，后采工作面前方的支承压力影响区在不断扩大。后采工作面开采 10%时，先采工作面的前方压力影响区受到后采工作面的影响，相邻工作面支承压力影响区有重合，而重合区域的应力由相邻工作面的应力叠加而成，随着开采的进行而增大。先采工作面的后方应力虽然也在增大，但是没有先采工作面前方应力的增长速度快，原因是先采工作面后方距离后采工作面有一定的距离，而后采工作面的应力转移是有一定距离限制的，当这个距离超过应力转移的范围，则可以认为后采工作面的应力对先采工作面后方的应力无影响。

取先采工作面的前方和后方一定范围作为应力监测点，得到如图 5.29（a）所示的结果。可以看出，随着开采的进行，工作面前方有很明显的应力增长趋势，增幅在 20%以上。从应力的分布形态上看，随着后采工作面的推进，前方的应力分布形态没有变化，仍然是靠近工作面的地方应力集中较大，而远离工作面的地方应力逐渐减小。观察工作面后方的应力变化，如图 5.29（b）所示，由于工作面后方距离后采工作面较远，后采工作面的应力并没有影响先采工作面的后方，即超出了其影响范围。除了观察煤岩体的应力影响，顶板的沉降量也会随着后采工作面的开采而产生扰动影响，如图 5.29（c）所示。顶板的沉降量也随着后采工作面的开采而发生变化，说明后采工作面通过顶板的传递对先采工作面产生影响。因此在实际工程中，相邻工作面的开采需要着重注意先采工作面的前方的应力及顶板沉降量的变化，在支护方案上，这两个地方也要重点关注。

4）不同空间位置对相互扰动的影响

为了探究相邻工作面的空间位置关系对井间结构的稳定，本小节分别将后采工作面位于先采工作面之上、之下、平行三种位置，分析先采工作面的垂直应力变化，如图 5.30 所示。

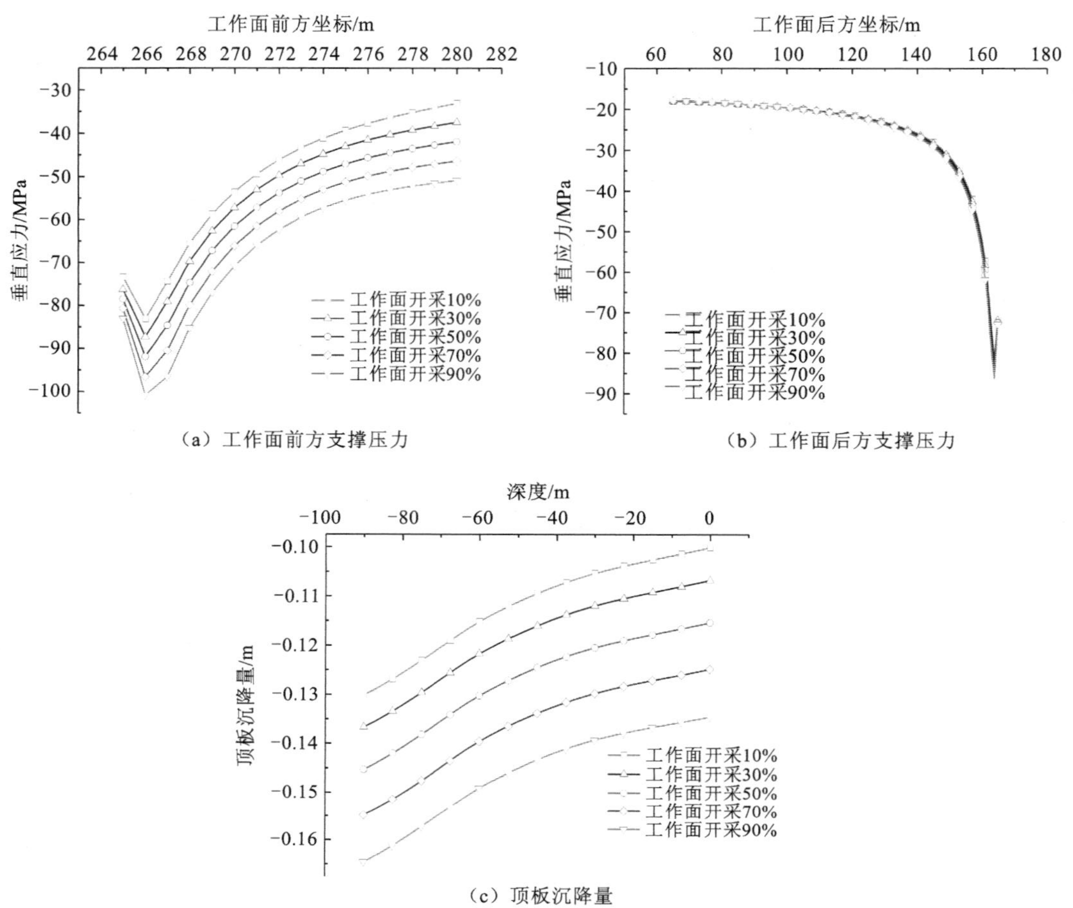

（a）工作面前方支撑压力

（b）工作面后方支撑压力

（c）顶板沉降量

图 5.29　工作面不同开采程度下的应力-沉降量曲线图

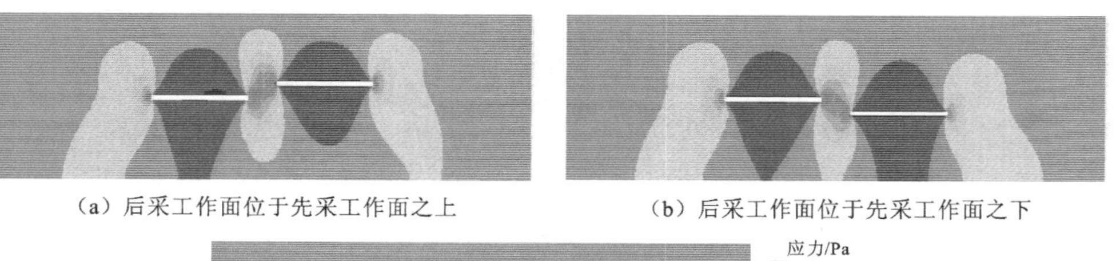

（a）后采工作面位于先采工作面之上

（b）后采工作面位于先采工作面之下

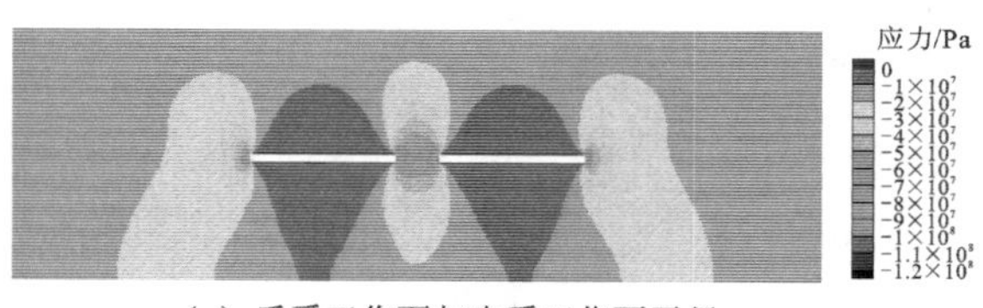

（c）后采工作面与先采工作面平行

图 5.30　相邻工作面不同相对位置下的垂直应力图

从图 5.30 可以很明显地看到，当后采工作面位于先采工作面之上时，相邻工作面井间应力重合的区域即应力影响带的深度比其他两种情况小。工作面周围应力受扰动的区域称为影响带，一般以超过原岩应力值的 5% 作为影响带的边界。后采工作面位于先采工作面之下时影响带范围最大，后采工作面底板的应力降低区域也有类似规律。从图中也可以看出，后采工作面位于先采工作面之下时后采工作面底板下应力释放区的面积也是三种情况中最大的，说明在这三种情况下，当后采工作面位于先采工作面之下时深部应力转移的程度最高。

图 5.31 所示为相邻工作面不同相对位置的应力-沉降量曲线，从图 5.31（a）、（b）来看，先采工作面的前方是受应力影响比较大的地方。当后采工作面位于先采工作面之上时，处于工作面前方的应力相比较其他两种情况，其值是在减小的，而且应力的分布形态也跟另外两种情况不一致。另外两种情况，有很明显的应力集中区域，而后采工作面位于先采工作面之上时没有明显的应力集中区域，其值整体也比其他两种情况要小。说明当后采工作面位于先采工作面之上时，能够有效阻止相邻工作面之间的应力扰动效应。再观察顶板的沉降量，从图 5.31（c）可以看出，在这三种情况中，后采工作面位于先采工作面之上时顶板沉降量是最小的，其次是后采工作面与先采工作面平行，最大的就是后采工作面位于先采工作面之下。这个结论为实际工程中合理安排煤层开采的空间位置提供一定的依据。

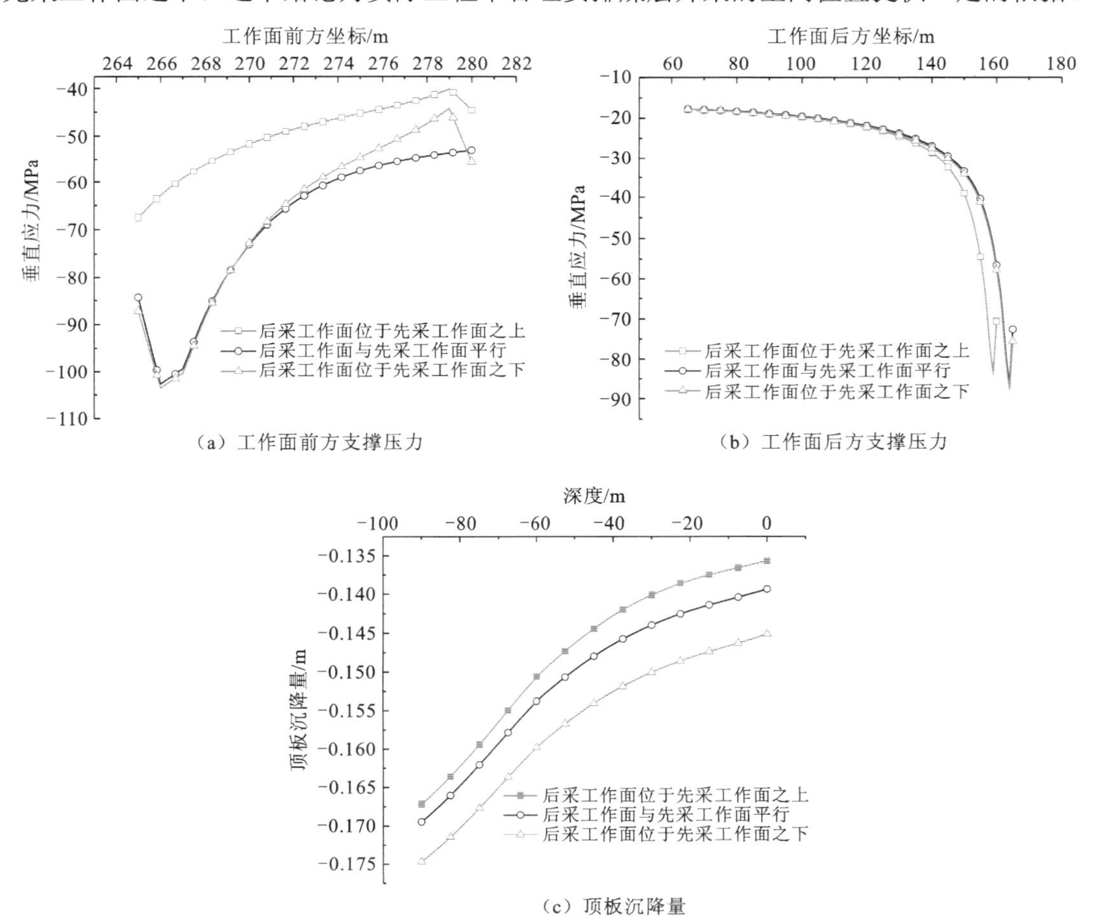

（a）工作面前方支撑压力

（b）工作面后方支撑压力

（c）顶板沉降量

图 5.31　相邻工作面不同相对位置的应力-沉降量曲线

5）不同交错距离对相互扰动的影响

在实际的煤矿工程中，为了使煤炭资源得到最大化利用，交错型布置可以使煤炭资源更为充分地开采。因此分析在多个工作面开采条件下，不同交错距离对井间结构稳定性的影响是很有必要的。本小节将交错距离分为 0 m、20 m、40 m、60 m、80 m、100 m（平行），观察先采工作面在不同交错距离下的应力和位移的变化规律，结果如图 5.32 所示。

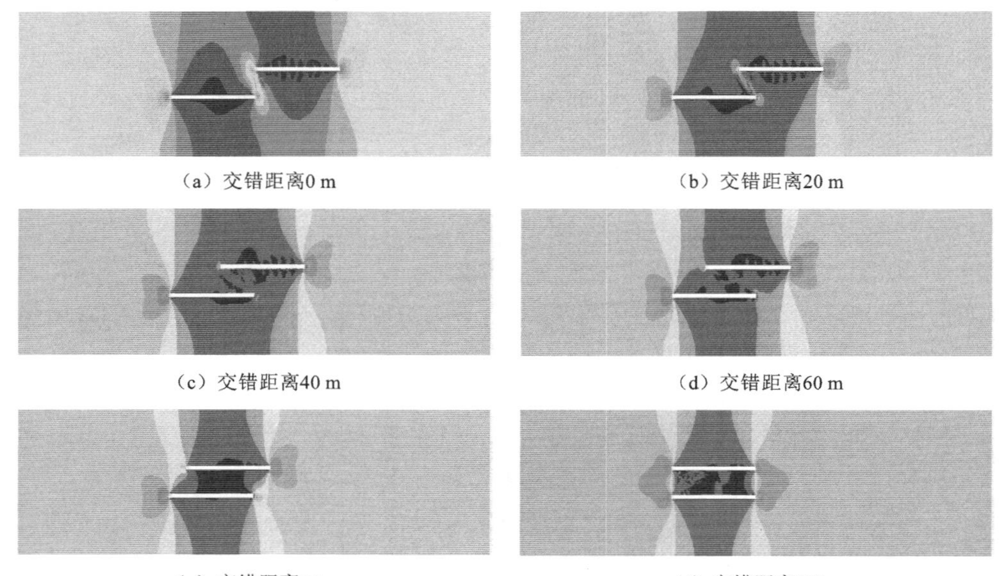

（a）交错距离0 m　（b）交错距离20 m

（c）交错距离40 m　（d）交错距离60 m

（e）交错距离80 m　（f）交错距离100 m

图 5.32　不同交错距离下的垂直应力图

可以看出，随着工作面交错距离的增加，工作面之间的扰动效应呈现先减小后增大的趋势。当交错距离在 20～60 m 时，工作面在顶底板应力释放区的影响下，在工作面前方支承压力本应增高，但由于先采工作面形成顶底板应力释放，已经不再具备承载能力，在这个范围的工作面超前支承压力便不会往该区域进行应力的转移。当交错距离为 80 m 时，先采工作面的采空区后方应力集中区开始与后采工作面的采空区后方应力集中区连接，说明工作面的临近扰动程度在逐渐增加。当交错距离为 100 m 时，临近工作面中间的应力集中区已完全贯通，此时扰动程度最大。另外通过对比 6 种情况，采空区形成的应力释放区域随着交错距离的增大而增大。

图 5.33 所示为相邻工作面不同交错距离下的应力-沉降量曲线。由图 5.33（a）可知，后采工作面位于先采工作面之上时，先采工作面前方支承压力的值随着后采工作面的推进而发生不同程度的减小，这是因为后采工作面的开采方向是沿着先采工作面前方的，后采工作面在推进的过程中，底板由于采空区的形成而释放了应力，该区域又正好与先采工作面的前方支承应力集中区有重叠，因此在后采工作面推进的过程中，先采工作面前方支承压力值自然也相应减小。另外，随着工作面交错距离的增大，先采工作面前方支承压力也在增大；当工作面交错距离为 0 m 时，即两个工作面刚好相差一个先采工作面的距离，此时支承压力值的增长速率较为缓慢，这是因为在这个距离后采工作面推进过程中的应力影响范围已经无法达到先采工作面前方。再观察图 5.33（b）可以发现，顶板沉降量的变化规律明显，在交错距离为 0～40 m 时，顶板沉降量的变化幅度不大，当交错距离为 60 m 时，随着后采工作面的推进，顶板沉降量具有先增大后减小的趋势。当交错距离为 80 m 时，

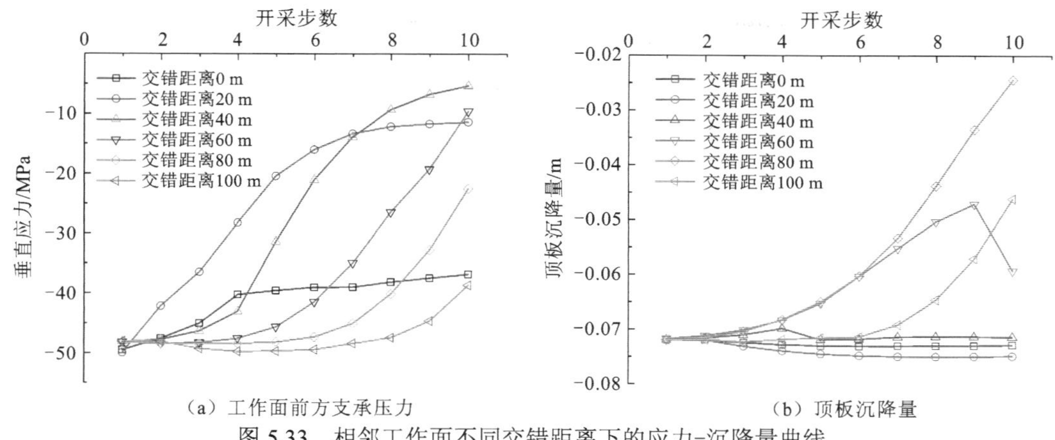

（a）工作面前方支承压力　　（b）顶板沉降量

图 5.33　相邻工作面不同交错距离下的应力-沉降量曲线

此时顶板沉降量达到最大值，且随着后采工作面的推进，其增长速率也达最大。当交错距离为 100 m 时，此时的沉降量虽然也在增加，但其沉降量值小于交错距离为 80 m 时的情况。

6）不同开挖步距对相互扰动的影响

由于开采条件、设备仪器等的不同，每个煤矿的开采速度也不一样，用不同的步距代表不同的开采速度，分析不同开挖步距对井间结构稳定性的影响，共设置 5 种不同的开采步距：2 m/步、5 m/步、10 m/步、20 m/步、25 m/步，观察相邻工作面的应力、位移的变化规律如图 5.34 所示。

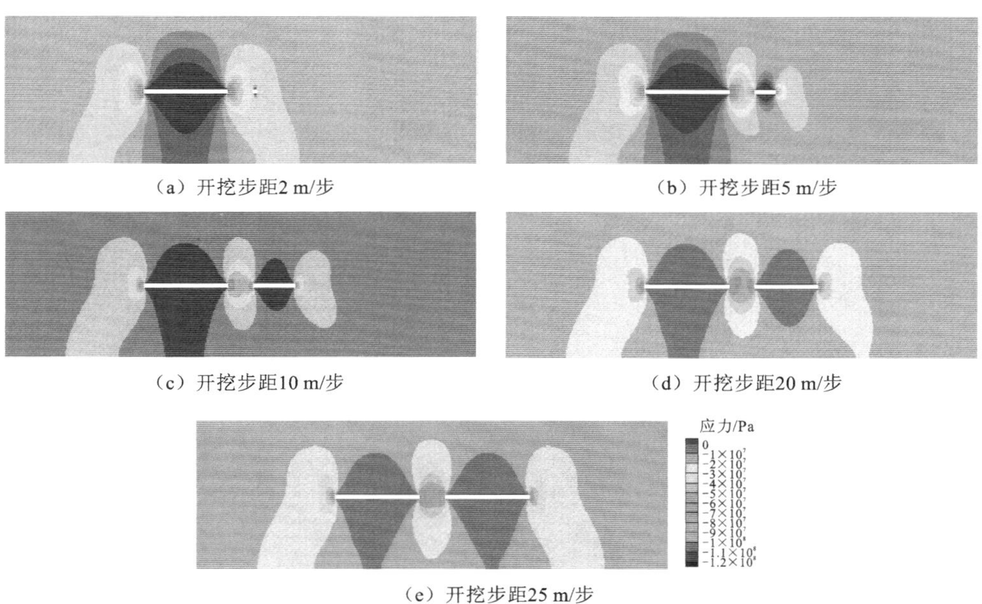

（a）开挖步距2 m/步　　（b）开挖步距5 m/步

（c）开挖步距10 m/步　　（d）开挖步距20 m/步

（e）开挖步距25 m/步

图 5.34　不同开挖步距下的垂直应力图

随着工作面开采步距的增大，相邻工作面的应力叠加更为明显，工作面前方支承压力集中区也在逐渐扩大，说明开采步距对支撑压力的影响范围也在增大。

监测工作面前方支承压力及煤层顶板的沉降量与开采步距关系曲线如图 5.35 所示。

由图 5.35 可知，工作面前方的支承压力的变化随着开采步距的增大而增大。当开采步距为 2 m/步时，工作面前方支承压力近似为一条水平线，说明在这种开采速度下，工作面前方的支承压力基本不受开采速度的影响。随着开采速度的逐渐增加，垂直应力增长速率也各不相同，当开采步距为 20 m/步时，工作面前方支承压力相比初始开挖时的应力，增幅超过 30%。此刻工作面开采速度对相邻工作面的扰动效应最为剧烈，与此同时，煤层顶板沉降量也有类似规律。

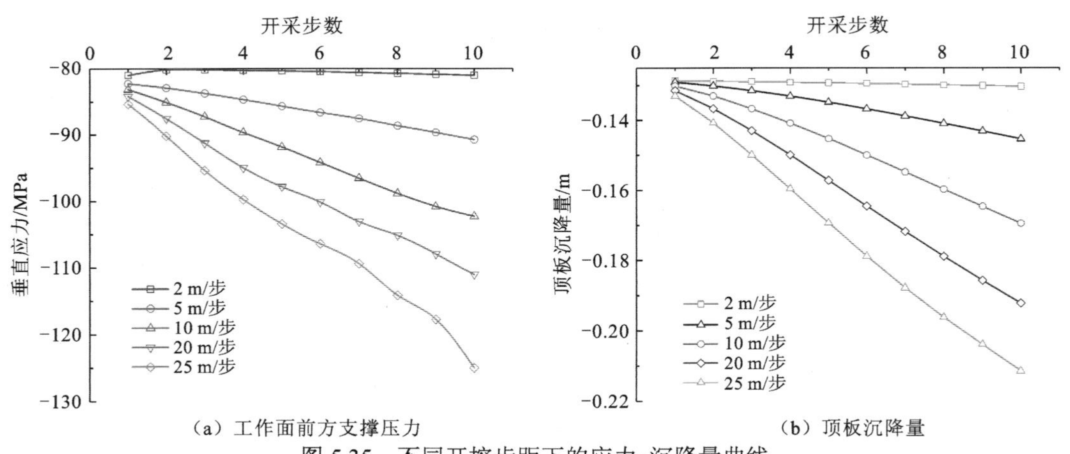

（a）工作面前方支撑压力　　（b）顶板沉降量

图 5.35　不同开挖步距下的应力-沉降量曲线

7）不同工作面采高对相互扰动的影响

前面的几个模型设置相邻工作面的采高都是等高，但是在实际工程当中，相邻工作面的采高可能不是相等的，分析不同采高对井间结构稳定性的影响具有重要的意义，模拟结果如图 5.36 所示。

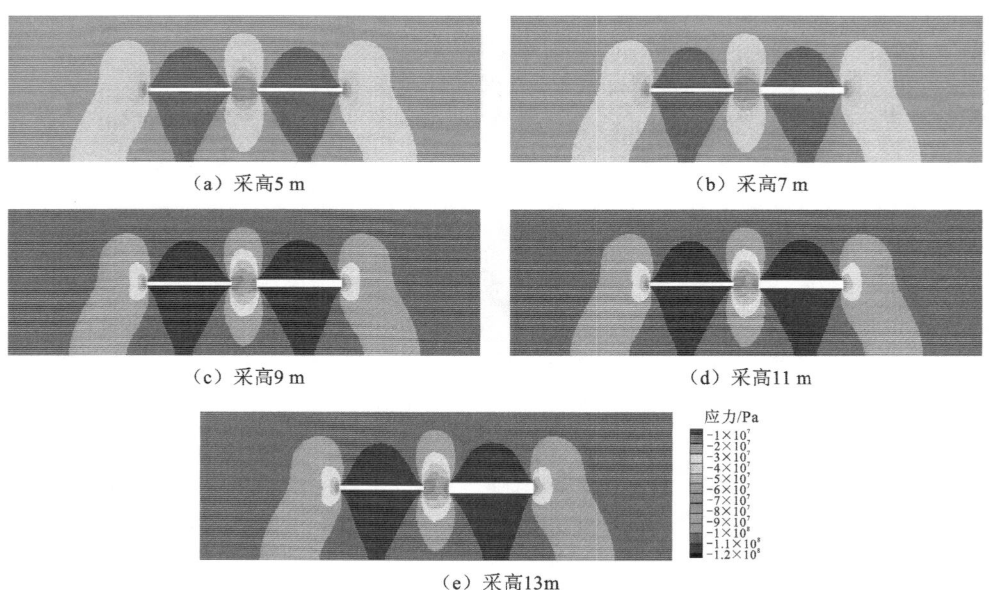

（a）采高5 m　　（b）采高7 m

（c）采高9 m　　（d）采高11 m

（e）采高13m

图 5.36　后采工作面不同采高的垂直应力图

后采工作面采高的增大对先采工作面的应力分布影响不大，主要集中在应力峰值的大小上。处于两相邻工作面之间的煤岩部分，其支撑压力受到工作面的超前支撑压力的叠加，在如此高应力的叠加中，很有可能会因为煤岩体失稳破坏产生强烈的冲击，而造成一定人力、物力的损失。

从图 5.37 可以看出，相邻工作面的采高与垂直应力和顶板沉降量具有正相关关系。随着开采的进行，后采工作面超前支承压力也在不断增大，开采的前几步垂直应力的增加近似线性，之后的开采步垂直应力有些波动，说明采高的增加使工作面前方发生了损伤破坏。在顶板沉降的变化当中，顶板沉降量随着开采的进行呈现出线性变化的特点，采高由 5 m 增加至 13 m 时，顶板沉降量最大值也在不断增加。

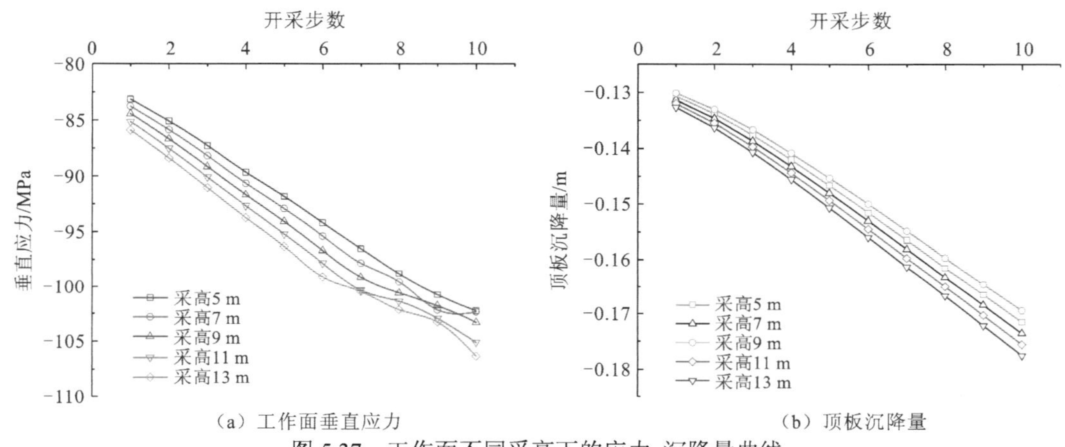

（a）工作面垂直应力　（b）顶板沉降量

图 5.37　工作面不同采高下的应力-沉降量曲线

8）不同采空区大小对相互扰动的影响

相邻工作面的开采扰动影响，不仅与后采工作面的开采有关，而且先采工作面的开采条件也是影响因素之一。因此，针对不同先采工作面的采空区大小对井间结构稳定性影响进行分析，分别设置先采工作面采空区的大小为总长度的 20%、40%、60% 、80%、100%，分析相邻工作面的应力、应变的变化规律，模拟结果如图 5.38 所示。

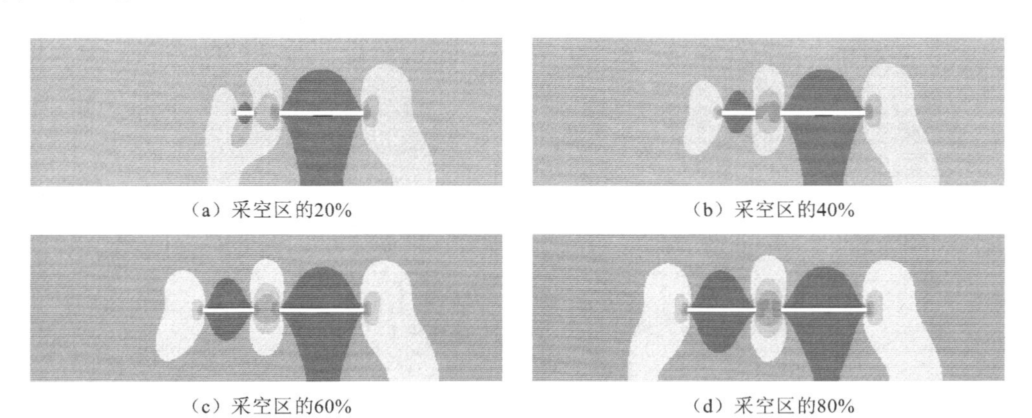
（a）采空区的20%　（b）采空区的40%

（c）采空区的60%　（d）采空区的80%

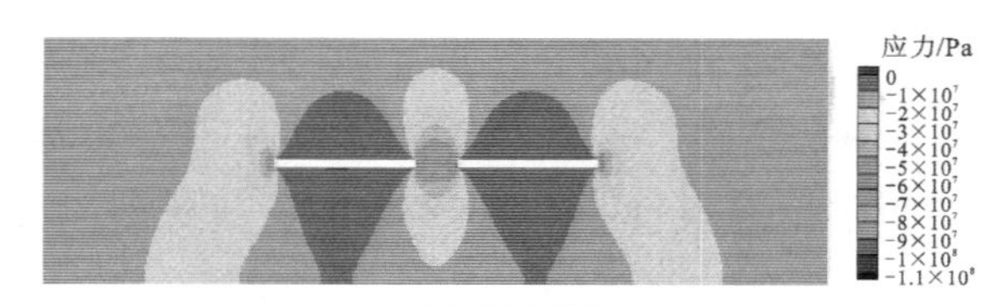

（e）采空区的100%

图 5.38　不同采空区大小的垂直应力图

从图 5.38 可以看到，相邻工作面的应力叠加区与两工作面的间距密切相关，当距离固定为 30 m 时，只要两工作面开采形成了采空区，在井间部分形成一个两工作面各自应力叠加的区域。先采工作面采空区的大小影响应力叠加区的大小，对应力分布形式的影响较小。随着先采工作面采空区的增加，其工作面后方应力的影响范围也在扩大。

观察先采工作面超前支承压力及顶板沉降量的变化规律（图 5.39），随着后采工作面开采的进行，其垂直应力及顶板沉降量呈增大趋势。

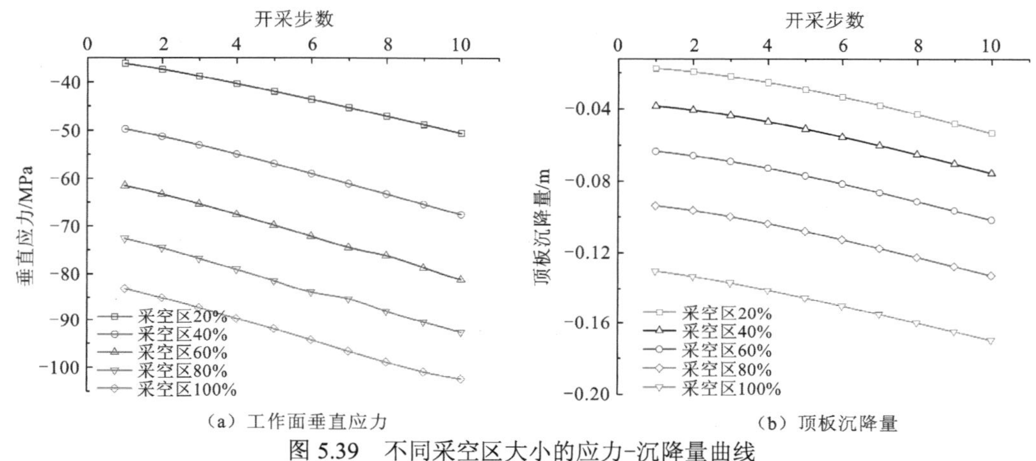

（a）工作面垂直应力　　（b）顶板沉降量

图 5.39　不同采空区大小的应力-沉降量曲线

9）顶板垮落对相互扰动的影响

综放开采中顶板垮落是随着开采的推进而进行的应力释放过程，为了分析顶板垮落对邻面开采的影响，采用 CASRock 软件对顶板垮落过程进行模拟，计算模型示意图如图 5.40 所示。垮落区的模拟过程：首先利用采高及工作面开采长度计算得出垮落带的高度，然后确定垮落区的断裂角度；以此在采空区之上建立一个“梯形”垮落区，后采工作面之上的垮落区是根据开采步数形成的，即开挖一步，垮落一步，这样更能反映真实的应力及变形情况，模拟结果如图 5.41 所示。

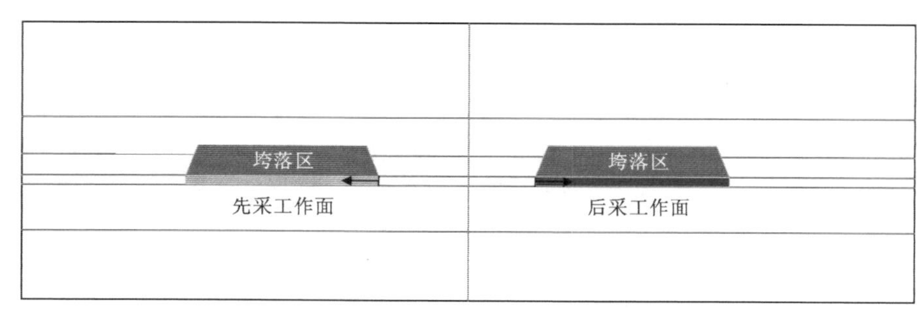

图 5.40　先采工作面顶板垮落结构模型示意图

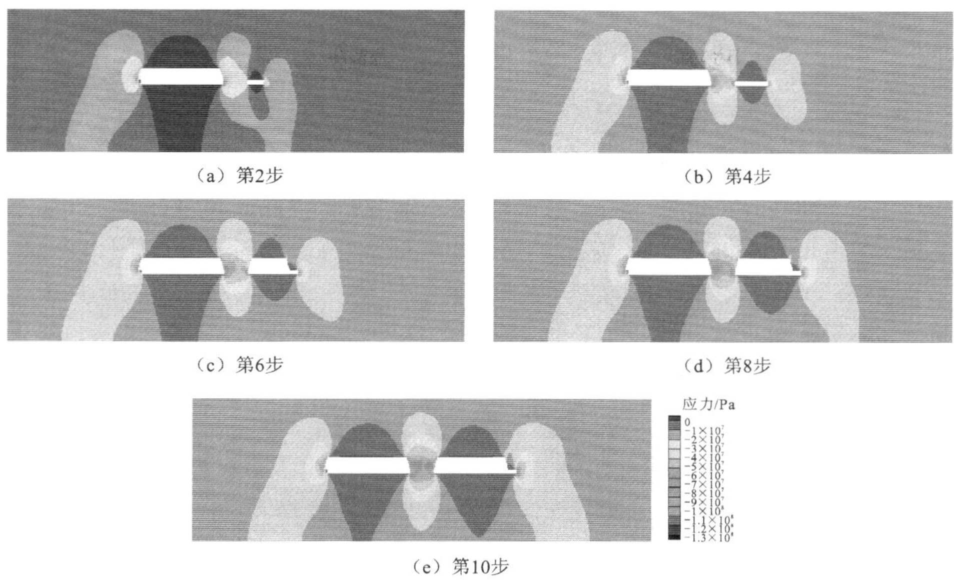

（a）第2步　（b）第4步

（c）第6步　（d）第8步

（e）第10步

图 5.41　顶板存在垮落区下的垂直应力分布

从图 5.41 看，当相邻工作面顶板存在垮落区时，后采工作面的开采对先采工作面的应力集中程度相比较降低了，这是在垮落区内的应力往顶板上方转移的结果。当后采工作面开采至 70%～90%时，先采工作面顶板垮落区内出现两个明显应力低值，说明此时顶板已不具备承载能力，处于悬而未断的状态。

对比有无垮落区状态下相邻工作面开采时应力和顶板沉降量的变化情况，由图 5.42（a）可以看出，随着后采工作面开采的进行，先采工作面前方的支撑压力及顶板沉降量呈增大趋势。无垮落区时，工作面前方支承压力的变化范围在 82～102 MPa，当顶板结构存在垮落区时，工作面前方的支承压力范围变为 75～100 MPa，说明垮落区的存在降低了支撑压力，这也是多数煤矿在开采时常用综放开采的原因之一。观察图 5.42（b）中顶板沉降量的变化，可以明显地看到，无垮落区的顶板沉降量低于垮落区。

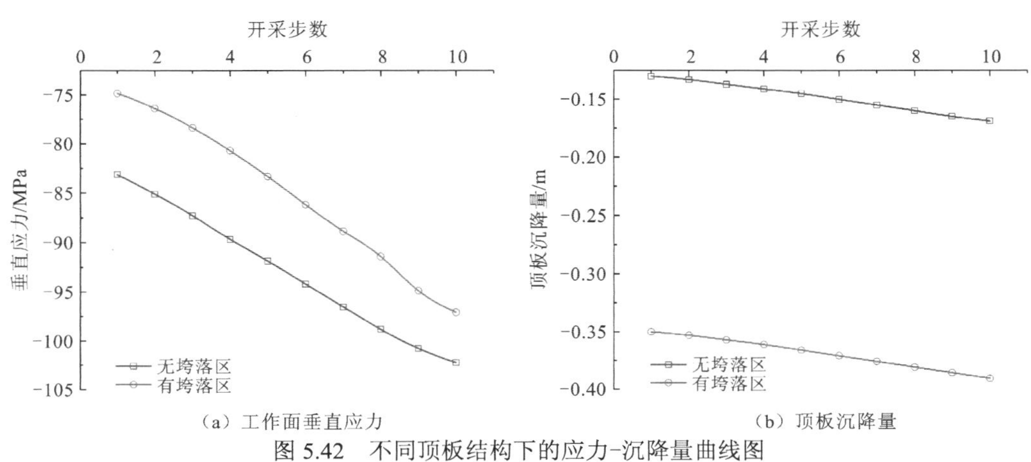

（a）工作面垂直应力　（b）顶板沉降量

图 5.42　不同顶板结构下的应力-沉降量曲线图

5.3 相邻巷道掘进动载扰动特征

煤矿开采过程中不可避免地会受到动力扰动作用，动力扰动如震动波、采动应力等，会对巷道围岩产生破坏，严重时可诱发冲击地压。为了分析动力扰动的影响，需要对动力载荷进行表征。为了更精确地模拟震动波的传播和对巷道围岩的破坏，提取现场微震监测得到的微震信号，将来自时-速域的信息映射到时-频域，即将每个点(b, a)映射到$(b,\ \omega_s(a,b))$。采用基于小波变换和瞬时频率分配的同步压缩变换方法得到微震频谱分析结果，微震的波形时域信号$s(t)$可以表示为[2]

$$s(t)=\sum_{k=1}^{K}A_k(t)\cos[\theta_k(t)]+\eta(t) \tag{5.1}$$

式中：$A_k(t)$为瞬时振幅；$\eta(t)$为加性噪声；$\theta_k(t)$为分量k的瞬时相位。

利用同步压缩算子提高时频脊线在时频谱上的分辨率，实现对瞬时频率的提取和重构，设$\psi^*(b)$为小波母函数，则对微震信号$s(t)$进行连续小波变换为[3]

$$W_{\mathrm{s}}(a,b)=\frac{1}{\sqrt{a}}\int s(t)\psi^*\left(\frac{t-b}{a}\right)\mathrm{d}t \tag{5.2}$$

式中：ψ^*为母子波的复共轭；b为母子波的平移，按照a的大小缩放；$W_{\mathrm{s}}(a,b)$为用于计算瞬时频率$\omega_{\mathrm{s}}(a,b)$的系数，计算公式为

$$\omega_{\mathrm{s}}(a,b)=\frac{-\mathrm{j}}{W_{\mathrm{s}}(a,b)}\frac{\partial W_{\mathrm{s}}(a,b)}{\partial b} \tag{5.3}$$

对于任意计算$W_{\mathrm{s}}(a,b)$，均可获得任意 a_k 的离散标度$\Delta a_k=a_{k-1}-a_k$。仅在频率范围$[\omega_l-\Delta\omega/2,\omega_l+\Delta\omega/2]$的中心$\omega_l$处确定$T_{\mathrm{s}}(\omega,b)$，压缩变换的离散公式如下：

$$T_{\mathrm{s}}(\omega_l,b)=\frac{1}{\Delta\omega}\sum_{ak:|\omega_s(a_k,b)\leqslant\Delta\omega/2}W_{\mathrm{s}}(a_k,b)a^{-3/2}\Delta a_k \tag{5.4}$$

对冲击地压的震动波形进行时频分析，以用于后续动载模拟。在同步压缩变换中先通过连续小波变换构建时频谱，选取的小波母函数要满足能量、有限宽带等条件，较好地匹配目标信号。本小节所用 bump 小波，在实际计算中的尺度因子选用 32 mV，小波阈值$\gamma=1.5\times10^{-8}$。图 5.43（a）为现场监测得到的冲击地压波形信息，同步压缩变换后获得震动波的高分辨率时频域如图 5.43（b）所示。

工程应用中多采用半经验半理论的公式，由于在数值模拟过程中以三角形动力荷载进行施加，为简化分析，需要将微震实际监测得到的能量等效为动荷载能量，并确定三角形压力峰值及时程曲线。

采用 CASRock 软件的动力分析模块，对煤岩体的动力特性进行数值研究，整个数值模拟过程分为初始地应力的确定、静态开挖和动态扰动三个阶段。首先对边界施加初始地应力，然后进行巷道开挖和静力计算，将动力施加在数值模型的左边界，模拟巷道的动力响应，并将其他边界设置为黏性边界，以吸收边缘的反射应力波。数值模型如图 5.44 所示，模型 X 方向的长度为 400 m，Y 方向上的煤层、顶板和底板的高度分别为 10 m、100 m 和

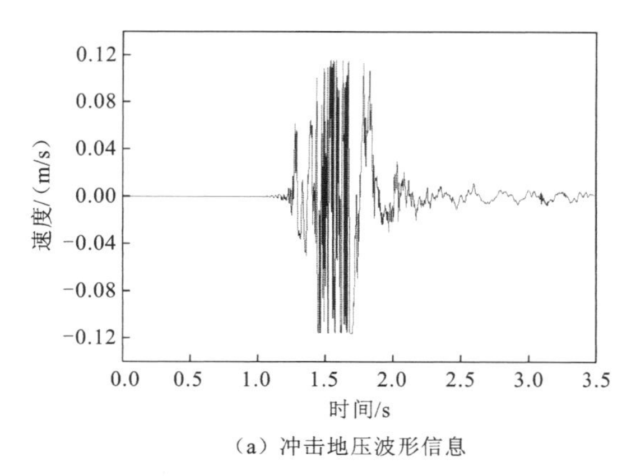

(a) 冲击地压波形信息

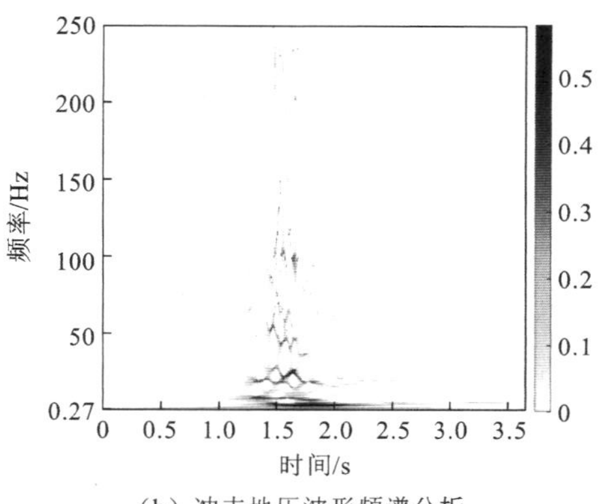

(b) 冲击地压波形频谱分析

图 5.43 冲击地压波形信息及同步压缩变换获得的时-频域分布图

100 m，巷道半径为 2.5 m。图中的 τ_r 为动力荷载从 0 至峰值的上升时间，为 5.63 ms，τ_s 为动力荷载作用总时间，为 12.72 ms；P_e 为峰值荷载大小，为 33.78 MPa。

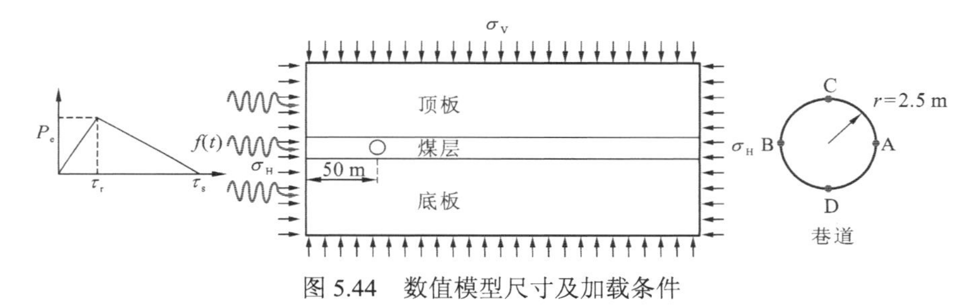

图 5.44 数值模型尺寸及加载条件

首先，为了分析材料参数对巷道动力响应的影响，考虑均质的情况，即煤层和顶底板材料参数相同，设置弹性模量分别为 2 GPa、10 GPa、15 GPa、20 GPa 和 30 GPa，其他的参数相同，水平和垂直应力都为 20 MPa。

监测点 A～D 的震动速度如图 5.45（a）～（d）所示。可以发现，随着弹性模量的增加，震动波达到巷道的时间逐渐减小，且巷道监测点的质点震动速度逐渐减小，说明巷道受动力响应的影响更小，岩体的弹性模量对扰动的传播和巷道的动力响应有明显的影响。

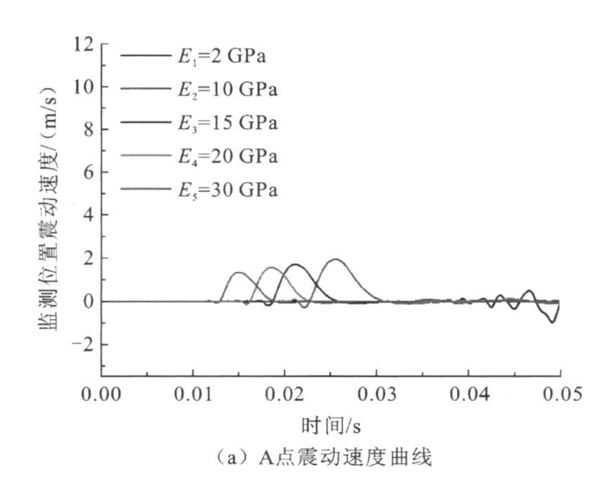

(a) A点震动速度曲线

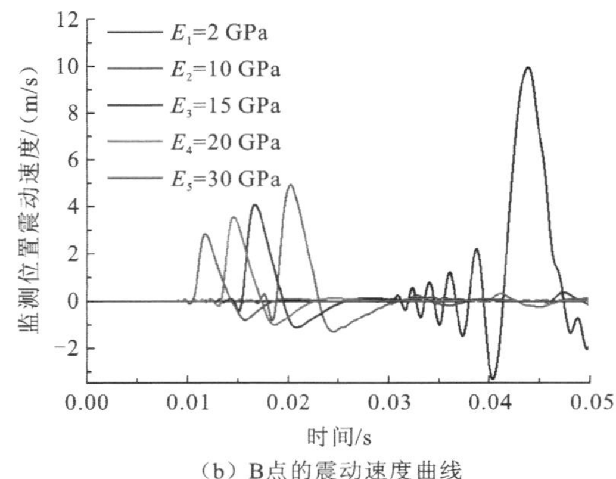

(b) B点的震动速度曲线

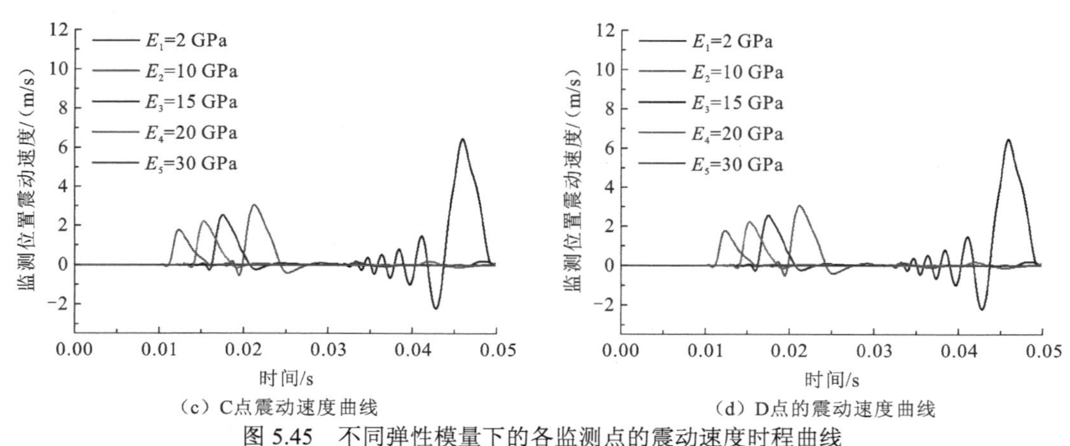

（c）C点震动速度曲线　　（d）D点的震动速度曲线

图 5.45　不同弹性模量下的各监测点的震动速度时程曲线

实际的地层材料参数如表 5.9 所示，分析动力扰动对巷道力学行为的影响。在 A～D 4 个点进行质点峰值监测，与前文单一材料参数的巷道响应结果进行对比。

表 5.9　动力计算模型的煤岩物理力学参数

岩体	γ/（t/m³）	σ_t/MPa	σ_c/MPa	E/GPa	ν	c/MPa	φ/（°）
顶板	2.73	2.56	57.03	31.83	0.36	21.12	43.40
煤层	1.49	0.74	11.76	2.18	0.34	5.53	39.07
底板	2.59	4.58	95.87	24.21	0.20	35.21	16.33

模拟得到的巷道不同位置震动速度的时程结果如图 5.46 所示，在动力扰动下，巷道围岩各监测点的质点峰值速度表现出了不同的动态响应规律。按照实际材料参数进行赋值，模型计算得到震动波到达巷道的时间和质点震动速度都介于单一材料参数的 E_1 和 E_5 之间，说明震动波在地层中的传递并不受单一岩层属性的限制。当顶底板的弹性模量较大时，对比单一煤层材料，煤层受扰动的质点峰值速度降低，说明煤层周围岩体的力学属性对巷道的围岩破坏有重要影响。

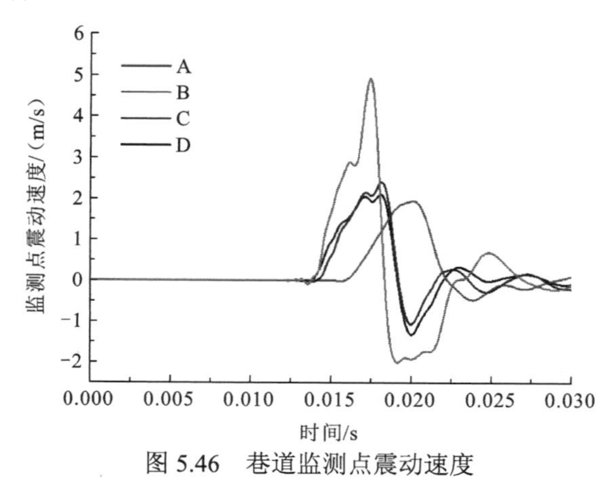

图 5.46　巷道监测点震动速度

为了反映扰动对相邻巷道煤岩体破坏行为的影响，采用 CASRock 软件动力分析模块对扰动过程与煤岩体破坏之间的关系进行分析[4-5]。模型尺寸为 400 m×200 m 的平面二维模型内含邻面的巷道，如图 5.47 所示。弹性模量、泊松比、黏聚力、内摩擦角和密度分别为 50 GPa、0.22、19.5 MPa、38° 和 2 700 kg/m^3，采用莫尔-库仑强度准则，扰动荷载的上升时间和总对应时间分别为 2.5 ms 和 12.5 ms，分析扰动强度、应力条件等对巷道破坏行为的影响规律。

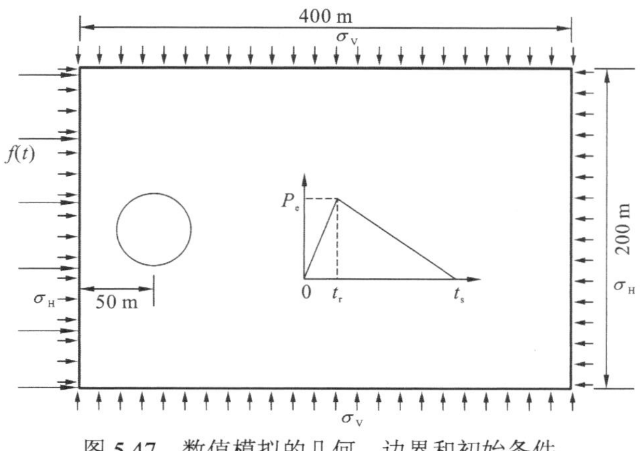

图 5.47　数值模拟的几何、边界和初始条件

1. 扰动强度对相邻巷道破坏模式的影响

当 $\sigma_H=\sigma_V=20$ MPa 时，扰动峰值变化分别为 40 MPa、50 MPa、60 MPa 和 70 MPa，不同扰动峰值荷载下的等效塑性应变的演化过程如图 5.48 所示。可以发现随着扰动振幅的增大，巷道顶部和底部的塑性区范围显著增大。由此可见，压缩扰动应力诱发的塑性破坏是邻面动力扰动下巷道围岩损伤的主要机制。

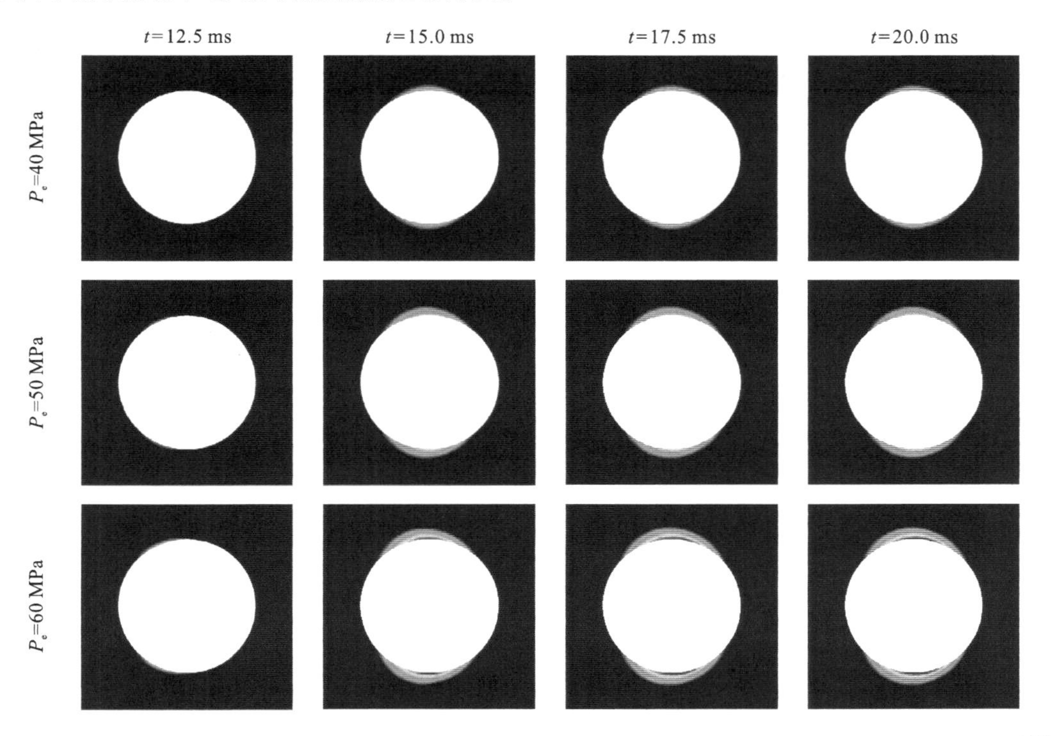

图 5.48　巷道塑性区演化（$\sigma_H=\sigma_V=20$ MPa）

2. 地应力条件对相邻巷道破坏模式的影响

当扰动压力峰值为 40 MPa，垂直地应力 $\sigma_V=40$ MPa 是固定的，水平地应力在 10～80 MPa 变化，$t=20.0$ ms 时的塑性变形分布如图 5.49 所示。结果表明，当侧压力系数小于 1.0 时，在模型左端冲击扰动应力波的作用下，巷道静态开挖产生的塑性破坏更为严重。随着侧压系数的增大，塑性区首先出现在巷道两侧，然后出现在巷道周围，最终仅存在于巷道顶部和底部。由此可见，地应力场对煤岩体最终塑性区分布有显著影响。

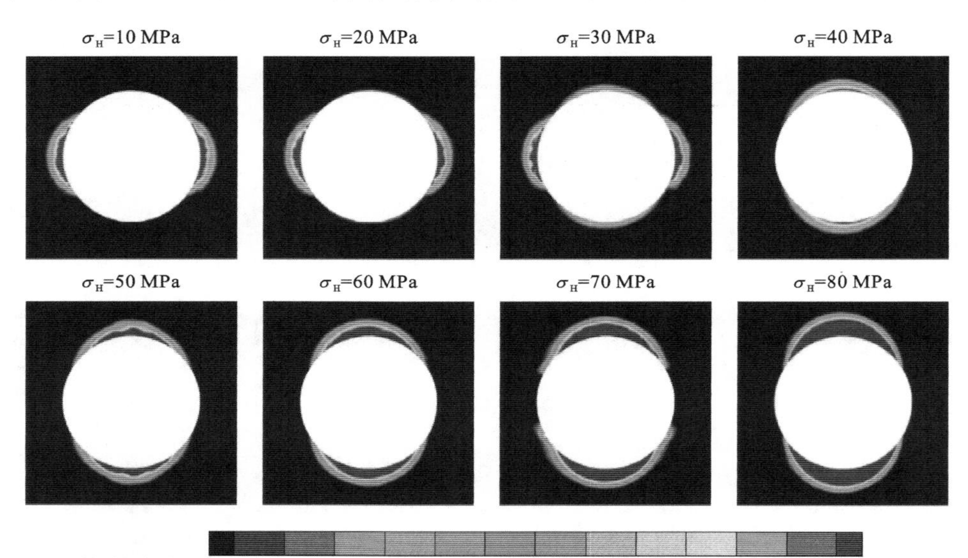

图 5.49　$\sigma_V=40$ MPa 和不同的 σ_H（从 10 MPa 到 80 MPa）在 $t=20.0$ ms 时的塑性区分布

参 考 文 献

[1] 张飞，孟祥甜，李铸峰，等. 震动波传播衰减特性模拟[J]. 辽宁工程技术大学学报(自然科学版), 2014, 33(8): 1103-1107.

[2] 尹万蕾，潘一山，李忠华，等. 孤立煤柱非线性蠕变失稳滞后时间的研究[J]. 应用力学学报, 2016, 33(6): 1106-1112.

[3] HERRERA R H, HAN J J, VAN DER BAAN M. Applications of the synchrosqueezing transform in seismic

time-frequency analysis[J]. Geophysics, 2014, 79(3): 55-64.
[4] MEI W Q, LI M, PAN P Z, et al. Blasting induced dynamic response analysis in a rock tunnel based on combined inversion of Laplace transform with elasto-plastic cellular automaton[J]. Geophysical Journal International, 2021, 225(1): 699-710.
[5] 潘鹏志, 梅万全. 基于 CASRock 的工程岩体动力响应分析方法、软件与应用[J]. 隧道与地下工程灾害防治, 2021, 3(3): 1-10.

第6章 基于反馈控制的冲击危险性评估与防治方法

6.1 方法框架

基于实时监测信息的冲击地压反馈控制方法的具体流程如图 6.1 所示。在进行风险评估的流程中，需要确定重点关注区域，以便更好地布置微震探头进行监测。采用基于椭球密度函数的模糊综合评估指标来计算风险区域，首先需要开展煤层开采区域的室内试验，确定指标计算的相关参数信息，并考虑大型地质体的影响系数。对试验数据进行标准化处理并确定权重集，进而根据试验结果评定范围的模糊性来确定隶属度函数。在评定时考虑每个试样对试验结果的贡献值，采用概率密度函数的方法进行综合指标值的计算，根据综合指标值和隶属度函数确定风险区域。对重点关注的高风险区域加强微震布置监测，确保

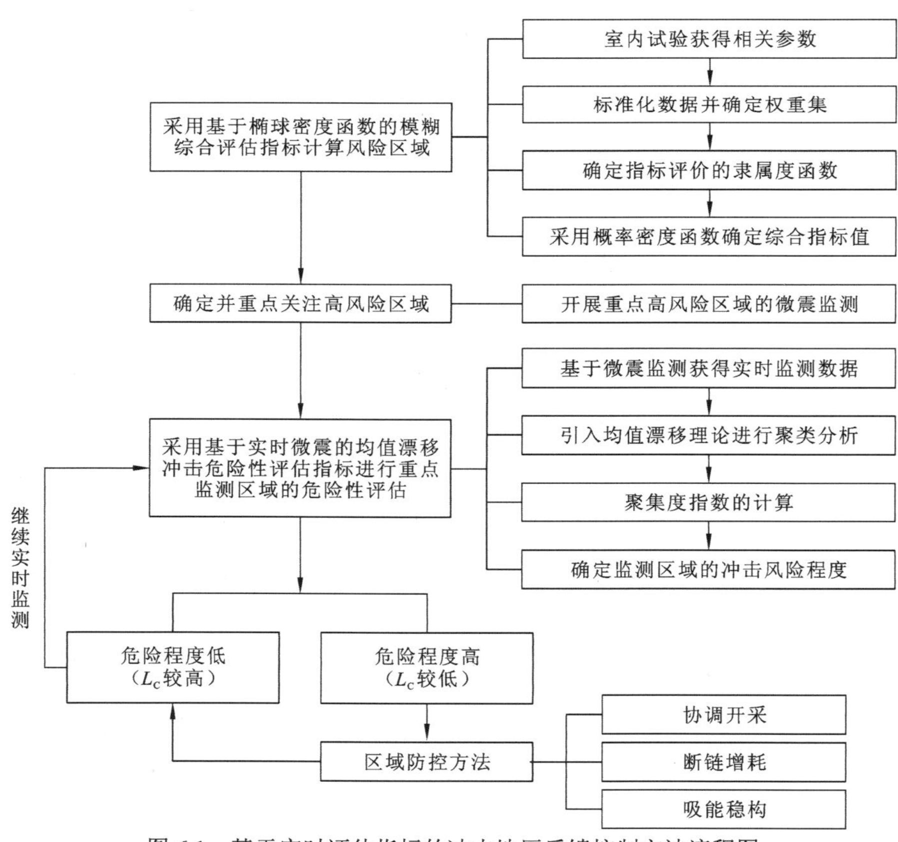

图 6.1　基于实时评估指标的冲击地压反馈控制方法流程图

高风险区域微震的高精度实时监测，引入数理统计中的均值漂移的聚类算法，对高风险区域的微震实时监测的结果进行聚类分析，寻求其微震密度中心。定义基于实时微震的均值漂移冲击危险性评估指标 L_C，对煤层开采过程中微震密度中心的变化进行定量描述，以确定煤层开采过程中的冲击风险程度，当 L_C 一直维持较高水平波动时，说明相邻时间段内计算得到的微震密度中心距离较远，可不必采取卸压防控措施，继续保持微震实时监测。当 L_C 忽然降低至近段时间内的极低值时，说明相邻时间段内计算得到的微震密度中心距离很近，易发生冲击地压危险，此时需要采用有效的区域防控措施，例如协调开采、断链增耗、吸能稳构，避免扰动诱发冲击地压。防控措施实施后，继续对工作面微震情况进行监测并计算冲击危险性评估指标 L_C。当该指标维持在一个较高值时，则煤层继续回采，而当该指标维持在一个较低值时，则重复区域防控过程，直至该指标恢复至较高值，再继续开展煤层回采工作。

6.2 基于椭球密度函数的模糊综合评估指标

6.2.1 评估指标构建

煤岩体积聚变形能突然释放能量的性质对煤矿冲击地压的发生具有显著影响，是冲击地压发生的内在本质影响因素。换句话说，冲击地压的发生是一种能量逐渐聚集并在短时间内突然释放的过程。因此，在冲击地压风险评估过程中，需要选择能够反映时间和能量变化的指标。基于此，模糊综合评估方法选用 4 个指标：动态破坏时间（D_T）、冲击能量指数（K_E）、弹性应变能指数（W_{ET}）及单轴抗压强度（R_C）。根据上述 4 个指标进行综合衡量，借鉴国家冲击倾向分类标准[1]将煤层的冲击风险程度分为 3 类：无风险、低风险和高风险。试样的两类典型应力-应变全过程曲线如图 6.2（a）所示，II 类曲线的煤样不必计算冲击能量指数，而 I 类曲线的煤样需要计算冲击能量指数。上述 4 个指标由单轴压缩试验确定。冲击能量指数（K_E）是指试样在达到峰值强度（σ_c）前累积应变能（A_s）与达到峰值强度后释放的应变能（A_x）之比[图 6.2（b）]。弹性应变能指数（W_{ET}）是指试样在单轴压缩条件下达到破坏之前所积蓄的应变能（ϕ_{SE}）与产生塑性变形所消耗的能量（ϕ_{SP}）的比值[图 6.2（c）]。虽然 W_{ET} 和 K_E 在此都被用来评估与应变能相关的煤层冲击风险程度，但是 W_{ET} 侧重于煤岩体达到峰值强度之前吸收外部输入能量的能力，而 K_E 不仅考虑峰值强度之前的累积弹性应变能，还考虑达到峰值强度之后释放的能量，W_{ET} 和 K_E 越大，煤层的冲击风险程度就越高[1]。动态破坏时间（D_T）是指煤样在单轴压缩条件下从极限荷载到被完全破坏的时间[图 6.2（d）]，D_T 与煤层冲击风险程度成反比。

大型地质体控制下的煤层侧向应力系数明显与常规地质构造不同，因此考虑采用不同开采区域的侧向压力系数及煤层上覆巨厚岩层厚度对 4 个指标贡献值进行权重分配，最终得到考虑权重分配的 4 个综合指标。

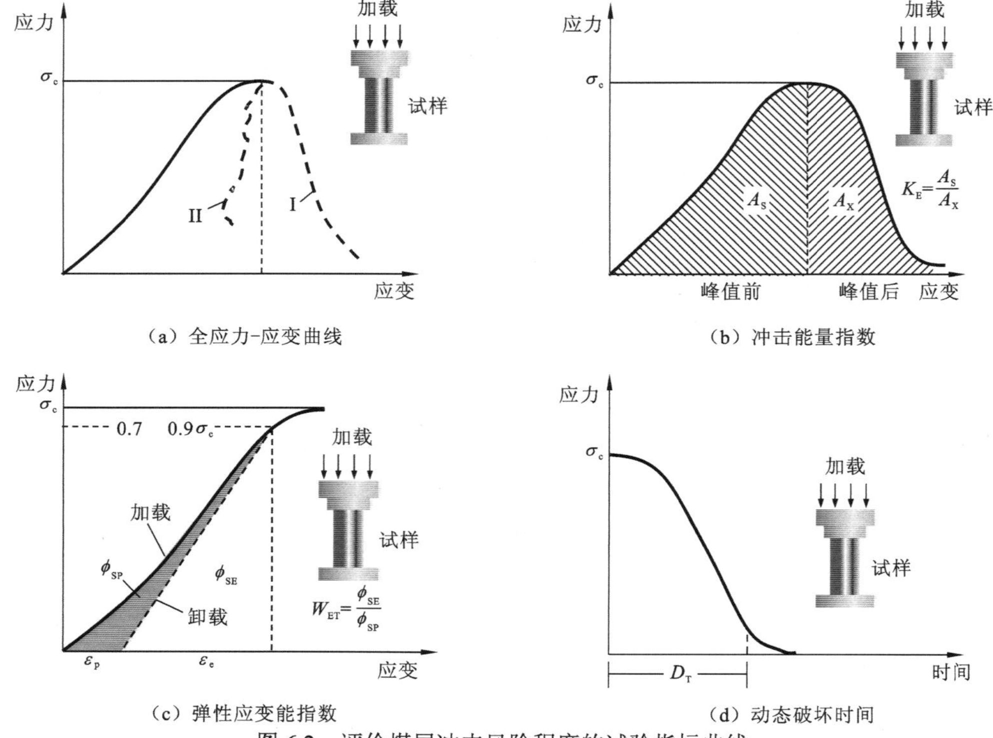

图 6.2　评价煤层冲击风险程度的试验指标曲线

1. 主成分分析构建模糊指标权重方法

主成分分析是一种多变量统计方法，该方法的主旨思想是降维，即通过降维的方法将一组可能存在相关性变量的数据重新组合成一组互不相关的综合指标，被转换后的变量被称为主成分[2]。主成分构建权重的具体计算步骤如下。

（1）原始指标数据的标准化采集 p 维随机向量 $\boldsymbol{X}=(X_1,X_2,\cdots,X_p)$，$n$ 个样品 $\boldsymbol{x}_j=[x_{j1},x_{j2}\cdots,x_{jp}]^{\mathrm{T}}$，$j=1,2,\cdots,n$，要满足 $n>p$。构造样本矩阵，并用式（6.1）对样本矩阵元进行标准变换，得到标准化阵 $\boldsymbol{Z}$。

$$Z_{ij}=\frac{x_{ij}-\overline{x}_j}{s_j},\quad i=1,2,\cdots,n,\quad j=1,2,\cdots,p \tag{6.1}$$

式中：$\overline{x}_j=\dfrac{\sum\limits_{i=1}^{n}x_{ij}}{n}$，$s_j^2=\dfrac{\sum\limits_{i=1}^{n}(x_{ij}-\overline{x}_j)^2}{n-1}$。

（2）用式（6.2）对标准化阵 $\boldsymbol{Z}$ 求相关系数矩阵：

$$\boldsymbol{R}=[r_{ij}]_p xp=\frac{\boldsymbol{Z}^{\mathrm{T}}\boldsymbol{Z}}{n-1} \tag{6.2}$$

式中：$r_{ij}=\dfrac{\sum z_{kj}z_{kj}}{n-1}$，$i,j=1,2,\cdots,p$。

（3）求解相关系数矩阵 $\boldsymbol{R}$ 的特征方程 $\left|\boldsymbol{R}-\lambda\boldsymbol{I}_p\right|=0$ 得到 p 个特征根，并确定主成分。

（4）利用式（6.3）将标准化的指标变量转换为主成分

$$\boldsymbol{U}_{ij}=\boldsymbol{Z}_i^{\mathrm{T}}\boldsymbol{b}_j^{\circ} \quad j=1,2,\cdots,m \tag{6.3}$$

式中：$\boldsymbol{b}_j^{\circ}$为单位特征向量；计算得到的 U_1为第一主成分，U_2为第二主成分，以此类推，U_p为第 p 主成分。

（5）对 m 个主成分进行加权求和，权数为每个主成分的方差贡献率。

通过以上的主成分分析步骤得到主成分的个数，并得到相关系数矩阵的特征值和特征向量。

2. 权重集构建

冲击风险评估所使用的 4 个指标分别从时间和能量两个方面体现冲击风险的程度，但在 4 个指标同时进行判定时，结果会不一致。例如，用 R_{C}进行判定时为高风险，而用 D_{T}和 W_{ET}进行判定为低风险，用 K_{E}判定为无风险。虽然这种情况可以借助相关国家标准中推荐区间范围进行解决，但是其中仍有 8 种情况需要主观定夺，不能进行综合评价。目前对冲击风险评估的处理方法主要通过计算平均值结果进行评价，而忽略了指标的权重和煤样试验过程中的离散性，从而导致评估结果的可靠性降低。因此，可以采用主成分分析法对 4 个指标的权重进行确定，结合国标常用的主观权重计算综合权重，构建冲击倾向性综合评判权重集。

第 k 个主成分 $\boldsymbol{Y}_k$与原始变量 $\boldsymbol{X}_i$的相关系数 $\rho(\boldsymbol{Y}_k,\boldsymbol{X}_i)$被称为因子荷载[2]。因子荷载与系数向量不同，因子荷载的绝对值大小刻画了该主成分的主要意义及成因。因此，在解释主成分的成因或是第 i 个变量对第 k 个主成分的重要性时，应当根据因子负荷量进行计算，而不能仅根据 $\boldsymbol{Y}_k$与 $\boldsymbol{X}_i$的系数变换系数 $\boldsymbol{u}_{ki}$，其计算公式如下：

$$\rho(\boldsymbol{Y}_k,\boldsymbol{X}_i)=\frac{\operatorname{cov}(\boldsymbol{Y}_k,\boldsymbol{X}_i)}{\sqrt{\operatorname{var}(\boldsymbol{Y}_k)}\sqrt{\operatorname{var}(\boldsymbol{X}_i)}}=\frac{\boldsymbol{u}_{ki}\sqrt{\lambda_k}}{\sqrt{\sigma_i}} \tag{6.4}$$

式中：$\boldsymbol{u}_{ki}$为系数向量；σ_i为 X_i的标准差；λ_k为第 k 个特征值。

根据式（6.4）得到因子荷载，进而代入式（6.5）求解计算第 i 个指标的客观权重：

$$\rho_i=\sum_{j=1}^{4}\lambda_j\frac{|\rho(\boldsymbol{Y}_j,\boldsymbol{X}_i)|}{\sum_{i=1}^{4}|\rho(\boldsymbol{Y}_j,\boldsymbol{X}_i)|} \tag{6.5}$$

式中：i=1，2，3，4 分别表示 D_{T}、K_{E}、W_{ET}和 R_{C}。

为了充分考虑主观权重和客观权重，在此考虑式（6.6）的综合赋值法，即

$$R(i)=\frac{R_1(i)R_2(i)}{\sum_{i=1}^{4}[R_1(i)R_2(i)]} \tag{6.6}$$

式中：$R_1(i)$为第 i 个指标因子的客观权重；$R_2(i)$为第 i 个指标因子的主观权重；i=1，2，3，4 分别表示 D_{T}、K_{E}、W_{ET}和 R_{C}。

3. 模糊评价隶属度函数确定

用试验测定的 4 个指标对煤层进行冲击风险评估时，在风险程度无、低和高三个程度

的划分时也存在界限的模糊性，即在三个风险程度的判别过程中也存在过渡的模糊性。根据主成分分析确定的综合权重并结合模糊综合评判方法，可以使试验结果数据信息得到充分利用，使评判结果更加客观、合理和可靠。

模糊评价基本模型的建立主要包含两步。首先设置评判对象 P：其因素集 $\boldsymbol{U}=\{u_1,u_2\cdots,u_m\}$，评判等级集 $\boldsymbol{V}=\{v_1,v_2,\cdots,v_m\}$。对 $\boldsymbol{U}$ 中每一因素根据评判集中的等级指标进行模糊评判，得到评判矩阵：

$$\boldsymbol{R}=\begin{bmatrix} r_{11} & r_{12} & \cdots & r_{1m} \\ r_{21} & r_{22} & \cdots & r_{2m} \\ \vdots & \vdots & & \vdots \\ r_{n1} & r_{n2} & \cdots & r_{nm} \end{bmatrix} \tag{6.7}$$

式中：r_{nm} 为第 n 个指标关于等级 m 的隶属度。$(\boldsymbol{U}, \boldsymbol{V}, \boldsymbol{R})$构成了一个模糊综合评判模型。确定各因素权数后，记为 $\boldsymbol{A}=\{a_1,a_2,\cdots,a_n\}$，满足 $\sum_{i=1}^{n}a_i=1$。

再将二级指标 $\boldsymbol{R}_i$ 和各因素重要性指标矩阵 $\boldsymbol{A}$ 作模糊矩阵运算，得到向量：

$$\overline{\boldsymbol{B}}=\boldsymbol{A}\cdot\boldsymbol{R}_i=(\overline{b}_1,\overline{b}_2,\cdots,\overline{b}_m) \tag{6.8}$$

经过归一化后，得 $\boldsymbol{B}=\{b_1,b_2,\cdots,b_m\}$，于是可确定对象 P 的评判等级。

模糊评价关键的一步就是隶属度函数的确定。国家标准对冲击倾向性的分类是十分明确的，对煤层冲击倾向性评估只能采用矩形隶属度函数，而这与冲击地压发生的不确定性的事实不相符。不同程度的冲击倾向程度之间必然包含一定的模糊性，本小节采用隶属度函数为梯形隶属度函数[3]，而非其他高斯函数，如图 6.3 所示，这主要是为了与现有冲击危险评估的数据库保持一致。

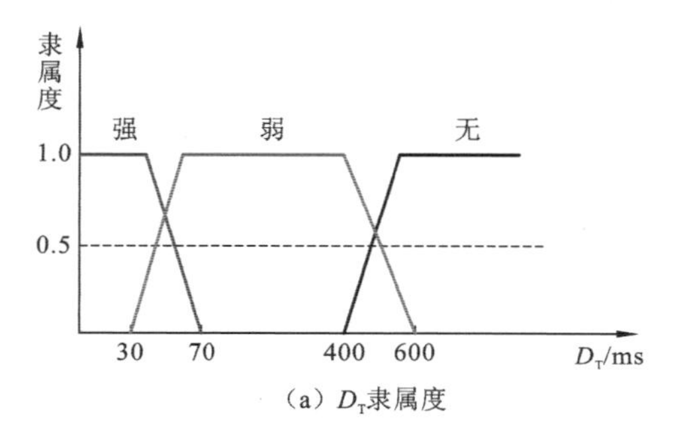

（a）D_T隶属度

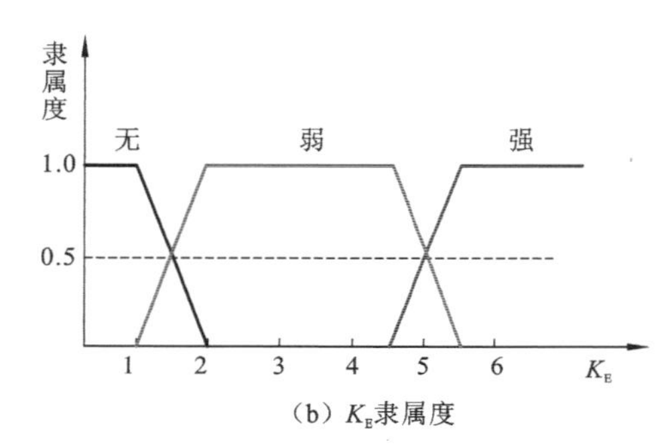

（b）K_E隶属度

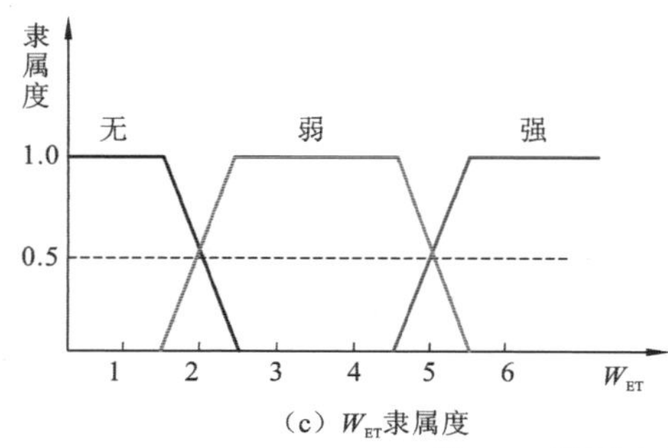

（c）W_{ET}隶属度

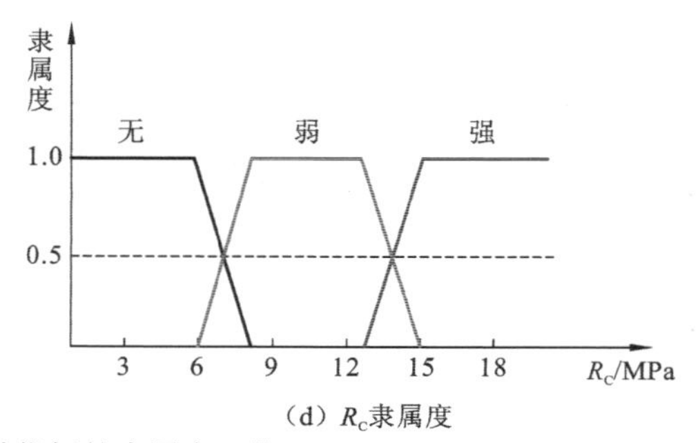

（d）R_C隶属度

图 6.3　煤层冲击倾向性指标的隶属度函数

4. 椭球密度函数的试样指标综合权重建立

1）考虑大型地质体的影响

根据前文大型地质体控制下相邻采面冲击地压特征和发生机制分析，可以确定大型地质体对相邻采面的冲击地压发生有重要影响。对于大型地质体控制下的煤层冲击风险评估，必须要考虑大型地质体的影响。在此以侧向压力系数 c 和巨厚岩层厚度 H 为考虑指标，对每个试样的指标结果进行权重赋值：

$$m_i = \frac{c_i H_i}{\sum_{i=1}^{n} c_i H_i} \tag{6.9}$$

式中：m_i 为大型地质体对试验结果影响的权重值；n 为试验组数。

2）考虑离散数据的影响

在煤矿冲击风险评估的过程中，通常直接采用平均值的方法对结果进行评判。当数据离散性较小时，平均值可以直接代表试验数据组。但当数据离散度较大时，平均值就不能直接代表试验数据组。因为，平均值为试验数据组的“几何中心”，它极易受到个别奇异数值的影响。对此，在考虑大型地质体的影响权重计算后，本小节考虑了每组试样在整个矿区冲击风险评估时所贡献的权重，进而计算得到 4 个指标的综合值。与平均值相比，经过赋权重得到的综合值是试验数据的“物理重心”，它能解决数据离散大的问题，提高评判结果的可靠度。

煤层冲击倾向性指标综合值的确定与权重集的确定类似，令 $\boldsymbol{X}=(X_1,X_2,X_3)^{\mathrm{T}}$，$\boldsymbol{u}=(u_1,u_2,u_3)^{\mathrm{T}}$。根据数理统计分析可知 $\boldsymbol{X}$ 和 $\boldsymbol{u}$ 满足：

$$(\boldsymbol{X}-\boldsymbol{u})^{\mathrm{T}}\boldsymbol{\Sigma}^{-1}(\boldsymbol{X}-\boldsymbol{u})=d^2 \tag{6.10}$$

式中：$\boldsymbol{X}$ 为计算得到的标准化数据组（$\boldsymbol{u}=0$）；$\boldsymbol{\Sigma}$ 为变量 X_1，X_2，X_3 的协方差矩阵；d 为一个常数。

$\boldsymbol{\Sigma}$ 可根据式（6.11）进行计算：

$$\boldsymbol{\Sigma}^{-1}=\boldsymbol{P}\boldsymbol{\Lambda}^{-1}\boldsymbol{P}^{-1} \tag{6.11}$$

式中：$\boldsymbol{P}$ 为正交矩阵，$\boldsymbol{P}=(\gamma_1,\gamma_2,\gamma_3)$，$\gamma_1,\gamma_2,\gamma_3$ 为标准正交向量；$\boldsymbol{\Lambda}=\begin{bmatrix}\lambda_1 & 0 & 0\\ 0 & \lambda_2 & 0\\ 0 & 0 & \lambda_3\end{bmatrix}$。

根据式（6.10）和式（6.11）计算可以得到

$$d^2=\boldsymbol{X}^{\mathrm{T}}\boldsymbol{\Sigma}^{-1}\boldsymbol{X}=\frac{F_1^2}{\lambda_1}+\frac{F_2^2}{\lambda_3}+\frac{F_3^2}{\lambda_3} \tag{6.12}$$

式中：F_1、F_2、F_3 分别为第一主成分、第二主成分、第三主成分。

式（6.12）类似于椭球函数形式，设 (X_1,X_2,X_3) 都服从正态分布，则可以考虑采用等概率密度椭球面所对应的概率来表示每个试验组的权重。试样在椭球表面出现得越低，表明分布越离散，此时对应的试样权重分配应该越小。根据概率统计知识，三元素概率密度函数形式为

$$f(X_1,X_2,X_3)=\frac{1}{\sqrt{(2\pi)^3|\boldsymbol{\Sigma}|}}\exp\left(-\frac{1}{2}\boldsymbol{X}^{\mathrm{T}}\boldsymbol{\Sigma}^{-1}\boldsymbol{X}\right) \tag{6.13}$$

式中：$|\boldsymbol{\Sigma}|$ 为协方差矩阵 $\boldsymbol{\Sigma}$ 的行列式。由于公式的系数项并不影响概率结果，去掉系数项后，每个指标的权重值可根据式（6.14）进行计算。

$$w=\exp\left[-\frac{1}{2}\left(\frac{F_1^2}{\lambda_1}+\frac{F_2^2}{\lambda_3}+\frac{F_3^2}{\lambda_3}\right)\right] \tag{6.14}$$

则根据式（6.14）试样综合指标可以表示为

$$I=\frac{\sum_{i=1}^{n}w_iI_i}{\sum_{i=1}^{n}I_i} \tag{6.15}$$

式中：I_i 为第 i 个试样冲击倾向性指标；n 为试验组数。

6.2.2 评估指标检验

6.2.1 小节构建了基于椭球密度函数的模糊综合评估指标，为了证明该指标的合理性和有效性，本小节以义马矿区的冲击风险评估为例对其进行检验。

将义马矿区 5 个煤矿煤层物理力学试验结果进行汇总，见附录 B。表中冲击倾向性数据测试结果由河南大有能源有限责任公司提供。测试试验于中国矿业大学[4-6]、河南理工大学[7-8]、中国科学院武汉岩土力学研究所[9-10]、煤炭科学技术研究院有限公司[11]、天地科技股份有限公司[12-13]进行。

1. 义马矿区煤样主成分分析

考虑大型地质体对冲击风险程度的影响，通过式（6.9）考虑大型地质体对试样所在煤层的影响，考虑每一组试样对结果的影响程度，进行权重赋值计算，进而对义马矿区煤样的试验结果进行标准化处理，计算后得到的相关系数矩阵，进而求得系数矩阵的特征根和特征向量并确定主成分，如表 6.1 所示。

表 6.1 义马矿区主成分分析表

主成分	特征向量				特征根	贡献率/%	累积贡献率/%
	D_{T}/ms	K_{E}	W_{ET}	R_{C}/MPa			
F_1	−0.25	0.51	0.36	0.46	1.48	37.09	37.09
F_2	0.74	0.31	0.50	−0.33	1.01	25.25	62.34
F_3	0.56	0.27	−0.66	0.51	0.93	23.14	85.48
F_4	0.35	−0.87	0.52	0.75	0.58	14.52	100.00

从表中可以看出，主成分 F_1、F_2 和 F_3 占总变异的 85.48%，即它们能反映出煤层冲击地压风险全部信息的 85.48%，因此采用这 3 个主成分进行计算，建立主成分方程为

$$F_1=-0.376X_1+0.762X_2+0.536X_3+0.688X_4 \tag{6.16}$$

$$F_2 = 0.743X_1 + 0.314X_2 + 0.500X_3 - 0.332X_4 \tag{6.17}$$

$$F_3 = 0.515X_1 + 0.253X_2 - 0.608X_3 + 0.476X_4 \tag{6.18}$$

式中：X_i为义马煤矿煤层试验标准化试验数据。

将式（6.4）得到的因子荷载和特征值代入式（6.5）中，经过归一化处理后得到目标客观权重集 $\boldsymbol{R}_1 = \{0.32, 0.24, 0.26, 0.18\}$ 。而根据国家标准，通常主观情况下将目标权重值设为 $\boldsymbol{R}_2 = \{0.30, 0.20, 0.20, 0.30\}$ [3]。经式（6.6）计算，得到组合权重集为 $\boldsymbol{R} = \{0.38, 0.19, 0.21, 0.22\}$ 。

2. 义马矿区煤层的综合指标值与风险评估结果

根据标准化数据和特征值计算得到的义马矿区煤样主成分因子得分，见附录 C，将因子得分和特征值代入式（6.14）中计算得到主成分和权重分布云图如图 6.4 所示。

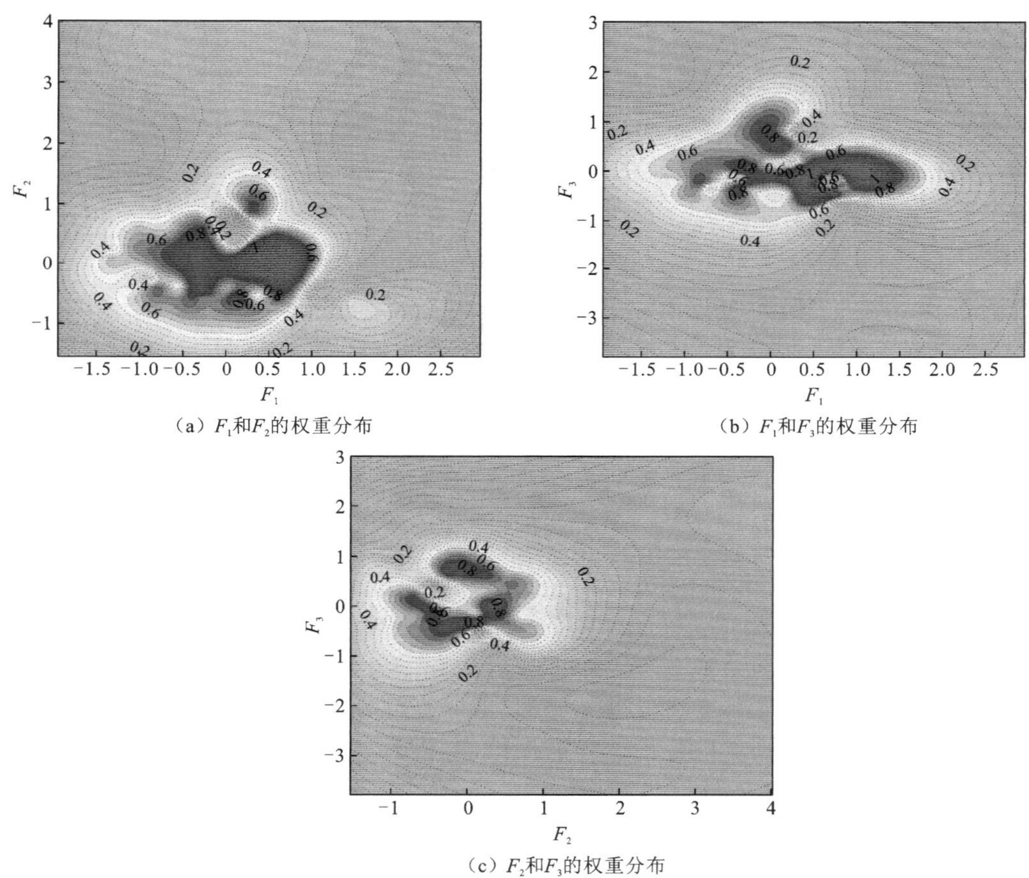

（a）F_1和F_2的权重分布

（b）F_1和F_3的权重分布

（c）F_2和F_3的权重分布

图 6.4　义马矿区煤样因子得分与权重分布云图

经计算得到义马矿区煤样各指标综合值分别为 $D_T = 126$ ms，$K_E = 4.65$，$W_{ET} = 5.65$，$R_C = 15.98$ MPa，最终义马矿区冲击风险评估结果如表 6.2 所示。结果表明，无论是用常规方法还是综合评估方法，对义马矿区的煤层冲击风险评估最终结果均为高风险。但实际上由于本次测试结果的离散度相对较低，计算平均值的过程中受到了个别离散数据的影响。与平均值相比，用综合值进行计算，可以得到更高的置信度。基于此种方法得到义马矿区不同矿井煤层的冲击风险评估结果如表 6.3 所示，结果表明，义马矿区的 5 个煤矿煤层都存在冲击风险。同时也可以发现，采用常规方法对冲击风险进行评估时会出现需要主观定夺的现象，导致客观性和准确性大打折扣，而采用综合评估方法可以有效解决这一问题，使评估结果更加客观、准确。

表 6.2　义马矿区冲击风险评估结果

计算方法	指标值				方法	隶属度			评估结果
	D_T/ms	K_E	W_{ET}	R_C/MPa		无	弱	强	
平均值	147	5.23	6.72	16.36	常规评判	—	—	—	高风险
	147	5.23	6.72	16.36	模糊评判	0	0.437	0.563	高风险
综合值	126	4.65	5.65	15.98	模糊评判	0	0.542	0.458	高风险

表 6.3　义马矿区 5 个矿井的冲击风险评估结果

煤矿	指标值				隶属度			综合评估	常规评估
	D_T/ms	K_E	W_{ET}	R_C/MPa	无	弱	强		
杨村	45	4.83	4.14	16.85	0	0.485	0.515	高风险	高风险
耿村	205	7.40	13.84	16.11	0	0.613	0.387	低风险	低风险
千秋	91	4.16	4.51	16.24	0	0.759	0.241	低风险	低风险
跃进	121	3.49	6.31	18.41	0	0.570	0.430	高风险	*
常村	172	6.88	3.76	17.11	0	0.780	0.220	低风险	*

注：*表示不确定，需要根据实际情况定夺；常规评估是根据国标方法计算得到的。

3. 义马矿区煤层微观结构特征

煤是由具有不同化学成分和不同结构组合的晶体结构矿物组成的。煤的物理力学性质与其内部细观结构和微观缺陷密切相关。物质组成和岩性结构是煤岩体的固有属性，也是决定煤岩体冲击危险性的内在因素[14-15]。通过 X 射线衍射（X-ray diffraction，XRD）试验，可以测得煤样的矿物组成和含量。中国矿业大学（北京）[16]对义马矿区采深 863 m（2011 年）的 2-3 煤层进行 XRD 试验，XRD 结果如表 6.4 所示。从 XRD 结果可以发现，义马矿区 2-3 煤层的主要矿物为石英，跃进煤矿煤样石英含量明显高于千秋煤矿，表明 2-3 煤层具有一定强度。且跃进煤矿煤层强度要高于千秋煤矿，说明与千秋煤矿相比，跃进煤矿煤层冲击倾向性更高。2011 年跃进煤矿和千秋煤矿在进行 2-3 煤层开采时的冲击地压发生次数如图 6.5 所示，2006～2015 年间跃进煤矿冲击地压发生频次明显高于千秋煤矿，且是千秋煤矿的 3 倍多。对比发现煤层微观结构与义马矿区 5 个煤矿的冲击风险评估结果吻合较好，进一步验证了冲击风险评估的有效性。

表 6.4　千秋煤矿和跃进煤矿 2-3 煤层煤样 XRD 矿物质量分数测定结果　（单位：%）

矿物类型	千秋煤矿	跃进煤矿
石英石	1.1	7.8
钾长石	0	0
钠长石	0	0
方解石	18	8
白云石	0	0
锐钛矿	0	15
黄铁矿	0	0
菱铁矿	0	0
非晶质	91.2	77.9
黏土矿物	7.7	14.3

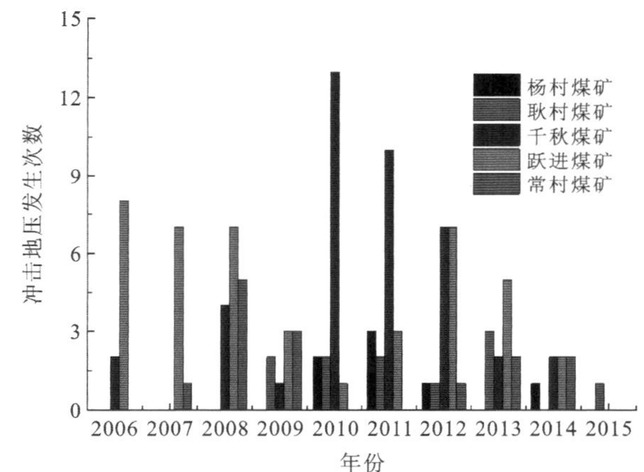

图 6.5　2006～2015 年义马矿区冲击地压发生次数

6.3　基于实时微震的均值漂移冲击危险性评估指标

6.3.1　评估指标构建

微震活动具有时间上的优先级和与冲击地压事件的空间一致性，因此可以准确地预测冲击地压易发区[17]，微震事件的空间分布可以直接反映微裂隙的位置、密度和能量释放[18]。一般情况下认为一个微震事件对应一个微裂隙，且如果微震事件之间的距离较远，则微裂隙是单独存在的，对岩体的整体稳定性影响较小[19]。微震事件之间的距离越集中，微裂隙进一步扩展、贯通形成大裂隙带的可能性越大，岩体损伤程度也会越严重，该区域产生岩体失稳的风险越大[20]。根据微震事件的积累和演化进而反映不同时间段内煤岩体的微破裂集中区分布和迁移特征，揭示煤层回采过程中冲击风险区的演化过程，是风险区评估和预测的常用手段[21]。结合现场施工情况分析不同时间段回采工作面的微破裂空间演化及聚集规律，可以更加直观、有效地预测和判断工作面的危险区域[22-23]。

1. 实时微震均值漂移理论

均值漂移算法由 Fukunaga 和 Hostetler 于 1975 年提出[24]。均值漂移算法的优点是均值漂移矢量总是沿着最大密度增加的方向移动，且无需任何先验知识，通过迭代就可以有效地实现均值漂移聚类。均值漂移的基本概念是沿着密度上升的方向找到聚类点，如图 6.6 所示。

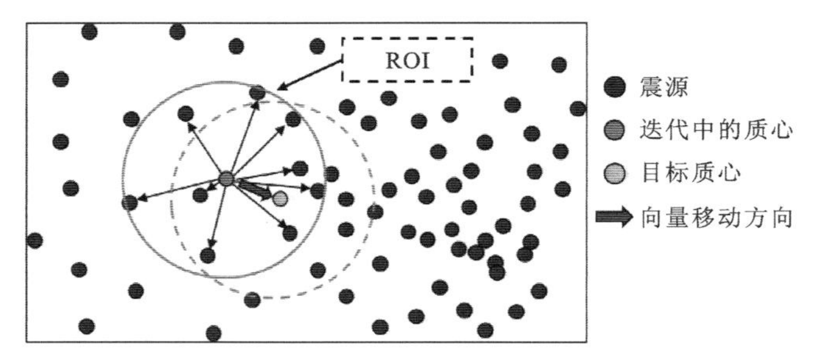

图 6.6　均值漂移算法原理图

ROI 为感兴趣区（region of interest）

将已知坐标点进行平面落图，规定一个范围并求解一个向量图[图 6.7（a）]，使得圆心移动方向指向当前点上概率密度梯度的方向，找到圆里面点的平均位置作为新的圆心位置图[图 6.7（b）]，不断重复这个过程，直到寻找到该范围内微震最密集的区域，这时候的圆心也就是微震事件的密度中心[图 6.7（c）]。

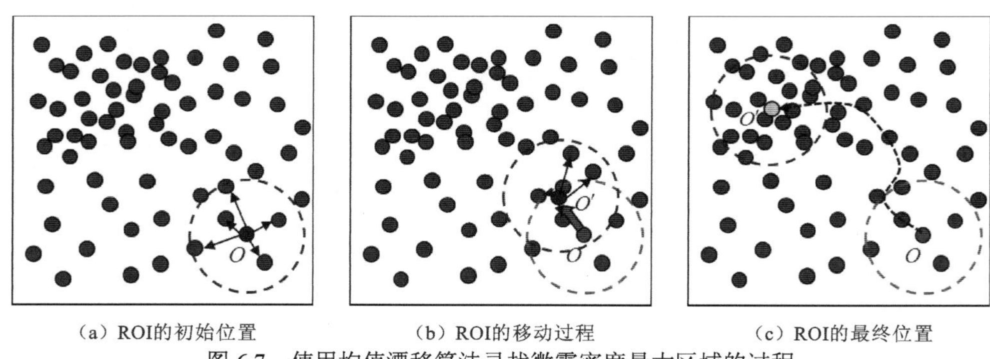

（a）ROI的初始位置　（b）ROI的移动过程　（c）ROI的最终位置

图 6.7　使用均值漂移算法寻找微震密度最大区域的过程

设 $x_1, x_2, \cdots, x_n$ 是连续分布 $f(x)$ 中独立的 n 个样本，则任意点 x 的概率密度估计为[21]

$$\hat{f}(x)=\frac{1}{nh^d}\sum_{i=1}^{n}K\left(\frac{x-x_i}{h}\right) \tag{6.19}$$

式中：h 为窗口宽度；d 为特征空间中的维数；K 为径向基核函数，是特征空间中 x 位置密度的自适应非参数估计，满足条件：

$$K(x)=c_k(\|x\|^2) \tag{6.20}$$

式中：c_k 为归一化常数。

概率密度是在特征空间中 x 点的用户自定义大小内核中计算的，可以描述为[25]

$$\hat{f}(x)=\frac{c_k}{nh^d}\sum_{i=1}^{n}K\left(\left\|\frac{x-x_i}{h}\right\|^2\right) \tag{6.21}$$

式中：n 为数据点的数量；h 为核大小。

为了得到概率密度函数的最大位置，需要估计密度函数的梯度。通过在特征空间中梯度上升移动核来确定局部最大密度。通过在特征空间中以梯度上升的方式移动核，在 $\nabla\hat{f}(x)=0$ 时确定局部最大概率密度。

在式（6.21）中，取核函数 $K(x)$ 的阴影 $G(x)$[26]，即有相应的轮廓函数 $G(x)=-K'(x)$。变换后为[27-28]

$$\nabla\hat{f}=\frac{2c_k}{nh^{d+2}}\left[\sum_{i=1}^{n}g\left(\left\|\frac{x-x_i}{h}\right\|^2\right)\right]\left[\frac{\sum_{i=1}^{n}x_i g\left(\left\|\frac{x-x_i}{h}\right\|^2\right)}{\sum_{i=1}^{n}g\left(\left\|\frac{x-x_i}{h}\right\|^2\right)}-x\right] \tag{6.22}$$

式中：g 为内核；h 为内核大小。

式（6.22）的第二项即均值偏移向量，即

$$m(x)=\frac{\sum_{i=1}^{n}x_i g\left(\left\|\frac{x-x_i}{h}\right\|^2\right)}{\sum_{i=1}^{n}g\left(\left\|\frac{x-x_i}{h}\right\|^2\right)}-x \tag{6.23}$$

式中：x 为内核内的平均估计；x_i 为内核中的元素；g 为内核；h 为内核大小。

均值偏移向量 $m(x)$ 定义了核如何沿着密度梯度移动到与特征空间中的密集区域相对应的局部最大值[27]。如果数据集 $(i=1,\cdots,n)$ 的分布符合概率密度函数 $f(x)$，则给定初始点 x_i，平均位移矢量将逐步移动并最终收敛到局部峰值点。

2. 基于实时微震的均值漂移冲击危险评估指标确定

微震能量可以反映煤岩体变形破坏的程度，微震能量越高，破坏越严重。而微震事件的聚集程度越大，说明煤岩体应力集中程度越大，越容易发生冲击地压。

根据 Frankel 等[29-30]提出的基于空间光滑地震活动性模型采用点源进行地震危险性分析的理念，结合学者们做出的相关改进[31-34]，将震源简化为点源，并采用均值漂移算法分析冲击地压发生前一个月微震事件聚集程度的变化，以定义基于实时微震均值漂移冲击危险评估指标。以定位误差作为统计滑移半径，其数值由现场测试的经验值获得。该方法不用考虑复杂的震源机制，且它能够实时计算微震点源最密集区域的动态空间位置。微震事件的密度只反映微震在空间维度上的变化，而冲击危险评估指标则是在时间和空间维度上进行分析的。该指标可以反映微震事件密度及微震事件密度随时间的演化。在同一时间间隔内，微震事件密度不断变化，与实际情况接近。

设冲击地压发生前任意一天，某一固定圆形动态区域内微震事件最密集区域的圆心位置坐标为 $Q_i(x_i,y_i)$，需要注意的是由于同一开采水平的微震事件高度坐标相差不大，计算过程仅计算微震事件的平面基于实时微震的均值漂移冲击危险评估指标，该方法可以扩展到三维空间。比较相同范围相邻时间的圆心坐标 $Q_{i+1}(x_{i+1},y_{i+1})$ 的变化可以很好地量化微震事件的聚集程度。基于实时微震的均值漂移冲击危险评估指标为

$$L_C = \frac{\sqrt{(x_{i+1}-x_i)^2+(y_{i+1}-y_i)^2}}{2h} = \frac{R}{2h} \tag{6.24}$$

式中：R 为两个圆心之间的距离；h 为指定区域的滑动半径。

6.3.2 评估指标检验

1. 均值漂移算法与常规滑移算法对比

为了验证采用滑动半径是否能够准确寻得微震密集区域，在某一固定范围内随机生成一组二维坐标数据，该数据满足正态分布，平均值为 $m_u = [0,0]$。为了保证数据在不同维度的数值同向程度较高，协方差取值为 $S = [30 \quad 0,0 \quad 30]$，选定区域范围为 40 m×40 m。选定滑动半径 h 分别为 1 m、2 m、5 m、10 m，计算结果如图 6.8 所示。

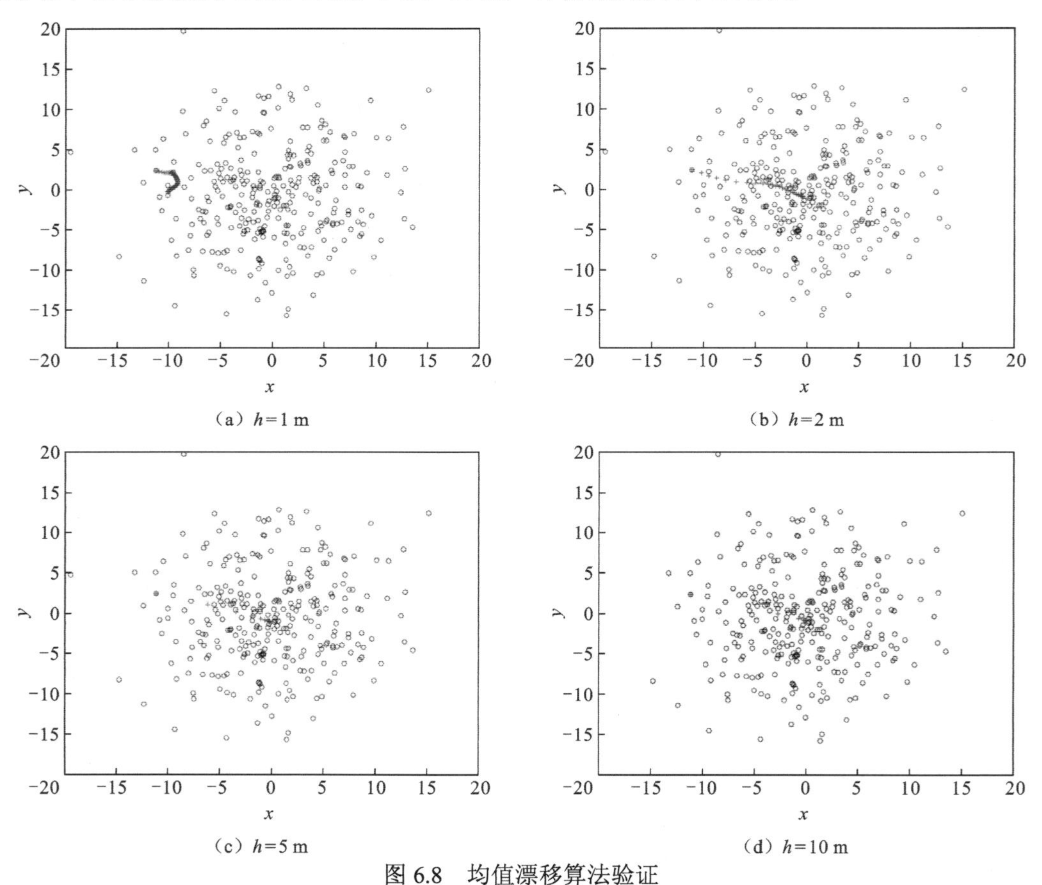

(a) h=1 m　(b) h=2 m　(c) h=5 m　(d) h=10 m

图 6.8　均值漂移算法验证

从图 6.8 中可以发现，当滑动半径 h=1 m 时，并不能寻得微震密度最大区域，而其他滑动半径基本都能实现需求。为了定量描述算法效果，计算不同滑动半径得到的微震密度中心坐标与坐标原点之间的距离，以此作为衡量算法效果的依据，具体计算结果如图 6.9 所示，可以发现当滑动半径超过 4 m 时（边长的 1/10），与原点的距离小于 1 m，可认为满足计算要求。

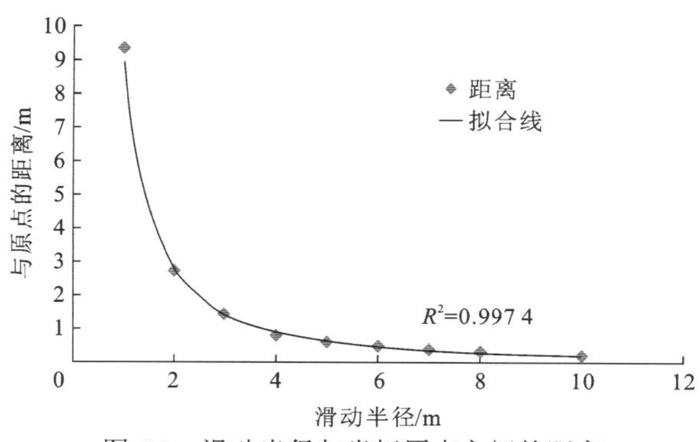

图 6.9　滑动半径与坐标原点之间的距离

为了验证均值漂移算法精度优于常规滑移算法[29, 33]，随机生成 350 组正态分布数据，分别用常规滑移算法和均值漂移算法寻找局部密度中心区域，次数为 10 次，滑动半径均为 3.5 m。其中某次的均值漂移算法与常规滑移算法对比结果如图 6.10 所示。由于常规滑移算法的初始位置和运动步长都是主观设定的，而均值漂移算法以第一个出现的数据点为初始点，且运动步长根据每一步的实际概率密度计算得到，与均值漂移算法相比常规滑移算法在计算密度中心区域存在一定的随机性，准确度与均值漂移算法相比必然较低。

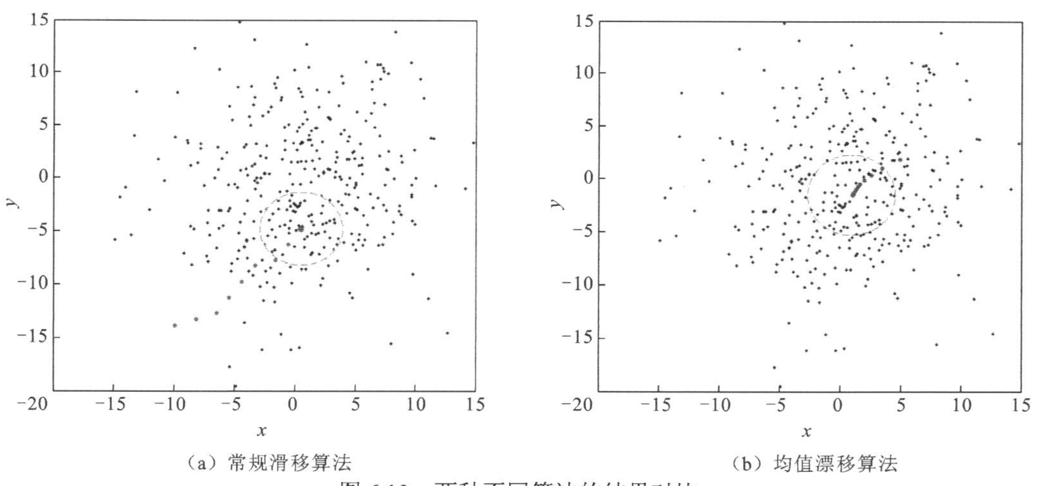

图 6.10　两种不同算法的结果对比

局部微震密度中心坐标与坐标原点之间的距离计算结果如图 6.11 所示，经 10 次随机计算结果对比可以发现，采用均值漂移算法计算得到的目标质心区域更接近微震密度峰值，且采用均值漂移计算的 10 次结果中与原点距离小于 1 m 的有 8 次，而常规方法计算的 10 次结果中仅存在 1 次。与常规滑移算法相比，均值漂移算法的精确度得到了极大提高。这也证明了基于实时微震的均值漂移风险评估指标的合理性。

2. 乌东煤矿冲击地压发生的微震时空变化特征

以乌东煤矿发生的三次冲击地压为例，根据冲击地压发生前的微震监测数据计算 L_C，以验证该指标的有效性和合理性。

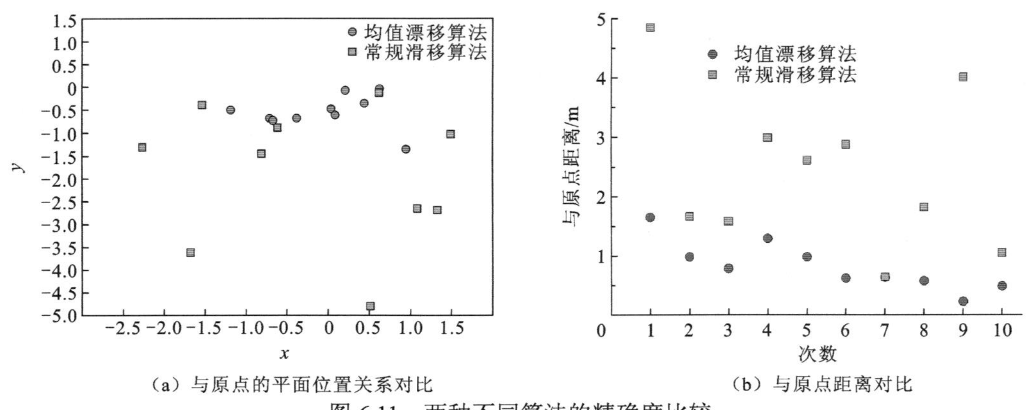

（a）与原点的平面位置关系对比　　（b）与原点距离对比

图 6.11　两种不同算法的精确度比较

乌东煤矿三次冲击地压发生前一个月内的微震事件冲击危险评估指标 L_C 变化曲线如图 6.12 所示。从图中可以看出，在三次冲击地压发生前，指标都会出现一个比之前的记录更低的值，而后迅速上升至一个较高值，随后冲击地压发生。即在冲击地压发生前，L_C 出现了近一个月以来的极小值，这种情况的出现可以看为冲击地压发生前的前兆信息。L_C 的值较低说明微震事件出现的位置集中，这表明某一区域内煤岩体内部存储的能量达到储存极限并破坏了该区域煤岩体的有限平衡，导致该区域煤岩体开始产生裂隙并释放能量。随着该区域煤岩体的破坏影响范围逐渐增大，周围煤岩体也开始产生裂隙并释放能量，从而导致冲击地压的发生。

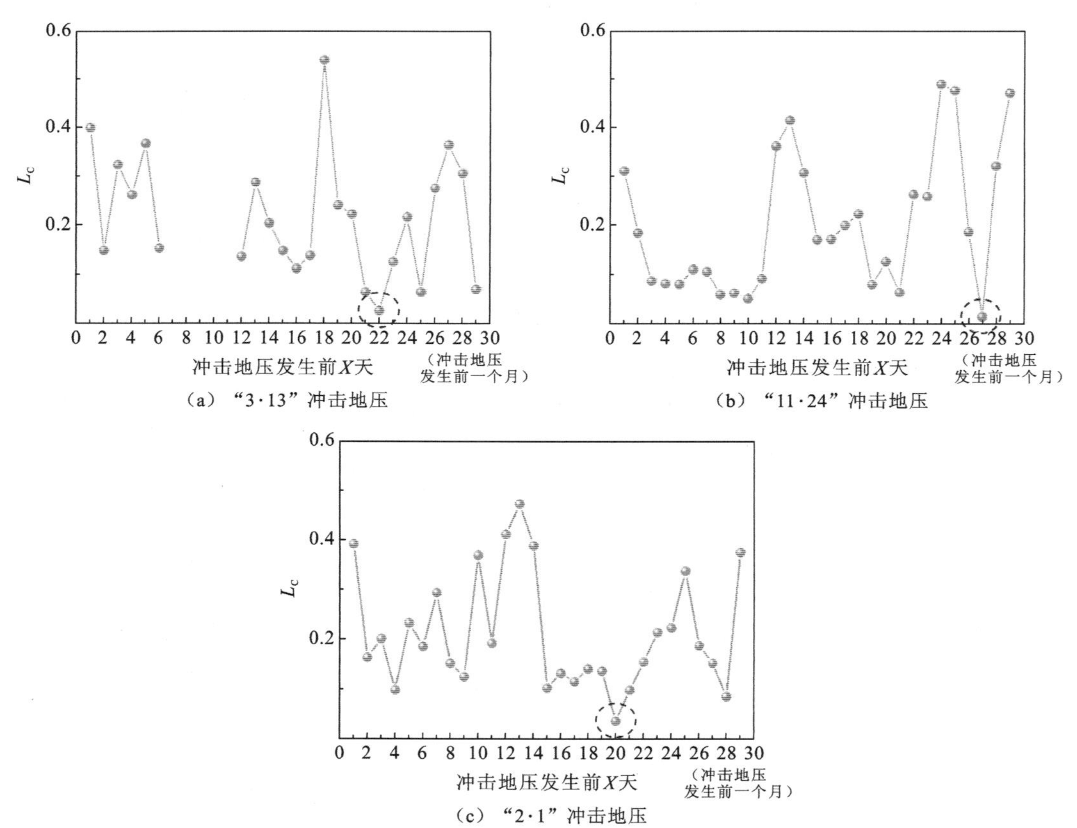

（a）“3·13”冲击地压　　（b）“11·24”冲击地压　　（c）“2·1”冲击地压

图 6.12　冲击地压发生前基于实时微震的均值漂移冲击危险评估指标变化趋势

通过乌东煤矿三次冲击地压的检验，可以发现基于实时微震的均值漂移冲击危险评估指标可以很好地对冲击地压的发生做出前兆预警，从而可以及时地采取措施，预防冲击地压的发生，也进一步证明了该指标的有效性和合理性。

6.4 大型地质体控制下矿井群冲击地压区域防治方法

6.4.1 协调开采

区域工作面协调开采是指矿区生产过程中，采煤工作面之间的相互协调与配合的关系。对某一区域内煤炭资源开采进行规划时，应充分考虑多工作面布置位置、开采顺序及回采参数，工作面之间的紧密配合是矿井稳定、安全生产的基本保证。如果区域内采煤工作面数量多、位置集中且推进速度快，将造成区域开采扰动强烈、危险程度升高的局面；如果工作面过少，推进速度过慢，就会造成开采效率不足、生产成本增加，带来一定的经济损失，即区域开采失调。因此，必须根据安全生产方针和矿井生产规模，安排合理的采煤工作面开采顺序和回采参数，保持协调的区域开采关系。

就冲击地压防治而言，目前国家煤矿安监局《防治煤矿冲击地压细则》中明确规定，冲击地压防治应当坚持“区域先行、局部跟进、分区管理、分类防治”的原则。可以看到，冲击地压的矿区大范围防治占举足轻重的地位，协调开采防治技术一定程度上与该理念相契合。除该细则外，《国家煤炭部冲击地压煤层安全开采暂行规定》和《山东省煤矿冲击地压防治办法》等规范中，也给出了冲击地压矿井在工作面设计时应遵循的原则，具体如下。

（1）采区一翼内各工作面应向同一方向推进，避免相向回采。回采工作均应背向采空区方向推进，避免形成孤岛煤柱，断层附近的回采工作面应背向断层方向推进，或者面向断层的斜交方向推进。

（2）开采煤层必须留设煤柱时，煤柱形状应规则，不得有尖角。

（3）在冲击地压煤层进行回采、同一煤层的相邻工作面向同一方向推进时，错距不得小于 150 m。

（4）同一采区内的工作面必须按顺序进行开采，避免形成孤岛工作面。

（5）相邻工作面切眼、停采线应对齐，避免出现不规则煤柱。

（6）同一区段采空区两侧不得同时进行采掘（巷修）活动，掘进工作面不得在采煤工作面影响区内掘进。

（7）冲击地压危险区应避免双巷同时掘进，两同向掘进工作面的前后错距不得小于 100 m。相向掘进的巷道相距 150 m 时，必须停止一个头掘进。掘进工作面与相邻回采工作面同向作业时，间距不得小于 350 m。严禁掘进工作面与相邻回采工作面相向作业（回采工作面超前 350 m 范围内）。

（8）开采严重冲击地压煤层时，不应在采空区留有煤柱。如果在采空区留有煤柱，必须将煤柱的位置、尺寸及影响范围标在采掘工程图上。

（9）在冲击地压煤层进行回采、同一煤层同一采区双翼开采时，两翼工作面不得同时对采。

单一工作面开采导致的断层活化和应力转移是相邻工作面应力环境变化的原因之一，且其有可能诱发相邻工作面的冲击地压，因此，可从控制关键结构体应力扰动的角度，对相邻工作面的开拓部署和回采设计进行合理规划，从而达到防治冲击地压的目的。

6.4.2 断链增耗

大型地质体控制下的相邻采面冲击地压发生存在联动效应，因此在冲击地压的防治过程中就需要提出一种方法来阻止或减弱扰动的传递作用、破坏大型地质体的结构，进而消除因大型地质体存在而在煤层间传递的扰动应力。基于以上考虑，本小节提出断链增耗的防冲方法，该方法示意图如图 6.13 所示。“断链”是指通过水力压裂或煤层超前预裂爆破等方法切断大型地质体结构，破坏大型地质体结构的完整性，以切断大型地质体由运移而产生的采动应力链，避免联动冲击地压的产生；“增耗”是指通过煤层注水或地面爆破的方法增加煤岩体内部弹性应变能的耗散，同时阻止或减弱相邻采面间的扰动传递，避免大型地质体控制下扰动冲击地压的产生。

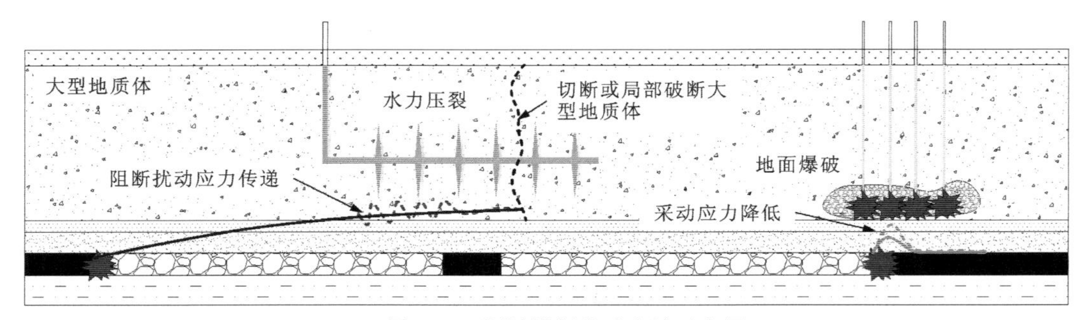

图 6.13 断链增耗防冲方法示意图

以龙堌煤矿的地堑构造为研究对象，采用数值模拟手段对断链增耗防冲方法的有效性进行验证。根据 4.4 节龙堌煤矿地堑构造区冲击地压的数值计算发现，冲击发生区域（即地堑构造内部区域）的垂直应力明显高于未冲击区域。针对位于地堑构造区 2305S 回采工作面，采用断链增耗的区域防冲方法，对悬顶部位采取定向水力压裂技术[图 6.14（a）]，切断悬顶降低其弯曲变形对煤层的挤压并预防其突然断裂产生强动载扰动。同时，对高位岩层采取地面爆破技术[图 6.14（b）]，释放其因弯曲变形而存储的弹性应变能，增加煤岩体内部的弹性应变能耗散，减弱动载对巷道的扰动。

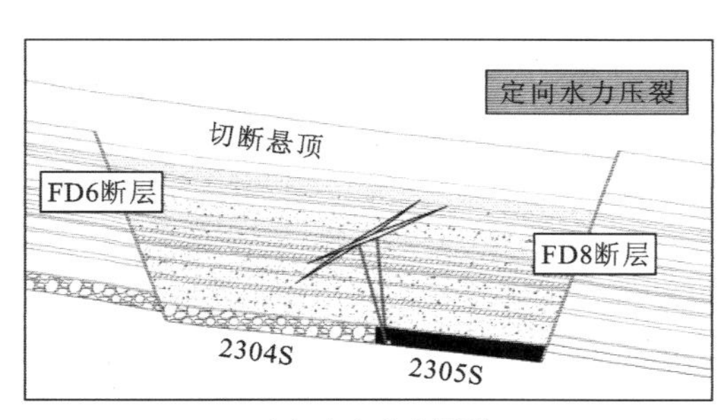

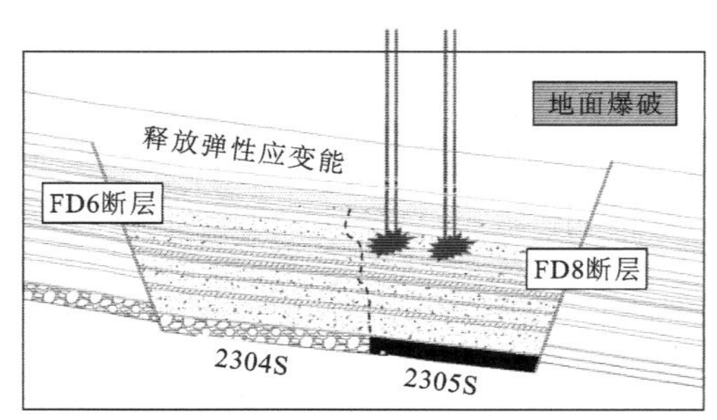

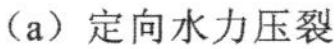
（a）定向水力压裂　　（b）地面爆破

图 6.14 地堑构造区断链增耗防冲技术示意图

对切断悬顶后的冲击地压发生局部区域进行数值计算后结果如图 6.15 所示。通过对比图 6.15 可以发现，卸压措施后巷道周围的破坏区范围明显变小，塑性区卸压吸能后范围略有增大，冲击区域煤岩体强度明显减低。为了更加直观地反映卸压措施前后巷道两侧应力及塑性区的变化，在上平巷和三联巷分别选择冲击地压显现较为严重的 A 和 B 位置处（图 6.16）进行监测，其巷道两侧的垂直应力及塑性应变变化曲线如图 6.16 所示。从图中可以看出，卸压措施实施前，A、B 位置处巷道两帮位置附近的最大应力值分别为 80.62 MPa 和 80.42 MPa，且等效塑性应变值偏大，煤岩体应力集中程度高。卸压措施后，A、B 位置处巷道两帮位置附近的应力值有明显降低，分别为 65.85 MPa 和 64.02 MPa，而等效塑性应变略有下降，说明煤岩体内积聚能量释放，煤岩体应力集中程度降低。从数值计算结果不难看出，断链增耗的防冲方法能够有效减弱或避免冲击地压灾害的发生。

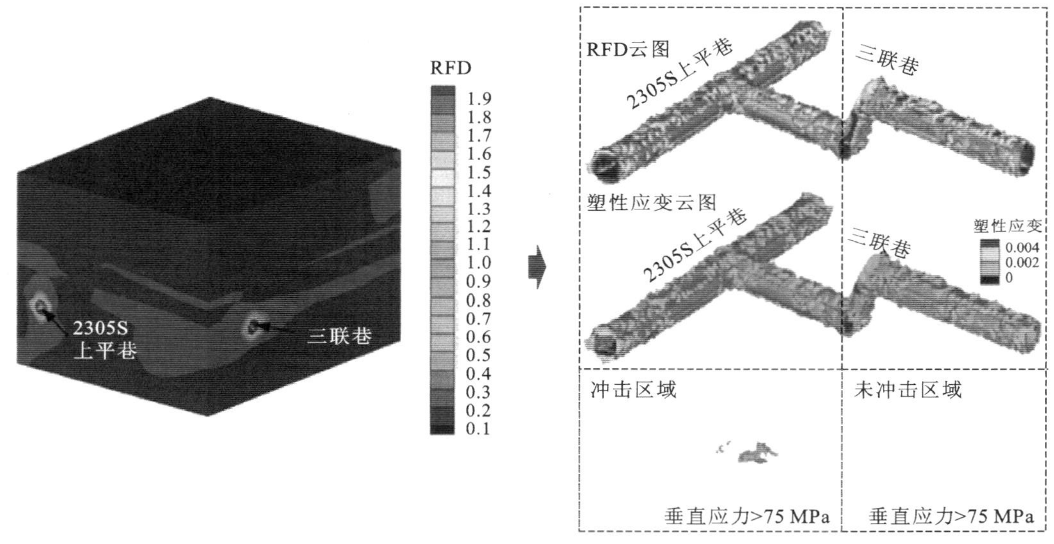

图 6.15　卸压措施后巷道冲击区域和未冲击区域数值计算结果对比

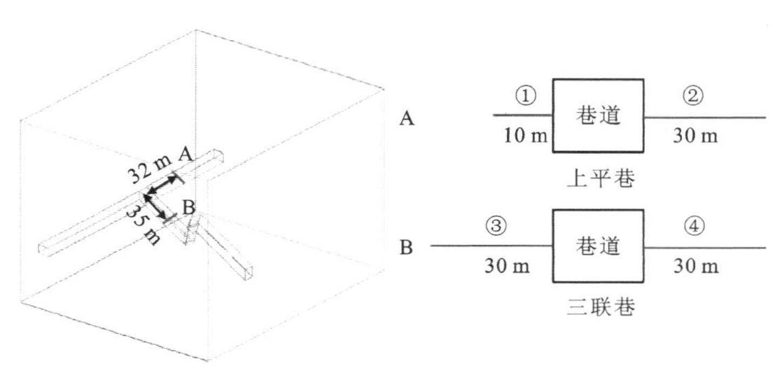

（a）巷道监测示意图

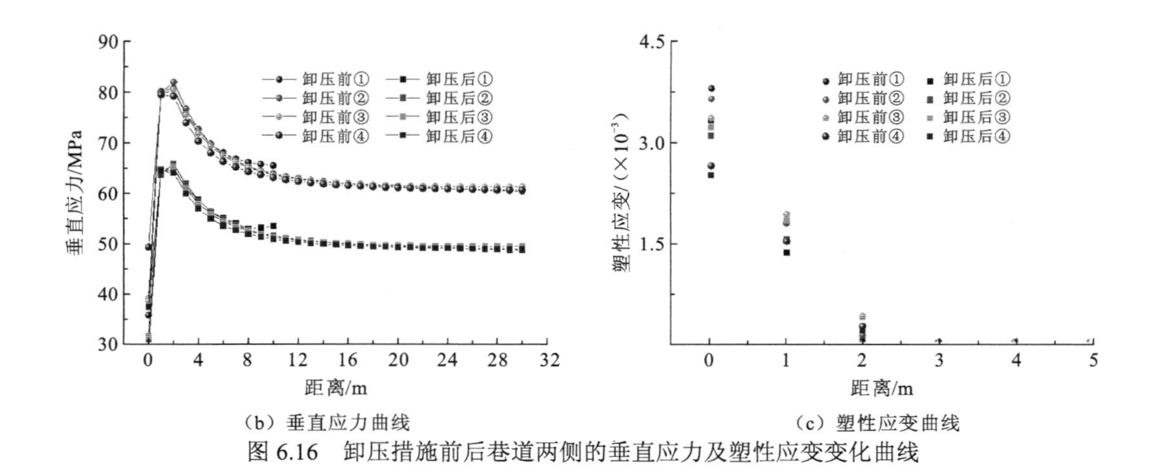

（b）垂直应力曲线　　　　（c）塑性应变曲线

图 6.16　卸压措施前后巷道两侧的垂直应力及塑性应变变化曲线

参 考 文 献

[1] 中华人民共和国国家质量监督检验检疫总局, 中国国家标准化管理委员会. 冲击地压测定、监测与防治方法 第 2 部分: 煤的冲击倾向性分类及指数的测定方法: GBT 25217. 2-2010[S]. 北京: 中国质检出版社, 2010.

[2] 何晓群. 多元统计分析 (第二版)[M]. 北京: 中国人民大学出版社, 2008.

[3] CAI W, DOU L M, SI G Y, et al. A principal component analysis/fuzzy comprehensive evaluation model for coal burst liability assessment[J]. International Journal of Rock Mechanics and Mining Sciences, 2016, 81: 62-69.

[4] 中国矿业大学. 常村煤矿煤岩样冲击倾向性测定报告[R]. 义马煤业(集团)有限责任公司, 2008.

[5] 中国矿业大学. 跃进煤矿煤岩冲击倾向性测定报告[R]. 义马煤业(集团)有限责任公司, 2009.

[6] 中国矿业大学. 耿村煤矿煤层冲击倾向性研究[R]. 义马煤业集团股份有限公司, 2012.

[7] 河南理工大学. 跃进煤矿煤层冲击倾向性试验报告[R]. 义马煤业(集团)有限责任公司, 2007.

[8] 河南理工大学. 千秋矿 2 号煤层煤岩力学试验及冲击倾向性鉴定[R]. 义马煤业(集团)有限责任公司, 2010.

[9] 中国科学院武汉岩土力学研究所. 耿村煤矿 2-3 煤层及其顶底板岩层冲击倾向性鉴定报告[R]. 河南大有能源股份有限公司, 2021.

[10] 中国科学院武汉岩土力学研究所. 千秋煤矿一水平煤层及其顶底板、二水平底板冲击倾向性测试报告[R]. 河南大有能源股份有限公司, 2021.

[11] 煤科总院北京开采研究所. 义马千秋煤矿 2 号煤层及顶底板物理力学性质测试与冲击倾向性鉴定[R]. 义马煤业(集团)有限责任公司, 2009.

[12] 天地科技股份有限公司. 高瓦斯易自燃厚煤层巷道冲击地压预测预防理论与技术研究报告[R]. 义马煤业(集团)有限责任公司, 2010.

[13] 天地科技股份有限公司. 杨村煤矿 2 煤煤岩冲击倾向性鉴定及浸水试验[R]. 河南大有能源股份有限公司, 2012.

[14] WANG H W, JIANG Y D, XUE S, et al. Investigation of intrinsic and external factors contributing to the occurrence of coal bumps in the mining area of western Beijing, China[J]. Rock Mechanics and Rock Engineering, 2016, 50(4): 1033-1047.

[15] ZHAO Y X, JIANG Y D. Acoustic emission and thermal infrared precursors associated with bump-prone coal failure[J]. International Journal of Coal Geology, 2010, 83(1): 11-20.
[16] 中国矿业大学(北京). 义马矿区冲击地压机理与防冲支护技术研究[R]. 河南大有能源股份有限公司, 2011.
[17] MA T H, TANG C A, TANG L X, et al. Rockburst characteristics and microseismic monitoring of deep-buried tunnels for Jinping II Hydropower Station[J]. Tunnelling and Underground Space Technology, 2015, 49: 345-368.
[18] LU C P, LIU G J, ZHANG N, et al. Inversion of stress field evolution consisting of static and dynamic stresses by microseismic velocity tomography[J]. International Journal of Rock Mechanics and Mining Sciences, 2016, 87: 8-22.
[19] ZHAO Y, YANG T H, YU Q L, et al. Dynamic reduction of rock mass mechanical parameters based on numerical simulation and microseismic data: A case study[J]. Tunnelling and Underground Space Technology, 2019, 83: 437-451.
[20] 杨天鸿, 郑超, 张鹏海, 等. 基于微震监测的矿山岩体强度动态标定方法研究[J]. 采矿与安全工程学报, 2013, 30(4): 548-554.
[21] 徐奴文, 李彪, 戴峰, 等. 基于微震监测的顺层岩质边坡开挖稳定性分析[J]. 岩石力学与工程学报, 2016, 35(10): 2089-2097.
[22] LU C P, LIU Y, WANG H Y, et al. Microseismic signals of double-layer hard and thick igneous strata separation and fracturing[J]. International Journal of Coal Geology, 2016, 160: 28-41.
[23] WANG G F, GONG S Y, DOU L M, et al. Rockburst characteristics in syncline regions and microseismic precursors based on energy density clouds[J]. Tunnelling and Underground Space Technology, 2018, 81: 83-93.
[24] FUKUNAGA K, HOSTETLER L. The estimation of the gradient of a density function, with applications in pattern recognition[J]. IEEE Transactions on Information Theory, 1975, 21(1): 32-40.
[25] ABDALLAH L, SHIMSHONI I. Mean shift clustering algorithm for data with missing values[C]// BELLATRECHE L, MOHANIA M K. Data Warehousing and Knowledge Discovery, 2014. Berlin: Springer, 2014: 426-438.
[26] CHENG Y Z. Mean shift, mode seeking, and clustering[J]. IEEE Transactions on Pattern Analysis and Machine Intelligence, 1995, 17(8): 790-799.
[27] AI L, XIONG J H. Temporal-spatial mean-shift clustering analysis to improve functional MRI activation detection[J]. Magnetic Resonance Imaging, 2016, 34(9): 1283-1291.
[28] COMANICIU D, MEER P. Mean shift: A robust approach toward feature space analysis[J]. IEEE Transactions on Pattern Analysis and Machine Intelligence, 2002, 24(5): 603-619.
[29] FRANKEL A, MUELLER C S, BARNHARD T, et al. USGS national seismic hazard maps[J]. Earthquake Spectra, 2000, 16(1): 1-19.
[30] FRANKEL A. Mapping seismic hazard in the central and eastern United States[J]. Seismological Research Letters, 1995, 66(4): 8-21.

[31] AKINCI A. HAZGRIDX: Earthquake forecasting model for $M_L \geqslant 5.0$ earthquakes in Italy based on spatially smoothed seismicity[J]. Annals of Geophysics, 2010, 53(3): 51-61.

[32] MONTILLA J A P, HAMDACHE M, CASADO C L. Seismic hazard in northern algeria using spatially smoothed seismicity results for peak ground acceleration[J]. Tectonophysics, 2003, 372(1): 105-119.

[33] 蔡武，窦林名，李振雷，等. 微震多维信息识别与冲击矿压时空预测：以河南义马跃进煤矿为例[J]. 地球物理学报, 2014, 57(8): 2687-2700.

[34] LAPAJNE J, MOTNIKAR B S, ZUPANCIC P. Probabilistic seismic hazard assessment methodology for distributed seismicity[J]. Bulletin of the Seismological Society of America, 2003, 93(6): 2502-2515.

第 7 章 巨厚砾岩控制下井间协调开采防冲方法模拟与实践

7.1 邻面协调开采防冲方法模拟

7.1.1 应力转移的影响因素及条件设置

以义马矿区为背景，按照采矿活动中常见的地质因素和开采因素，模拟中需要考虑的地质因素变量有煤层厚度和巨厚砾岩厚度；开采因素变量有中间煤柱宽度、两工作面倾向长度、两工作面垂直错距。将各因素分别编号为 1～5 号。对各因素的条件变量来说，在充分考虑义马矿区实际地质与开采条件前提下，同时依据行业经验将部分因素条件适当拓展，将 1～5 号因素的不同条件按照等差思想均分设置，如表 7.1 所示。需要说明的是，义马跃进煤矿和常村煤矿井田边界深部开采区域存在多工作面同时布置，为了更加明确该区域多工作面开采方式，从而为该区域未来工作面协调开采防治冲击地压提供指导，将该区域的各地质和开采因素的条件作为基础条件（表中加粗数值），对单一某因素的不同条件模拟时，模型中的其余因素均取加粗的条件数值。

表 7.1 数值模拟因素变量及条件设置

编号	因素类型	因素变量	因素条件				
1	地质因素	煤层厚度/m	5	**10**	15	20	25
2		巨厚砾岩厚度/m	100	200	**300**	400	500
3	开采因素	中间煤柱宽度/m	0	50	100	**150**	200
4		两工作面倾向长度/m	150	**200**	250	300	350
5		两工作面垂直错距/m	**0**	100	200	300	400

1. 模型构建

按照义马矿区的关键结构体组成，构建的一般化“工作面-煤柱-工作面”模型过程如图 7.1 所示，该过程中首先绘制包含两工作面无错距的地层模型[图 7.1（a）]，将其导入数值分析软件生成两工作面网格模型[图 7.1（b）]。而两工作面存在错距时构建方式相同，其网格模型见图 7.1（c）。

该模型的煤层中右侧的工作面为先采工作面，左侧的工作面为后采工作面，两工作面走向长度均为 1 000 m，X 方向上两工作面距离模型边界均为 50 m，Y 方向上后采工作面下边界距离模型边界 50 m，且 Y 方向上模型总长度均为 2 300 m。

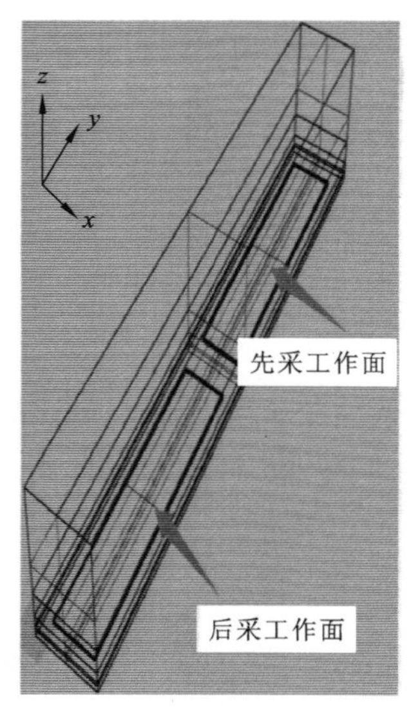

（a）模型绘制

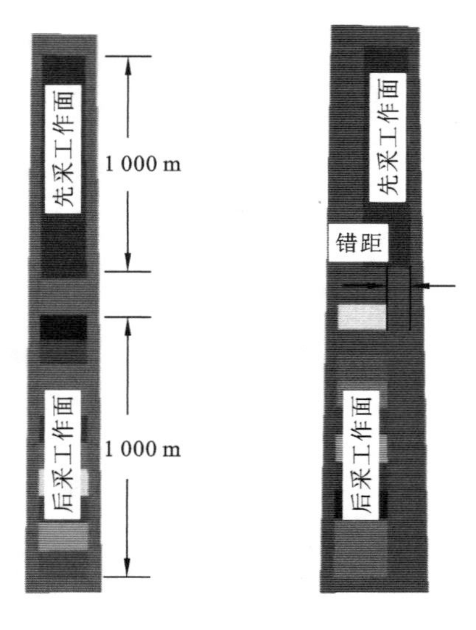

（b）无错距模型　　（c）有错距模型

图 7.1 义马矿区关键结构体数值模型构建

本节着重分析多采场、大空间条件下应力转移的影响因素，该研究尺度相对较大，对模型岩层需进行一定的简化，忽略结构体中的较薄岩层，模型包含五层岩层，由下至上分别为泥砂互层、煤层、泥岩、砂岩砾岩互层、巨厚砾岩，其中不同条件的计算模型的泥砂互层、泥岩和砂岩砾岩互层的厚度均设置为 20 m、30 m 和 200 m，而煤层和巨厚砾岩的厚度依据条件设置而变化。各岩层物理力学参数如表 7.2 所示。

表 7.2　煤岩体物理力学参数

岩层	体积模量/GPa	剪切模量/GPa	密度/（kg/m^3）	内摩擦角/（°）	黏聚力/MPa	抗拉强度/MPa
巨厚砾岩	32.1	18.1	2 720	43.4	5.52	2.5
砂岩砾岩互层	1.89	0.63	2 490	27	1.9	1.8
泥岩	1.36	1.29	2 658	29.2	1.2	1.24
煤层	0.53	0.176	1 350	23.1	1	0.8
泥砂互层	2.24	1.68	2 588	16	5.86	4.58

2. 开采设置

不同因素的数值模拟开采顺序如图 7.2 所示，具体设置：①先采工作面回采 1 000 m；②后采工作面由中间煤柱位置处，朝着远离中间煤柱的方向回采，每次回采 100 m，分 10 步回采完毕。

3. 应力观测

为了对比分析不同条件下后采工作面回采过程导致的先采工作面应力转移程度，首先提取模型中固定测线上的垂直应力值，测线在 Z 方向上位于煤层与直接顶泥岩交界面处，X 方向上位于先采工作面正中部。根据先采工作面回采方向，当先采工作面回采完毕后，提取先采工作面前方 30.77 m 处的应力值，该测点位于先采工作面前方的实体煤或边界煤柱内。不同因素的测点位置见图 7.2。

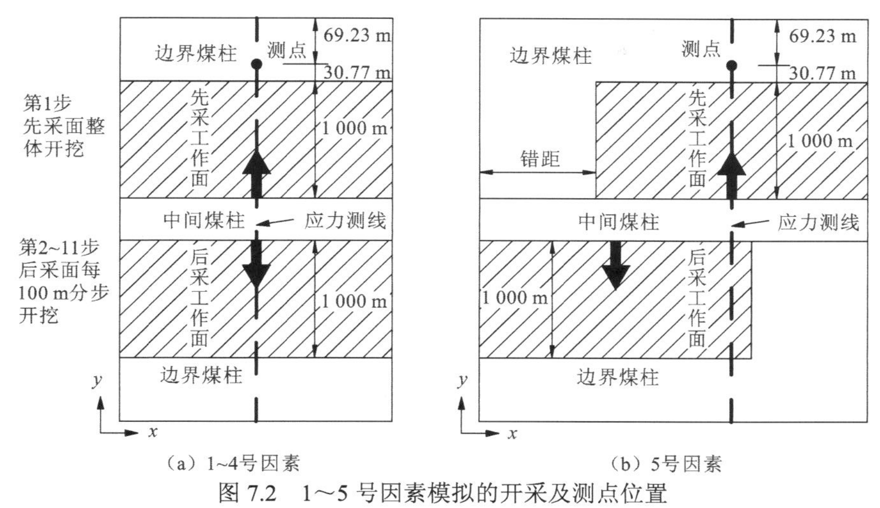

图 7.2　1～5 号因素模拟的开采及测点位置

7.1.2　不同因素的应力转移主控条件

1. 垂直应力增量和增率直接表征

为了弄清滞后工作面回采时先采工作面受应力转移的程度，对不同条件模拟的应力结果做如下处理：后采工作面每次开挖前与开挖后的过程中，对先采面煤岩体垂直应力作差，记为后采面开挖时转移至先采面的垂直应力增量。不仅如此，将垂直应力增量与后采面开挖前的先采面测点垂直应力作商，记为后采面开挖时转移至先采面的垂直应力增率。若垂直应力增量或垂直应力增率为正，认为滞后工作面回采过程中发生应力转移现象，同时使用能够发生应力转移现象时的后采面累计回采长度表征应力转移范围。若垂直应力增量和增率的值越大，应力转移范围越大，则认为应力转移效应越明显，以此作为同一因素时的应力转移主控条件判别方法。

后采工作面回采的整个过程中，先采工作面应力演化结果如图 7.3～图 7.7 所示。整体上看，当后采工作面回采 100 m 时，每种影响因素下均至少存在一种条件出现应力转移现象，如煤厚 15 m、巨厚砾岩 500 m、中间煤柱 200 m、工作面倾斜长 350 m 及两工作面无错距。每种影响因素并非所有条件均能造成应力转移现象，且不同条件的应力转移程度也是显然不同的。

由图 7.3 可知，不同煤层厚度条件下先采面垂直应力增量和垂直应力增率整体变化规律具有较好的一致性：煤层越厚，垂直应力增量和增率的值越大。左侧工作面开挖 100 m 时，煤层厚度 5～25 m 的垂直应力增量分别为 0.075 6 MPa、0.082 9 MPa、0.123 3 MPa、0.110 9 MPa 和 0.139 1 MPa，垂直应力增率分别为 0.30%、0.36%、0.42%、0.49%和 0.65%。从应力转移范围来说，煤层厚度为 20 m 和 25 m 时，左侧工作面开挖 100 m 和 200 m 均能发生应力转移现象，而煤层厚度为 5 m、10 m 和 15 m 时，仅左侧开挖 100 m 时发生应力转移现象，说明煤层厚度越大，应力转移范围越大。

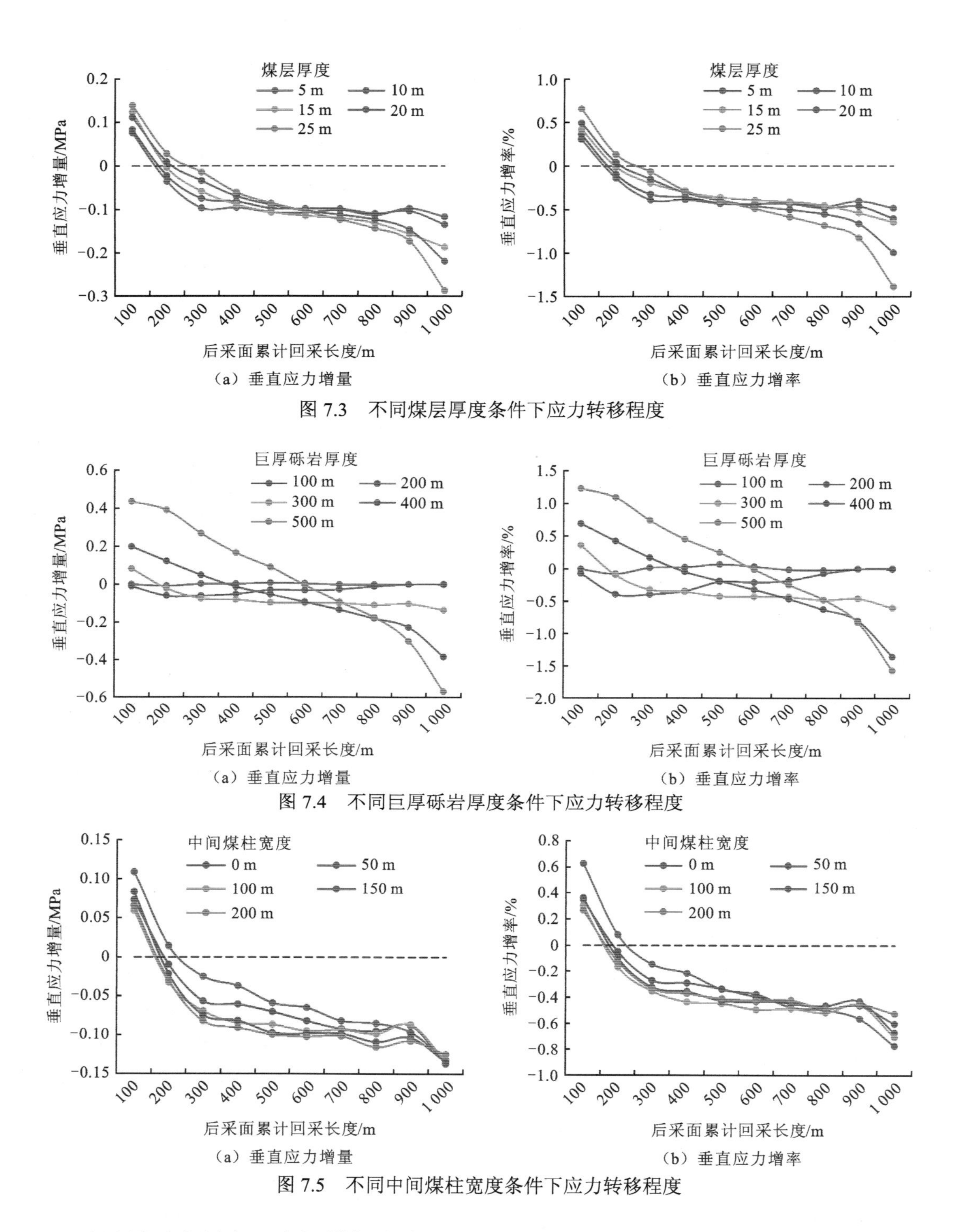

（a）垂直应力增量　（b）垂直应力增率

图 7.3　不同煤层厚度条件下应力转移程度

（a）垂直应力增量　（b）垂直应力增率

图 7.4　不同巨厚砾岩厚度条件下应力转移程度

（a）垂直应力增量　（b）垂直应力增率

图 7.5　不同中间煤柱宽度条件下应力转移程度

对巨厚砾岩厚度、中间煤柱宽度、两工作面倾向长度、两工作面垂直错距因素（图 7.4～图 7.7）而言，其均呈现出类似变化，即巨厚砾岩越厚，中间煤柱宽度越小，工作面倾向长度越长，工作面垂直错距越小，垂直应力增量和垂直应力增率越大，应力转移范围就越大。

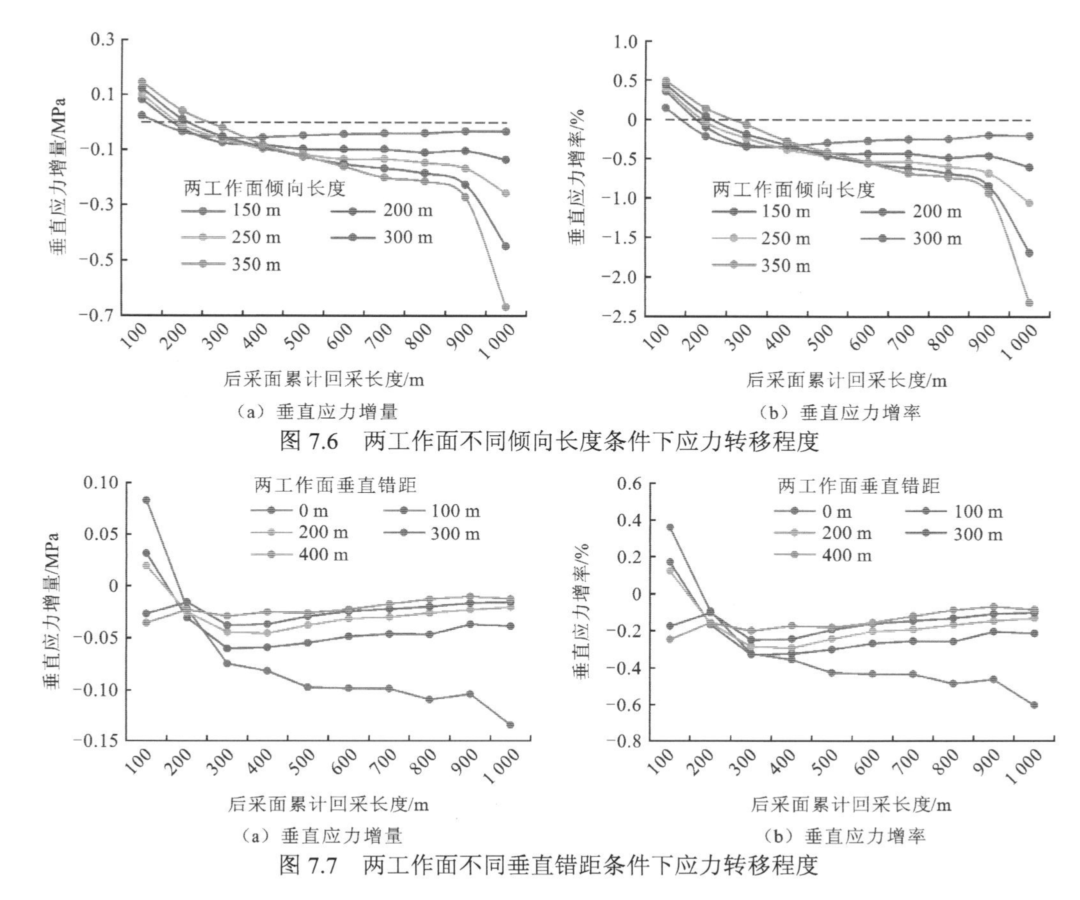

（a）垂直应力增量　　（b）垂直应力增率

图 7.6　两工作面不同倾向长度条件下应力转移程度

（a）垂直应力增量　　（b）垂直应力增率

图 7.7　两工作面不同垂直错距条件下应力转移程度

从直观上理解不同影响因素对应力转移的影响趋势，煤层越厚、两工作面倾向越长，后采工作面初期回采的开采效应对上覆巨厚砾岩的波及程度就越强，巨厚砾岩下行运动空间就越大；巨厚砾岩越厚，其整体性与完整性就越好，介质整体作用的本质属性就越强；中间煤柱宽度越窄，煤柱对巨厚砾岩中部的支撑能力就越弱，巨厚砾岩大范围运动的能力就越强；两工作面错距越小时，先采面距离后采面距离就越近，受后采面开采扰动就越强。

2. 覆岩破坏高度间接表征

对巨厚砾岩控制的相邻工作面开采区域而言，结构单元中的不同特征参数对应力转移程度产生一定的影响。由前文可知，当后采工作面回采 100 m 时，各个因素均存在应力转移的条件，因此重点研究后采面回采 100 m 时的覆岩结构参数特征。两工作面倾斜长度为 150 m 时，先采工作面回采完毕后（1 000 m），后采工作面回采 100 m 时的邻面的覆岩破坏特征如图 7.8 所示。

图 7.8 中，两工作面开采后，上覆岩层破坏以剪切破坏为主，靠近煤层的低位直接顶局部发生拉伸破坏，而上覆 500 m 巨厚砾岩未发生破坏，整体性较好地覆盖于两工作面上方。对两工作面来说，将煤层与直接顶泥岩交界面至覆岩破坏的上边界的高度范围定义为覆岩破坏高度，后采面作为应力转移的源头诱发，其开采活动为应力演化形成了初始结构条件，当后采面上覆岩层破坏范围越大，开采效应对巨厚砾岩的扰动就越强烈，相互作用下，应力转移时巨厚砾岩对先采面的影响就越强，由此逻辑推断可认为后采面开采造成的

图 7.8 先采工作面回采 1 000 m 且后采工作面回采 100 m 时的邻面覆岩破坏特征

覆岩破坏范围与应力转移程度正相关。为了验证推断合理性，后采工作面回采 100 m 时，分别提取的各不同因素和不同条件的覆岩破坏高度模拟结果，其变化特征如图 7.9 所示。需要说明的是，巨厚砾岩抗拉强度和测压系数因素的不同条件对应力转移影响不大，其后采工作面的覆岩破坏高度变化不再给出。

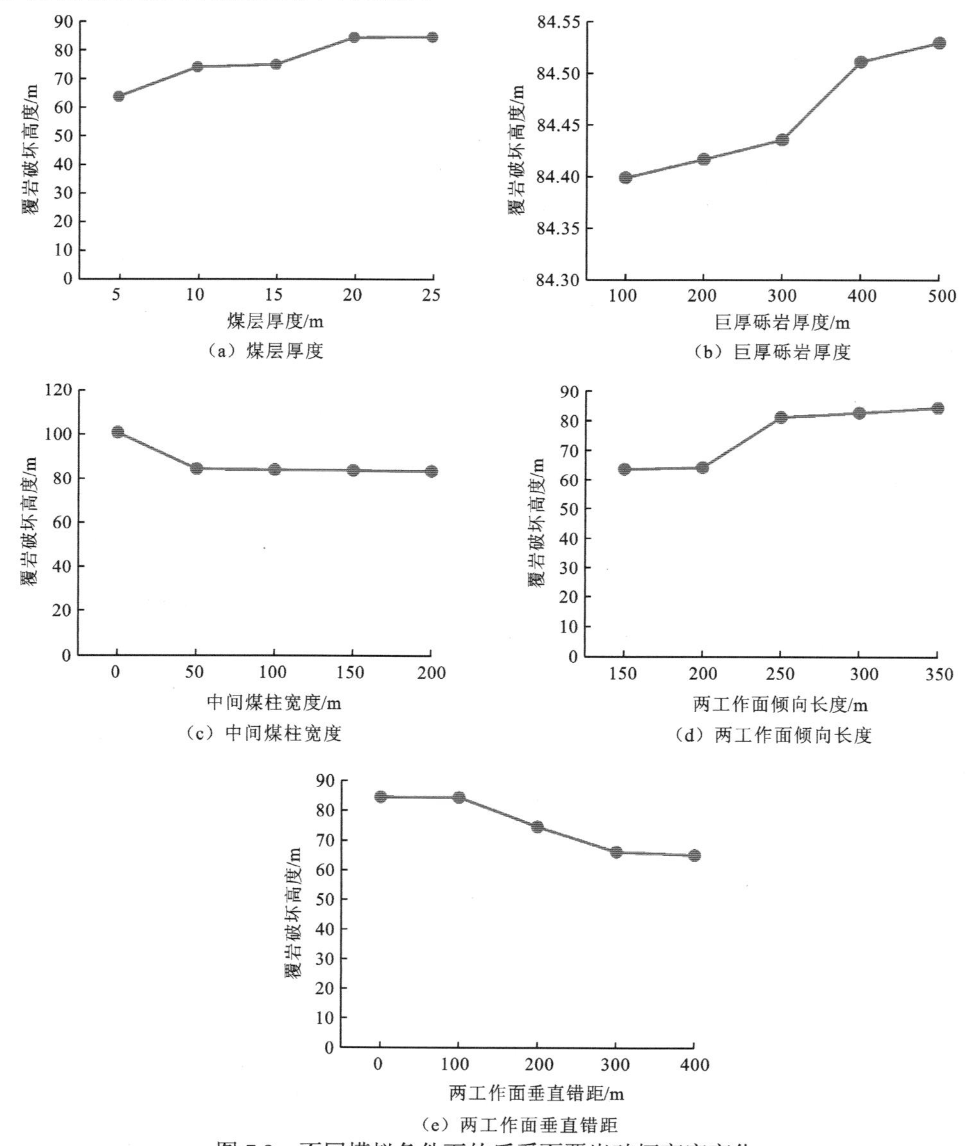

图 7.9 不同模拟条件下的后采面覆岩破坏高度变化

由图 7.9（a）可知，后采面覆岩破坏高度随着煤层厚度的增加而增加，由 63 m 显著增长至 84 m，说明煤层越厚，应力转移程度越大，与应力增量与增率得到的结果保持一致。对于其他因素[图 7.9（b）～（e）]，巨厚砾岩越厚，中间煤柱宽度越窄，工作面倾向长度越长，两工作面垂直错距越小，应力转移程度越大。由覆岩高度表征应力转移程度的结果与应力增量的表征结果保持一致，说明该覆岩参数与应力转移具有较好的对应性。

7.1.3　义马矿区相邻工作面协调开采方法

1. 避免应力转移的因素取值范围

各因素的不同条件对应力转移程度的影响差别明显。对煤层厚度因素而言[图 7.10（a）]，后采面回采 0～100 m 时，不同煤厚条件下的邻面垂直应力增量均为正值，即均存在应力转移现象；后采面回采 100～200 m 时，煤层厚度为 20 m 和 25 m 的条件存在应力转移现象。后采面回采某一进度时，为了探究应力转移是否发生的临界煤厚条件，图 7.10（b）～（d）分别给出了后采工作面回采 0～100 m、100～200 m 和 200～300 m 时的垂直应力增量随煤层厚度的变化。

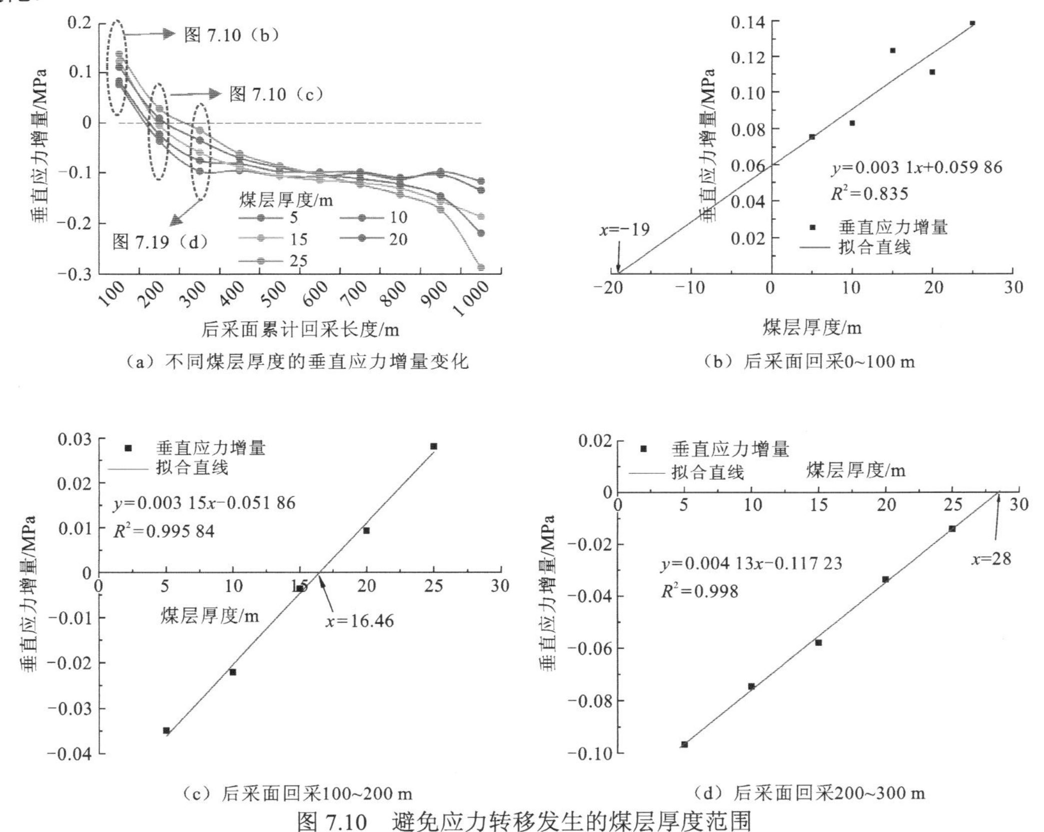

（a）不同煤层厚度的垂直应力增量变化　（b）后采面回采0~100 m

（c）后采面回采100~200 m　（d）后采面回采200~300 m

图 7.10　避免应力转移发生的煤层厚度范围

由图 7.10（b）可知，邻面垂直应力增量与煤层厚度呈线性正相关，拟合直线与横轴交点处的煤层厚度则代表了应力转移发生与否的煤层临界厚度，当煤层厚度低于该临界厚度时，后采面回采 0～100 m 过程中则不会发生应力转移。由于煤层临界厚度理论值（−19 m）

低于 0，说明后采面回采 100 m 过程中，无论邻面区域煤层厚度如何，均能够发生应力转移。由图 7.10(c)可知，由直线拟合得到煤层临界厚度为 16.46 m，即当煤层厚度小于 16.46 m时，后采工作面回采 100～200 m 过程中不会发生应力转移。由图 7.10（d）可知，当煤层厚度小于 28 m 时，后采工作面回采 200～300 m 过程中不会发生应力转移。后采工作面在随后的回采过程中，在行业经验所认为的常见煤层厚度范围内（0～30 m），后采面回采300～1 000 m 时均不会发生应力转移。

对巨厚砾岩厚度、中间煤柱宽度、两工作面倾向长度、两工作面垂直错距因素而言，后采工作面回采的 10 个阶段中，不同阶段能够避免应力转移发生的各因素取值范围结果如图 7.11～图 7.14 所示。

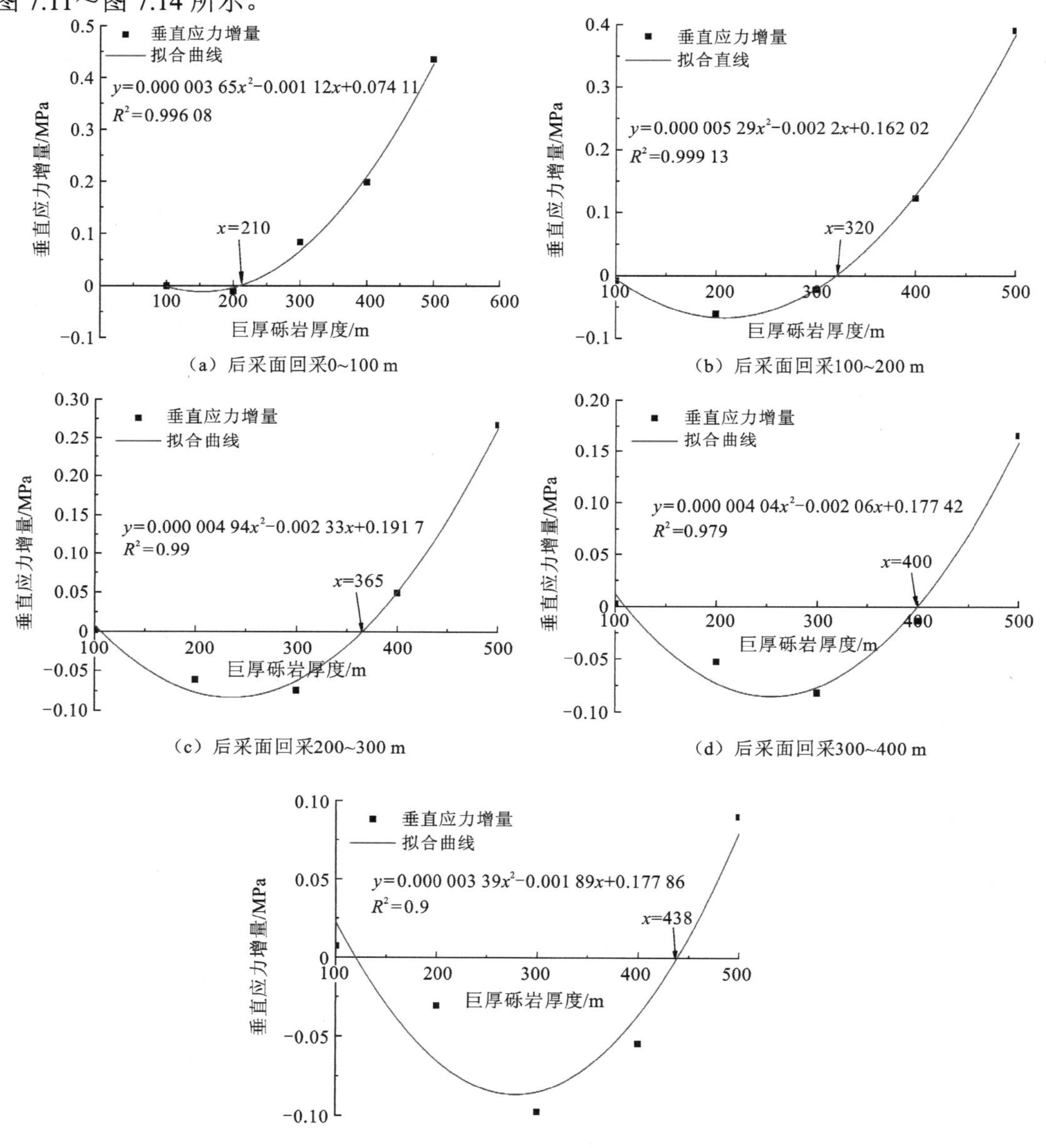

图 7.11　避免应力转移发生的巨厚砾岩厚度范围

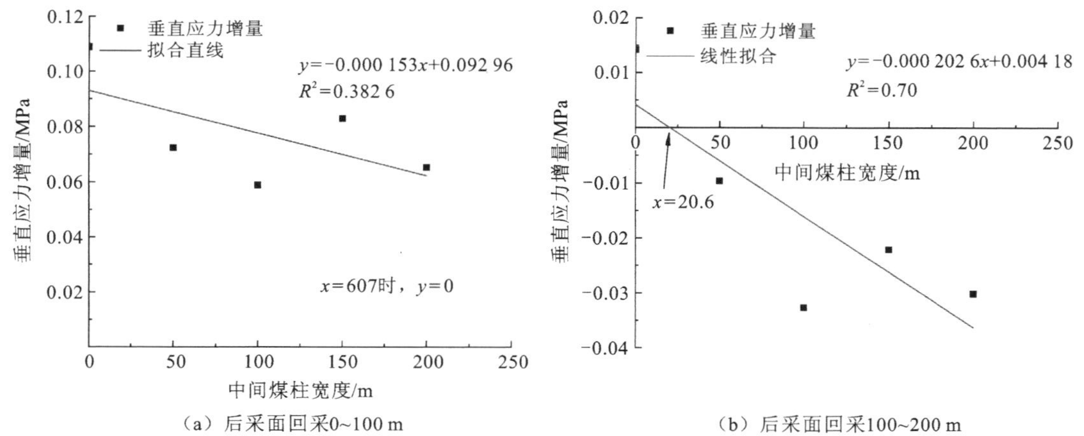

（a）后采面回采0~100 m　　（b）后采面回采100~200 m

图 7.12　避免应力转移发生的中间煤柱宽度范围

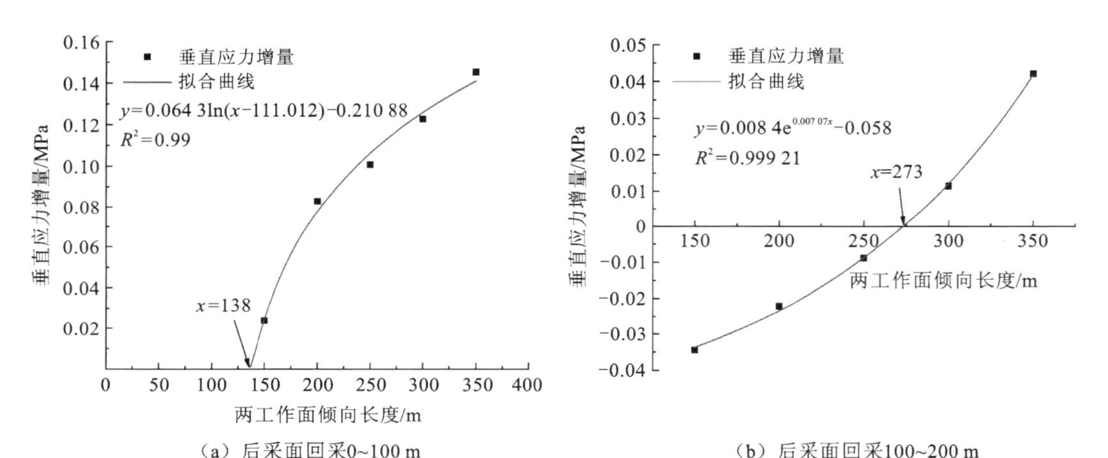

（a）后采面回采0~100 m　　（b）后采面回采100~200 m

图 7.13　避免应力转移发生的两工作面倾向长度范围

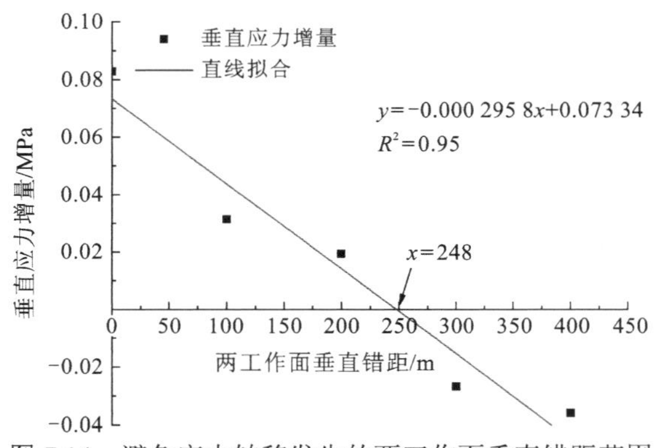

图 7.14　避免应力转移发生的两工作面垂直错距范围

对于所有因素，后采工作面回采的 10 个阶段中（每次回采 100 m），避免应力转移的各因素取值范围如表 7.3 所示。表中各因素避免应力转移的临界理论值均位于行业常见范围内，当临界理论值违反实际时，后采面某次回采过程中的应力转移情况分为两类：因素取常见的任意值均有应力转移和均无应力转移，分别见表中深灰色和浅灰色标识。

表 7.3　避免应力转移发生的各因素的取值范围理论值

因素	后采工作面累计回采长度/m									
	100	200	300	400	500	600	700	800	900	1 000
煤层厚度/m		≤16	≤28							
巨厚砾岩厚度/m	≤210	≤320	≤365	≤400	≤438	≤517	≤722			
煤柱宽度/m	≥607	≥21								
两工作面倾向长度/m	≤138	≤273	≤374							
两工作面垂直错距/m	≥248									

注：（浅色）因素取常见的任意值均无应力转移；（深色）因素取常见的任意值均有应力转移

由表 7.3 可知，后采面回采过程中，回采 100 m 时，对煤层厚度而言，均无法通过选取合理的值而避免应力转移现象的发生。对于其他因素，巨厚砾岩厚度≤210 m、煤柱宽度≥607 m、两工作面倾向长度≤138 m、两工作面垂直错距≥248 m 条件下，均能够避免邻面应力转移的发生。

后采工作面后续的回采过程中，均能够通过因素的合理取值而避免应力转移。以后采面回采 100～200 m 为例，当煤层厚度≤16 m、巨厚砾岩厚度≤320 m、煤柱宽度≥21 m、两工作面倾向长度≤273 m，邻面均无应力转移现象；而垂直错距因素取任意值均无应力转移现象。

2. 基于因素分级选取的工作面布置

根据应力转移主控条件及避免应力转移的因素取值范围，提出义马矿区关键结构体相邻工作面协调开采的各因素分级选取方法如下。

（1）煤层厚度。工作面优先布置在煤层较薄的区域，条件允许时，选择区域应满足煤层厚度≤16 m。当区域煤层厚度均超过 16 m 时，所选开采区域应满足煤层厚度≤28 m。

（2）巨厚砾岩厚度。工作面优先布置在巨厚砾岩较薄的区域，条件允许时，选择区域应满足其上覆巨厚砾岩厚度≤210 m。当区域巨厚砾岩厚度均超过 210 m 时，区域首选的巨厚砾岩厚度临界值上升至 320 m，以此类推，优选条件应分别低于 365 m、400 m、438 m、517 m 和 722 m。

（3）煤柱宽度。尽量增大两工作面之间的煤柱尺寸，条件允许时，留设的煤柱宽度应超过 607 m，否则煤柱宽度应至少不小于 21 m。

（4）两工作面倾向长度。在满足机具与工作面尺寸配套前提下，尽量缩短两工作面倾向长度，满足两工作面倾向长度≤138 m；若受条件限制而无法满足工作面倾向长度过小时，设计的两工作面倾向长度应不超过 273 m；若其仍无法满足生产能力和效率，加长后的两工作面倾向长度应不超过 374 m。

（5）两工作面垂直错距。设计时应尽可能增大邻面的垂直错距，条件允许时应满足两工作面垂直错距≥248 m。

7.2 井间协调开采防冲实践及效果评价

7.2.1 区域地质及开采概况

结合义马矿区当前开采状态，最西部的杨村煤矿煤炭资源已开发殆尽不再生产，千秋煤矿的接替工作面布置在井田北部的浅部区域，距离耿村煤矿和跃进煤矿的接替工作面较远（2200 m 和 8400 m），工作面之间受互相开采扰动的可能性极低，对超远距离工作面展开协调开采设计的意义不大。近距离相邻的跃进煤矿 23 采区和常村煤矿 21 采区之间存在相当的未采实体煤，各采区的工作面接替方案多样，每种多工作面布置方式不同导致井间开采互扰强度差别明显，故对该区域工作面协调开采进行设计。

1. 地质概况

1）煤层

跃进—常村井间区域煤层走向 105°～130°，倾向 195°～220°，倾角 10°～13°；平均为 12°。由西至东方向煤层厚度逐渐增大，跃进 23 采区和常村 21 采区平均煤厚分别为 6.7 m 和 7.9 m。

煤层上半部以半亮型块状硬质煤为主，煤质较好。下半部以半暗型煤为主，夹矸多，煤质较差。由西至东方向煤层夹矸增多，夹矸层数由 1～4 层增至 3～8 层，夹矸单层厚度 0.03～1.3 m，夹矸岩性一般为碳质或砂质泥岩，结构简单至中等。

2）顶底板岩层

地层由下至上的岩性如下。

老底为泥岩、细-中砂岩和砾岩，厚度 29.7～36.2 m。泥岩：灰-灰黑色，含黏土质较多，块状结构，含少量根化石及少量滑面。砂岩：灰色，长石、石英细砂岩夹泥岩条带，硅泥质胶结。砾岩：浅灰色。砾石主要成分为浅灰色石英砂岩，泥砂质基底式胶结。

直接底为炭质泥岩，厚度为 4.0～7.9 m，灰黑色，具缓波状层理，局部夹多层薄煤线和粉砂岩条带，松软，遇水易膨胀。

伪顶为泥岩，厚度为 0.05～0.2 m，灰黑色，含碳量高，具滑面，层状结构易脱落。

直接顶为泥岩，厚度为 22～32.6 m，深灰色-灰黑色，致密，块状构造，含植物化石，裂隙和节理较发育。

基本顶为砂砾互层，厚度为 105 m 左右，其中岩性以砾岩为主，夹含薄砂岩。砾岩深灰色，致密，断口平整，发育隐水平层理；砂岩灰色，以石英岩为主，含黏土质，泥质胶结，夹细砂岩条带状裂纹，显示波状及浑浊状层理。

基本顶上方巨厚砾岩层厚度为 350～550 m，砾石成分较杂，以灰色、浅灰色、紫灰色石英砂岩、石英岩为主，含火成岩、石灰岩砾石。砾径大小不均，小者仅数毫米，一般在 3～10 cm，最大可达 27 cm，磨圆度为次圆、次棱角状，砖红色砂泥质胶结物。巨厚砾岩之上直接被第四系松散沉积层覆盖，厚度为 12.8～18.5 m，为土黄色、棕红色黏土、砂质黏土、多含砂姜，底部通常为黏土质砂姜和砾石。

2. 开采概况

跃进煤矿 23 采区和常村煤矿 21 采区深部工作面布置如图 7.15 所示。其中，常村煤矿 21 采区为双翼采区，跃进煤矿 23 采区为单翼采区，其西部煤矿 25 采区已采空，不存在接替工作面，因而未在图中显示。

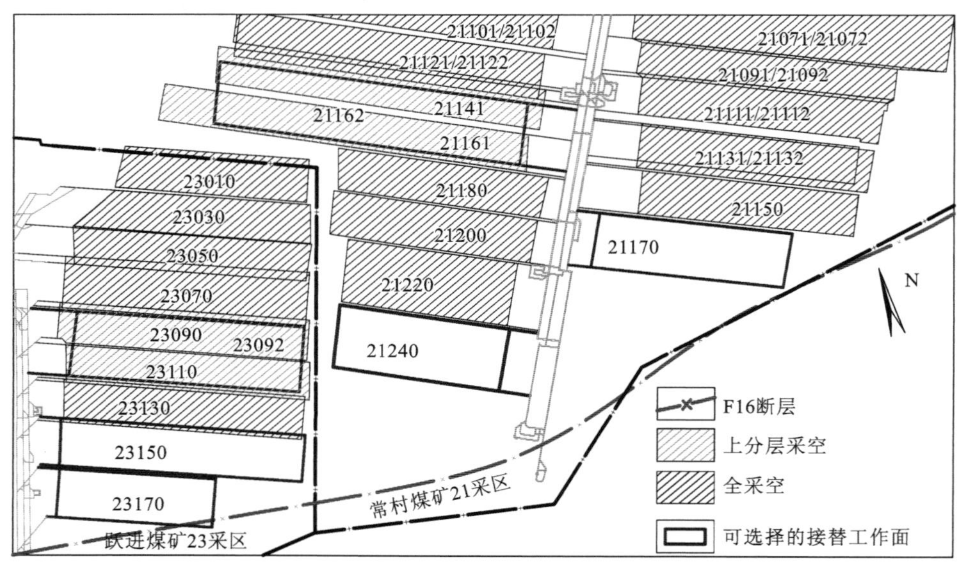

图 7.15 跃进煤矿 23 采区和常村煤矿 21 采区深部工作面布置平面图

23 采区共布置 10 个工作面，23070 工作面回采完毕后，23090 和 23110 工作面下分层 3.7 m 煤层及 23130 工作面南部 6.7 m 实体煤未开采，因此 23 采区 23070 的接替工作面包括下分层 23092 工作面、23150 工作面和 23170 工作面。21 采区共布置 21 个工作面，21220 工作面回采完毕后，21141 和 21161 工作面下分层 4 m 煤层及 21220 和 21150 工作面南部 8 m 实体煤未开采，因此 21 采区 21220 的接替工作面包括下分层 21162 工作面、21240 工作面和 21170 工作面。

跃进—常村井间区域和常村煤矿 21 采区下山区域留设宽度不均的井田边界煤柱和下山保护煤柱，井间区域 23070—21220 煤柱宽度最大为 140 m，北部 23010—21162—21180 拐角煤柱宽度最小为 77 m；下山区域 21162—21132 煤柱宽度最大为 460 m，南部 21170—21200 煤柱宽度最小为 250 m。

7.2.2 区域接替工作面选取

协调的区域开采关系应满足如下要求[1]：符合工作面之间采动影响的制约关系，最大限度地采出煤炭资源；便于灾害预防，保证生产安全可靠；保持开采水平、采区、采煤工作面的正常接续，使矿井持续稳产高产；充分发挥设备能力，提高劳动生产率，实现合理集中生产。

对跃进煤矿和常村煤矿而言，在两矿井生产能力和采区一翼一采煤工作面的政策制约条件下，跃进煤矿 23 采区可布置 1 个回采工作面，常村煤矿 21 采区两翼可分别各布置一个工作面。因此该区域可选的接替工作面为跃进煤矿 23092、23150、23170 工作面，以及常村煤矿 21162、21240 工作面，以下对这 5 个工作面的合理性进行分析。

1. 单一工作面对比

各接替工作面所在区域的煤层厚度、巨厚砾岩厚度和两工作面倾向长度如表 7.4 所示。表 7.4 中，各因素合理取值范围取自数值模拟的对应因素分级结果。由表 7.4 可知，煤层厚度因素中，5 个接替工作面的煤层厚度均满足小于 16 m 的合理取值范围，但由于 23092 和 21162 工作面下分层开采导致煤层厚度较小，可作为优先选取的接替工作面。巨厚砾岩厚度因素中，23 采区中仅 23092 工作面巨厚砾岩厚度小于 517 m，21 采区中仅 21162 和 21240 工作面巨厚砾岩厚度小于 365 m。两工作面倾向长度因素中，所有工作面长度均满足合理范围，但需说明的是，23092 和 21162 工作面的煤层开采厚度小于其余工作面，在满足产量的前提下，导致该两工作面倾向长度较大，片面选取最短工作面作为最优选接替工作面的原则不够合理，因此 5 个工作面均满足条件。综合以上因素，跃进煤矿 23 采区接替工作面应为 23092，常村煤矿 21 采区西翼两工作面均满足条件，但接替面应优先考虑 21162 工作面。

表 7.4　单一工作面对比的接替工作面选取

因素	合理取值范围	跃进煤矿 23 采区			常村煤矿 21 采区	
		23092 工作面	23150 工作面	23170 工作面	21162 工作面	21240 工作面
煤层厚度/m	≤16	3.7	6.7	6.7	4.0	8.0
巨厚砾岩厚度/m	≤517 或≤365	510	580	630	348	363
两工作面倾向长度/m	≤273	266	209	210	266	270
与逆冲断层距离/m	—	754	320	151	1481	560

此外，考虑诱发煤岩体滑移的逆冲断层作用，将工作面与断层的平均距离作为评估危险性的因素之一，其结果见表 7.4。跃进煤矿 23150 工作面距离断层较近，且 23150 工作面掘进期间发生 17 次剧烈的冲击显现，跃进煤矿 23170 工作面距离断层最近，且局部直穿断层，推测断层对其开采的影响显著，因此 23 采区的接替工作面应为 23092 工作面。常村煤矿两工作面与断层距离均超 500 m，21162 工作面距离断层最远，因此 21 采区西翼的接替工作面优先选取 21162 工作面。

单一工作面对比结果：跃进煤矿 23 采区应选取 23092 工作面作为接替面，常村煤矿 21 采区西翼最优选接替工作面为 21162 工作面。

2. 相邻工作面对比

在跃进煤矿 23092 和常村煤矿 21170 工作面已确定开采的前提下，进一步选取常村煤矿 21 采区西翼的 21162 和 21240 工作面其中之一作为接替工作面，该区域两工作面的不同组合方式条件下的煤柱宽度和两工作面垂直错距因素取值情况如表 7.5 所示。煤柱宽度因素中，所有组合方式均满足大于 21 m 的条件，但 23092 与 21162 工作面及 21170 与 21162

工作面之间的煤柱宽度更大，因而将 21162 工作面作为优先选取的工作面。两工作面垂直错距因素中，除 23092—21240 工作面错距未满足合理范围，其余组合方式均满足，因而将 21162 工作面作为优先选取的工作面。

表 7.5　相邻工作面对比的接替工作面选取

因素	合理取值范围	跃进—常村井间相邻工作面		常村煤矿 21 采区两翼相邻工作面	
		23092—21162	23092—21240	21170—21162	21170—21240
煤柱宽度/m	≥21	128	98	367	293
两工作面垂直错距/m	≥248	1 087	117	423	560

依据上述选取结果，分别对 23092、21162 和 21170 工作面进行相应布置并进行开采，平均日推进度均为 0.6 m。23092 工作面与 21162 工作面分别于 2018 年 3 月 18 日和 2018 年 5 月 1 日开始回采，由于煤质原因，两工作面分别于 2019 年 6 月 10 日和 2019 年 9 月 30 日撤出而不再回采，累计回采长度分别为 464.95 m 和 372.53 m。21170 工作面于 2017 年 10 月 18 日开始回采，2020 年 7 月回采完毕。

7.2.3　协调开采效果评价

1. 微震监测实践

1）微震系统布置

微震监测系统井下检波器组成的监测网络就是微震监测台网。台网布置得好坏对微震定位精度影响较大，若台网布置较差，在某些极端条件下，即使波形清晰，也会导致无法定位。因此，微震台网布置需按照以下要求进行。

（1）矿井需要监测的区域须保证至少有 4 个检波器覆盖，最佳状态为 5 个及以上，以确保某一检波器出现干扰过大或故障时，仍能保持对微震事件的监测。

（2）检波器需要尽量包围监测区域，严禁进行一条线布置，建议将检波器在工作面顺槽内采用具有一定错距的菱形布置。当工作面开采至高危区域时在条件允许的情况下，除在顺槽菱形布置检波器，也可在采空区内放置微震探头，实现对工作面的包围。

（3）由于检波器间距过小会导致对远震的监测误差增大，在保证检波器密度的同时，不应将检波器布置得过密。探头的布置间距为 200 m，距工作面最近的探头与工作面的距离为 250 m，在探头距离工作面 50 m 时进行挪移。

（4）检波器应布置在硐室内（充分利用矿井现有硐室，台站布置点周围无硐室时应开挖专用硐室），以减少巷道内人、车经过或作业时对监测分站的影响，硐室大小以满足台站设置为宜。

（5）为了保证监测效果，布置微震探头时，建议首先在坚硬煤岩体上施工混凝土石台，随后将微震探头安装在石台上的锚杆端头构成测站。此外，需要为井下监测分站制作专门的保护罩，保护罩材质为不锈钢，同时在监测分站周围设置防护栏杆，防止其他井下工作进行时对其造成破坏。

（6）测站尽可能接近待测区域，避免较大断层及破碎带的影响，也要尽量远离大型机械和电气干扰。

2）检波器布置位置

跃进煤矿和常村煤矿微震监测分别使用 ARAMIS 和 SOS 微震监测系统，基于上述微震布置原则，同时为了保证三维定位的精度以实现微震台网的立体化，将检波器均匀合理地布置在跃进煤矿 23 采区和常村煤矿 21 采区工作面附近，微震检波器具体布置位置如图 7.16 所示。其中，跃进煤矿 23092 工作面布置 5 个 ARAMIS 微震检波器，位于工作面上巷、下巷和 23 采区下山；常村煤矿 21162 工作面和 21170 工作面分别布置 4 个和 7 个 SOS 微震检波器，位于两工作面上下巷和 21 采区下山。

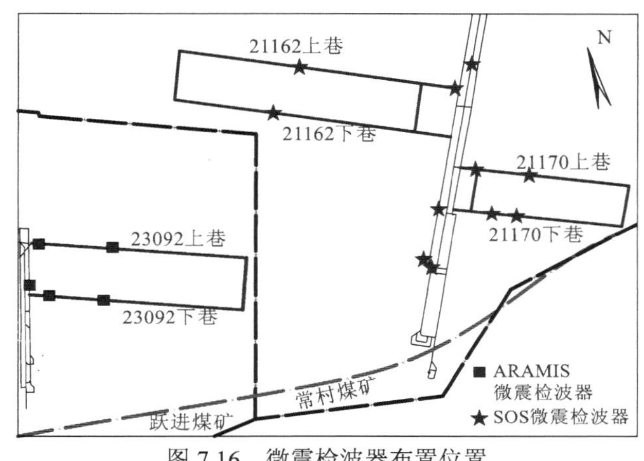

图 7.16　微震检波器布置位置

3）检波器安装过程

为了确保传感器的良好运行，将微震检波器安装在嵌入深于 1.5 m 的与钻孔孔壁胶结的螺栓（锚杆）之上。螺栓（锚杆）嵌入的深度应适当选择，以便紧固在上面的探头不会从钻孔中伸出。在嵌入与固定探头的操作过程中，测桩（锚杆）偏离度应小于 10°，外露长度为 75 mm。为了防止侧边共振的发生，在探头被紧固到螺栓（锚杆）（M20 螺纹）上之前，螺栓（锚杆）与孔壁间的间隙应当用胶结材料进行充填。检波器安装完成后，其外部加固安全罩。

2. 微震数据处理方法

为了使用微震表征区域的应力转移程度，需首先对煤岩震动波速进行测定；基于波速测定结果，使用一定算法对大量微震数据展开筛选，获取应力转移引发的微震事件组；使用一定方法对微震组内的两事件进行处理，得到基于微震的邻面应力转移范围。上述具体过程如下。

1）煤岩震动波速测定

（1）在两工作面顺槽或地表向顶板和底板施工一定深度的钻孔，孔底位于各岩层的中部，在孔底埋设200～2 000 g炸药，记录炸药的空间坐标(a,b,c)。

（2）装药完成时，记录当前所有微震检波器的三维坐标，其中煤层中的微震检波器位置为$(d_1,e_1,f_1),(d_2,e_2,f_2),\cdots,(d_n,e_n,f_n)$。

（3）根据空间坐标距离公式，得出炸药与各微震检波器的距离分别为

$$l_1=\sqrt{(a-d_1)^2+(b-e_1)^2+(c-f_1)^2}，\ l_2=\sqrt{(a-d_2)^2+(b-e_2)^2+(c-f_2)^2}，\ \cdots，$$

$$l_n=\sqrt{(a-d_n)^2+(b-e_n)^2+(c-f_n)^2}$$

（4）人工控制起爆装置，定时引爆炸药产生激发震源，分别在各岩层实施爆破，某岩层的爆破过程中，记录起爆时间t_0，同时记录微震检波器监测得到对应微震事件的到达时刻$t_1,t_2,\cdots,t_n$，激发震源产生的震动波由某处装药位置传播至煤层各微震检波器处的平均波速为$v_1=\dfrac{l_1}{t_1-t_0}$，$v_2=\dfrac{l_2}{t_2-t_0}$，$\cdots$，$v_n=\dfrac{l_n}{t_n-t_0}$，将$v_1\sim v_n$取均值，得到震动波由某岩层传播至煤层的平均波速：$\overline{v_1}=\dfrac{1}{n}\sum_{k=1}^{n}v_k$。

（5）按步骤（4）计算震动波由其余岩层传播至煤层的平均波速：$\overline{v_2},\overline{v_3},\cdots,\overline{v_n}$。

（6）当两工作面监测的微震事件由同一个震源产生时，计算两微震事件震源发震时间间隔的最大值：$\Delta t_{\max}=l_{\max}/v_{\min}$，其中，$l_{\max}$为两检波器的最大距离。

2）应力转移引发微震事件组获取

（1）对区域多工作面同时开采过程中监测到的微震事件信息进行编号记录，包括微震事件三维坐标和发震时间。选取任意两工作面作为工作面组，其中一个工作面微震事件信息分别为$(x_1,y_1,z_1,t_1),(x_2,y_2,z_2,t_2),\cdots,(x_m,y_m,z_m,t_m)$，另一个工作面微震事件信息分别为$(X_1,Y_1,Z_1,T_1),(X_2,Y_2,Z_2,T_2),\cdots,(X_n,Y_n,Z_n,T_n)$。

（2）对于步骤（1）所选的工作面组，从监测的微震事件中各选一个组成微震事件组，计算任意微震事件组内两微震事件的时间间隔$\Delta t=T_n-t_m$，统计各时间段$(\Delta t'_{\max}$, 10 s], (10 s, 20 s], (20 s, 30 s]，$\cdots$，$((n-1)\times10$ s, $n\times10$ s]内的微震事件组数，若在时间段($n\times10$ s, $(n+1)\times10$ s]内无微震事件组，则停止统计，其中，n为大于1的自然数。

（3）对于其他工作面组，按照步骤（2），统计各时间段微震事件组。将所有工作面组内的微震事件组汇总，最终以结构化数据形式呈现。

3）应力转移距离求解

（1）统计引发微震事件组在各个时间段内的组数，分别为：$C_1, C_2, \cdots, C_m, \cdots, C_n$，计算微震事件的总组数：$C=C_1+C_2+\cdots+C_n$。

（2）分别计算前n时间段内微震事件组数占比：

$$P_1=\frac{C_1}{C}，\ P_2=\frac{C_1+C_2}{C}，\ \cdots，\ P_m=\frac{C_1+C_2+\cdots+C_m}{C}，\ \cdots，\ P_n=\frac{C_1+C_2+\cdots+C_n}{C}=1$$

当满足 $P_{m-1} \leqslant 70\%$ 且 $P_m > 70\%$ 时，选取时间段$(\Delta t'_{\max}, m\times 10\ \text{s}]$内所有微震事件组，计算每一微震事件组内两微震事件的平面距离 $l=\sqrt{(X_n-x_m)^2+(Y_n-y_m)^2}$，即为大范围两工作面引发微震事件组的应力转移距离。

3. 对比方案的提出

为了验证协调开采的效果，将跃进—常村井间区域工作面的应力转移特征与耿村煤矿 13230 工作面—千秋煤矿 21221 工作面进行对比，该两井间区域地质因素和开采因素的特征值见表 7.6。其中，两工作面距离因素表示后采工作面回采之时后采面与先采面实体煤煤壁的距离。因此跃进—常村 23092—21162 工作面和 21170—21162 工作面中的两工作面距离为两工作面的切眼距离，耿村—千秋 13230—21121 两工作面距离为 13230 工作面切眼至 21121 工作面停采线的距离。

表 7.6　井间相邻工作面地质和开采因素特征值

因素	23092—21162 工作面	21170—21162 工作面	13230—21121 工作面
煤层厚度/m	3.9	5.4	23.4
巨厚砾岩厚度/m	429	304	424
煤柱宽度/m	156	367	160
两工作面垂直错距/m	1 087	423	0
两工作面距离/m	1 414	2 482	1 380

由表 7.6 可知，煤层厚度方面，13230—21121 工作面最大；巨厚砾岩厚度方面，13230—21121 工作面与 23092—21162 工作面差别不大，但明显高于 21170—21162 工作面；煤柱宽度方面，13230—21121 工作面与 23092—21162 工作面差别不大，但明显低于 21170—21162 工作面；两工作面垂直错距和两工作面距离方面，13230—21121 工作面均最小。基于协调开采的原则，认为 13230—21121 工作面协调开采程度最低，故将跃进—常村井间工作面与 13230—21121 工作面对比，验证协调开采效果。

4. 协调开采效果分析

1）煤岩破裂诱发应力转移

跃进—常村井间区域的 23092—21162 工作面和 21170—21162 工作面组的引发微震事件一定程度上反映了应力转移程度，若应力转移越强，则引发微震事件的次数就越多，且引发的微震事件能量就越高。

依据引发微震事件组选取方法，统计得到三组工作面同时回采期间共发生 58 组引发微震事件。上述三组工作面和 13230—21121 工作面的引发微震事件组数、引发的微震事件平均能量和引发的微震事件最高能量如图 7.17 所示。

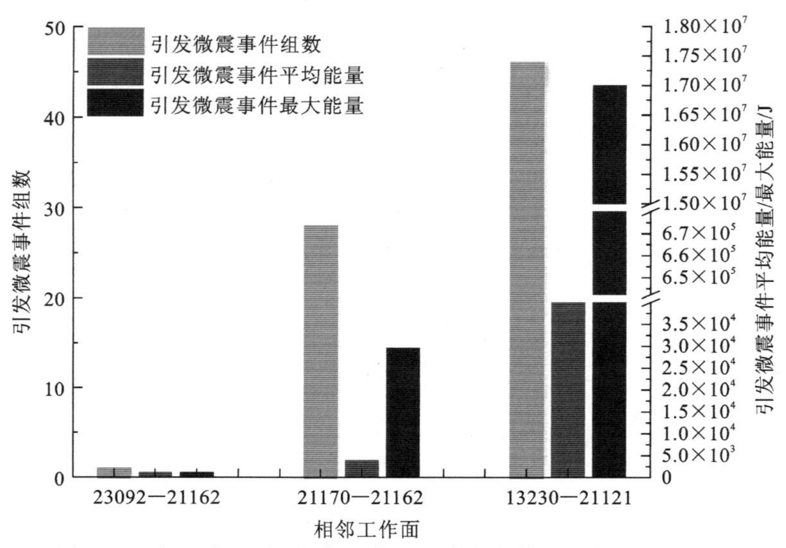

图 7.17 义马矿区不同相邻工作面区域应力转移频度和强度对比

由图可知，跃进—常村井间区域的 23092—21162 和 21170—21162 工作面的引发微震事件组分别为 1 组和 28 组，均明显少于耿村工作面 13230—21121 工作面的引发微震事件组数（46 组）；23092—21162 和 21170—21162 工作面的引发微震事件平均能量分别为 1 100 J 和 3 879 J，低于 13230—21121 工作面的微震能量均值（424 280 J）2 个数量级；23092—21162 和 21170—21162 工作面之间的引发微震事件最大能量分别为 1 100 J 和 29 616 J，低于 13230—21121 工作面的微震最大能量（17 000 000 J）3～4 个数量级。综合上述分析可知，跃进—常村井间区域的 23092—21162 和 21170—21162 工作面应力转移频次和强度明显降低，说明协调开采对应力转移强度及频度弱化的效果较为明显。

2）应力转移范围

（1）引发微震事件平面分布。

3 个工作面同时回采期间发生的 58 组引发微震事件中，位于跃进煤矿 23092 工作面和常村煤矿 21170 和 21162 工作面的微震事件数量分别为 31 个、57 个和 31 个，微震事件平面分布如图 7.18 所示。由图可知，无论 21162 工作面引发其余工作面的“源头”事件还是被其余工作面引发的微震事件，其均未发生于工作面回采区域附近，而是位于其东部的下山煤柱附近。此外，从能量上看，21162 工作面下山煤柱附近的引发微震事件均为“5 次方”以下的低能事件。上述现象原因可能为：21162 工作面埋深浅且为二分层开采，巨厚砾岩厚度和煤层厚度均较小，应力转移程度最低；同时上分层煤采空状态导致东部下山煤柱主要承载覆岩，因此应力转移至东部下山煤柱。微震现象表明，协调开采对弱化 21162 工作面应力转移的效果较好。

（2）应力转移距离。

由前文数值模拟结果可知，应力转移范围（距离）同样一定程度上反映了应力转移程度，二者呈正相关关系。将跃进—常村和耿村—千秋井间区域的应力转移距离展开对比。

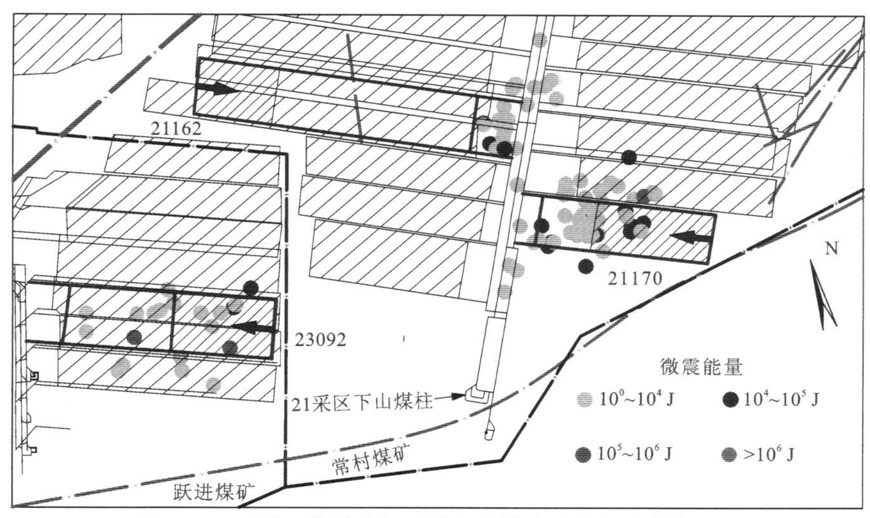

图 7.18 跃进—常村井间区域应力转移引发微震事件分布

依据引发微震事件组的应力转移距离求解方法，得到义马矿区 4 个邻面区域的应力转移距离，如图 7.19 所示。由图可知，跃进—常村井间区域的两组工作面（21170—21162 和 23092—21162）的应力转移平均距离分别为 605 m 和 1 585 m，均少于 13230—21121 工作面的应力转移平均距离（1 968 m）；跃进—常村两组工作面的最大距离分别为 874 m 和 1 585 m，也均明显小于 13230—21121 的应力转移最大距离（2 931 m）。上述现象说明协调开采对应力转移范围弱化的效果较为明显。

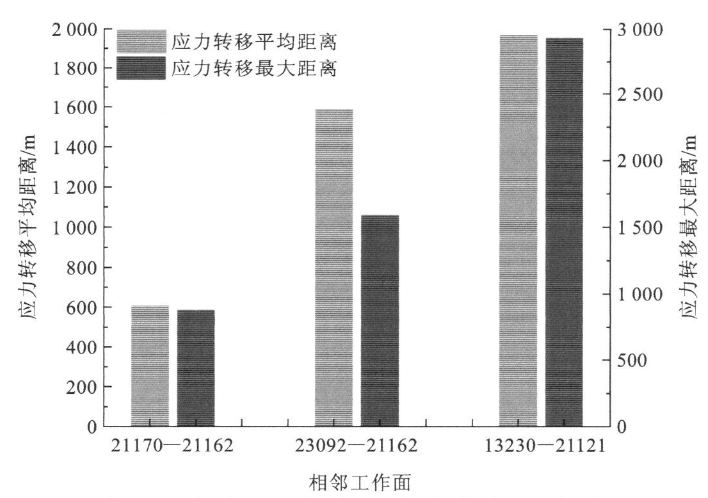

图 7.19 义马矿区不同邻面区域应力转移距离对比

3）冲击诱发应力转移

通过对现场冲击显现记录的统计，23092 和 21162 工作面回采期间均无冲击显现事件，21170 工作面回采期间共发生 12 次冲击显现。各冲击记录的时间及现象情况如表 7.7 所示。由表可知，跃进—常村井间区域仅存在 3 次由 21170 工作面冲击诱发的应力转移现象，且 3 次应力转移均未诱发其余工作面冲击，而仅诱发其余工作面的微震能量释放，该 3 次应力转移事件分别发生于 2017 年 12 月 5 日、2018 年 12 月 3 日和 2019 年 2 月 10 日。因此，从一侧冲击诱发另一侧冲击和微震的事件次数而言，跃进—常村井间区域（0 次和 3 次）均明显少于耿村—千秋井间区域（4 次和 7 次）。此外，从诱发的微震事件平均能量来看，跃进—常村井间区域微震能量（238 529 J）低于耿村—千秋井间区域微震能量（2 172 484 J）1 个数量级。上述现象说明区域工作面经协调开采后，井间应力转移的频次和强度明显降低，应力转移弱化效果明显。

表 7.7　21170 工作面冲击诱发应力转移汇总

日期	21170 工作面		其余工作面		
	时间	现象	时间	微震位置	能量/J
2017 年 10 月 19 日	05:41:00	煤炮，有煤尘	—		
2017 年 12 月 5 日	08:45:46	煤炮，有煤尘和震感	8:55:37	21220	3 586
2018 年 2 月 12 日	07:08:41	有煤尘和震感，4 架抬棚滑移 10 cm	—		
2018 年 2 月 24 日	01:42:35	有煤尘和震感	—		
2018 年 3 月 10 日	08:37:12	有煤尘和震感	—		
2018 年 10 月 21 日	09:55:33	有煤尘和震感，13 架抬棚滑移 10～20 cm	—		
2018 年 12 月 3 日	12:19:56	抬棚下沉 5 cm，14 架滑移 20～40 cm	12:21:10	23092	6.6×10^5
2019 年 2 月 10 日	10:41:56	有煤尘，3 架抬棚滑移 10～25 cm	10:44:03	23092	5.2×10^4
2019 年 5 月 10 日	15:46:58	6 架抬棚滑移 10～50 cm，底鼓 10～20 cm	—		
2019 年 9 月 9 日	09:54:02	有煤尘，11 架抬棚滑移 20～30 cm	—		
2019 年 9 月 24 日	03:21:03	有煤尘，6 架抬棚滑移 20 cm	—		
2020 年 1 月 27 日	16:30:00	有煤尘，抬棚下沉和滑移 20～30 cm	—		

参 考 文 献

[1] 刘国峰. 开采顺序与工作面接替[J]. 煤炭技术, 2008, 27(3): 55-57.

第 8 章　近直立岩柱控制下急倾斜特厚煤层断链增耗防冲实践

8.1 工 程 背 景

乌东煤矿位于新疆乌鲁木齐，受强烈的地质运动作用，乌东煤矿的八道湾向斜南北两翼倾角分别约为 87° 和 45° 。乌东煤矿南采区位于八道湾向斜南翼。乌东煤矿南采区属于近直立特厚煤层组，主采 B_{3+6} 和 B_{1+2} 两个煤层，为满足经济效益需求，采用两工作面交替生产的方式，其中 B_{3+6} 煤层为先采工作面（图 8.1）。B_{1+2} 煤层平均厚度为 37.45 m，B_{3+6} 煤层平均厚度为 48.87 m，两煤层走向长度均为 2 520 m。两煤层组之间为硬厚岩柱，平均厚度为 100 m。

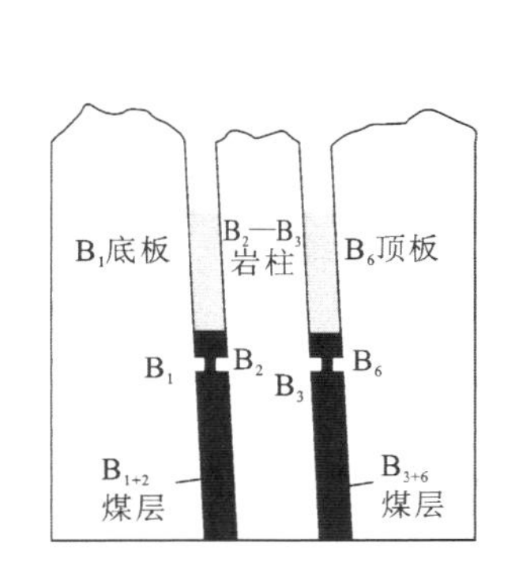

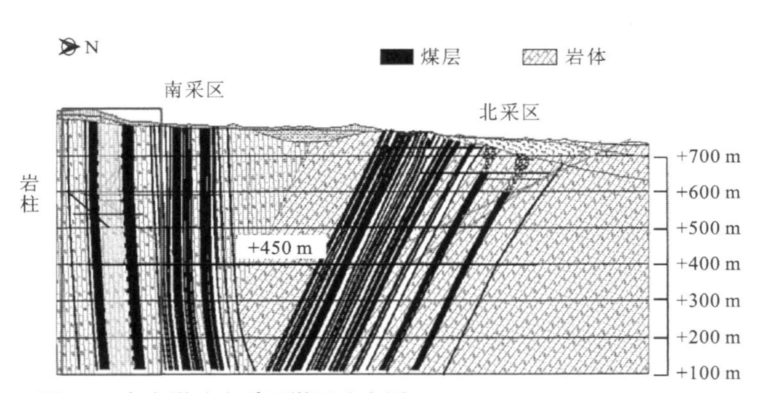

图 8.1　乌东煤矿南采区煤层分布图

8.2 基于反馈控制方法的冲击风险评估

对乌东煤矿三个采区煤层冲击倾向测试结果进行汇总，如附录 D 所示。表中数据测试结果由国家能源集团新疆能源有限公司乌东煤矿提供，测试试验由煤炭科学技术研究院有限公司和天地科技股份有限公司两家单位进行[1-3]。

对乌东煤矿的煤岩试验结果进行标准化处理，结果如附录 D 所示。计算后得到相关系数矩阵，求系数矩阵的特征根和特征向量并确定主成分，如表 8.1 所示。根据表中内容可以发现第一主成分 F_1 和第二主成分 F_2 占总变异的 68.8%，能反映出煤层冲击倾向性情况全部信息的近 70%，因此分析时采用这两个主成分即可满足要求。建立主成分方程为

$$F_1 = 0.703X_1' + 0.575X_2' + 0.694X_3' - 0.421X_4' \tag{8.1}$$

$$F_2 = -0.379X_1' + 0.651X_2' + 0.315X_3' - 0.776X_4' \tag{8.2}$$

式中：X_1'为乌东煤矿煤层试验标准化试验数据。

表 8.1　乌东矿区主成分分析表

主成分	特征向量				特征根	贡献率/%	累积贡献率/%
	D_T/ms	K_E	W_{ET}	R_C/MPa			
F_1	0.47	0.39	0.47	−0.28	1.48	37.07	37.07
F_2	−0.30	0.51	0.25	0.61	1.27	31.73	68.80
F_3	0.67	0.38	−0.79	0.33	0.78	18.97	87.77
F_4	0.66	−0.83	0.51	0.81	0.49	12.23	100.00

经过式（6.4）和式（6.5）的归一化处理后得到目标客观权重$R_1' = \{0.32, 0.29, 0.22, 0.17\}$，结合主观权重代入式(6.6)中得乌东煤矿冲击风险判定的综合权重集为$R' = \{0.38, 0.23, 0.17, 0.21\}$。

1. 乌东煤矿试样综合指标值的计算

乌东煤矿煤样主成分因子得分如附录 E 所示，由于乌东煤矿试样为两个主成分，权重值的函数类似于平面椭圆形式，考虑采用等概率密度椭圆线所对应的概率来表示每个试验组的权重。将因子得分和特征值代入式（6.14）中计算得到主成分和权重分布云图如图 8.2 所示。

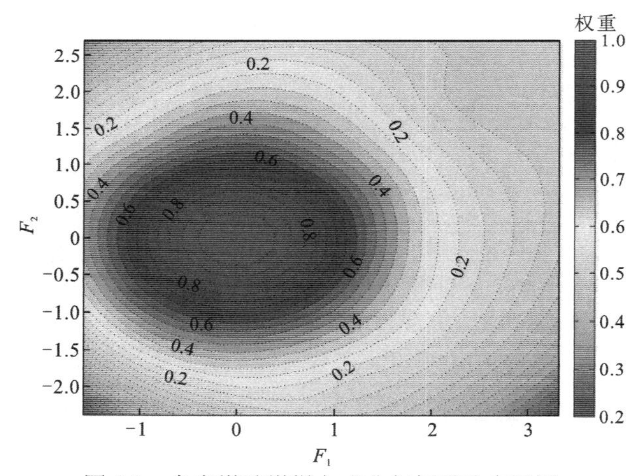

图 8.2　乌东煤矿煤样主成分与权重分布云图

经计算得到乌东煤矿各采区不同采深下的煤样冲击倾向性各指标综合值如表 8.2 所示，并分别对隶属度进行求解。在此基础上，考虑大型地质体的影响系数，将 2.2.3 小节的地应力结果进行拟合，得到乌东煤矿煤层最大水平主应力和垂直应力的变化趋势，如图 8.3 所示。考虑乌东煤矿各采区的硬厚岩柱在垂直方向的厚度变化不大，采用硬厚岩柱平均厚度进行计算。将相关参数代入式（6.9）计算得到大型地质体的影响权重，进行综合评估后发现，与西采区和北采区相比，在 375 m 采深条件下的乌东煤矿南采区冲击风险程度接近高风险，说明在 375 m 采深下的乌东煤矿南采区的煤层冲击危险程度较高，在这一开采水平下的煤层需要重点关注。

表 8.2　乌东煤矿南采区冲击风险综合评估结果

采深/m	综合值				隶属度			大型地质体影响系数	综合评估
	D_T/ms	K_E	W_{ET}	R_C/MPa	无	低	高		
232	213	1.73	3.43	10.01	0.212	0.778	0	0.127	（南）低风险
245	234	1.58	3.94	19.21	0.168	0.662	0.17	0.138	（南）低风险
255	142	1.87	2.86	16.72	0.252	0.578	0.17	0.146	（南）低风险
300	91	2.64	5.21	14.45	0	0.761	0.24	0.173	（南）低风险
375	304	4.10	10.66	20.13	0	0.610	0.39	0.205	（南）近高风险
400	125	1.78	3.82	19.66	0.067	0.763	0.17	0.211	（南）低风险
382	142	1.96	12.41	16.34	0.012	0.598	0.39	—	（西）低风险
300	162	3.29	3.75	24.02	0	0.830	0.17	—	（北）低风险

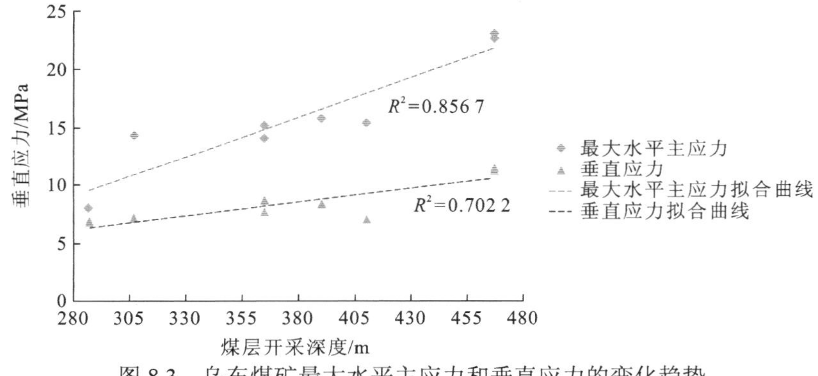

图 8.3　乌东煤矿最大水平主应力和垂直应力的变化趋势

2. 乌东煤矿冲击风险评估的地质动力区划验证

地质动力区划是通过确定区域地质构造形式、构造背景、岩体应力状态等，划分地质冲击地压危险区域，为工程活动提供地质环境信息和预测工程活动可能产生的地质动力效应[4-5]。本小节应用地质动力区划方法对乌东煤矿的冲击风险评估结果进行验证。

新疆地区的地质动力区划断层方位统计结果如图 8.4[6]所示，乌东矿区的 I～V 级断裂区划结果如图 8.5 所示，从图中可以看出，I-1 断裂横穿乌东井田中部，其规模大且影响范围广，因此对乌东井田的地质动力条件具有重要的影响。IV-2 断裂、IV-4 断裂与白杨南沟断裂密切相关，对乌东井田影响很大，IV-1 断裂、IV-3 与地质界碗窑沟断裂密切相关[7]。上述断裂所围的区域是乌东煤矿冲击地压显现的主要区域。

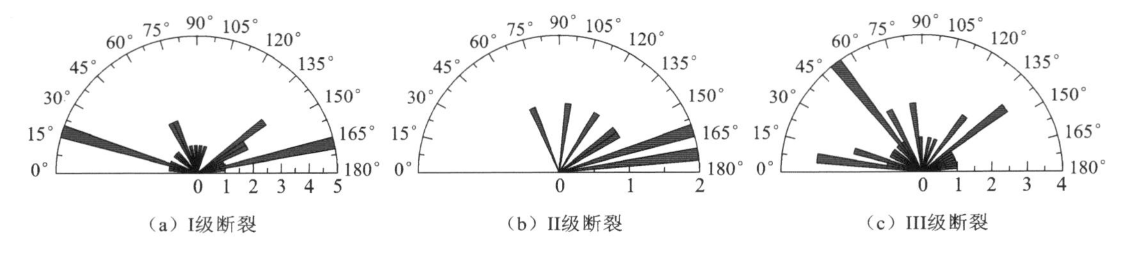

（a）I级断裂　（b）II级断裂　（c）III级断裂

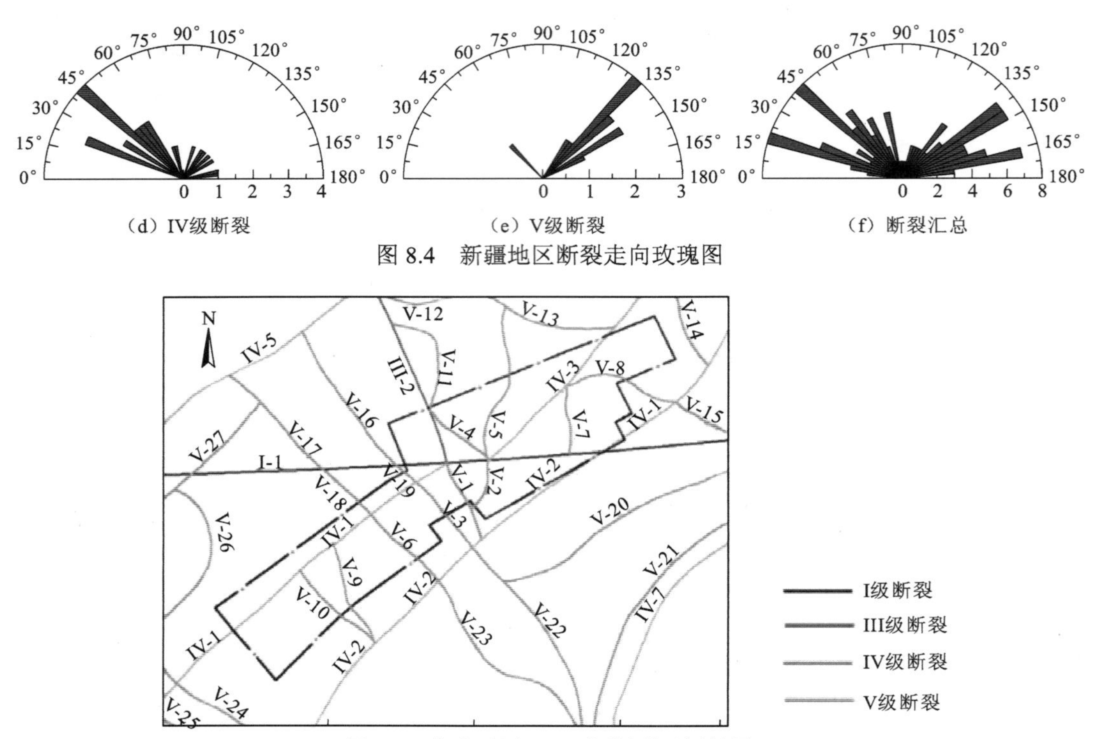

（d）IV级断裂　　（e）V级断裂　　（f）断裂汇总

图 8.4　新疆地区断裂走向玫瑰图

图 8.5　乌东矿区 I～V 级断裂区划结果

当井田边界与活动断裂的直线距离小于断裂影响范围 b 时，表明矿井所在区域处于活动断裂的影响范围之内，具有冲击地压发生的断裂构造条件，即为冲击地压危险区域。b 值的计算方法如式（8.3）[7]所示。其中，断裂活动性依据《岩土工程勘察规范》（GB 50021—2018）[8]进行评价。

$$b = K \cdot 10h \tag{8.3}$$

式中：K 为断裂的活动系数（当断裂活动性强时，$K=3$；当断裂活动性中等时，$K=2$；当断裂活动性弱时，$K=1$）；h 为断裂的垂直落差。

根据统计数据，3 条主要断裂的活动性与影响宽度如表 8.3[7]所示，乌东矿区处于表中所述的断裂构造影响范围内。

表 8.3　乌东煤矿 3 条主要断裂的活动性及影响宽度

断裂名称	断裂走向/（°）	活动方式	活动速率/（mm/a）	历史最大震级	活动性	落差/m	影响宽度/km
I-1（清水河子断裂）	146～169	压扭	1.30（水平）	7.7	强	113	3.4
IV-1、IV-3（碗窑沟断裂）	20～43 49～56	逆冲	0.43（垂直）	6.6	中等	120	2.4
IV-2、IV-4（白杨沟断裂）	31～50 39～49	逆冲兼走滑	0.06（垂直） 0.04（走滑）	4.7	弱	50	0.5

以乌东井田五级断裂区划图（图 8.5）为基础，采用“岩体应力状态分析系统”[9]构建计算模型，模型长 7 km、宽 7 km。基于计算模型进行网格剖分，模型共划分 19 881 个节点和 39 200 个单元，如图 8.6 所示。以乌东煤矿南采区 350 m 采深为例进行地质动力计算。

将相关的断裂信息、岩体力学参数信息（表 8.4）、井田和煤层边界线信息输入模型中，并将375 m采深条件下的地应力值分别投影到坐标轴的X方向和Y方向来进行岩体应力计算。为简化计算，在模型计算过程中近似认为矿区同一开采水平的地应力值及方向相同。需要说明的是，断裂带力学参数的选取原则为 I～III 级断裂带的弹性模量取矿区内岩体参数的1/10，IV～V 级断裂带取矿区内岩体参数的 1/5，其他参数与矿区内岩体取值相同。

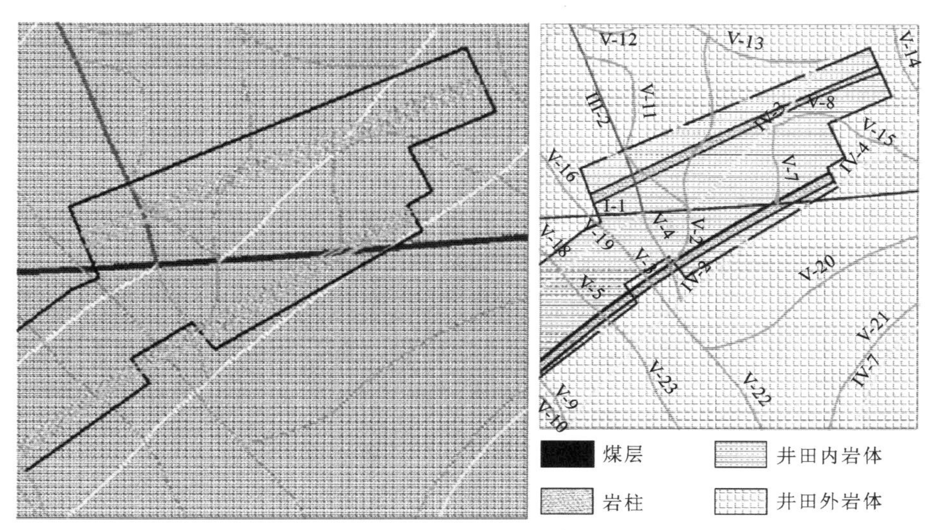

图 8.6　乌东矿区动力计算模型及岩性分布

表 8.4　岩体应力计算参数表

岩性	γ/(kN/m^3)	σ_t /MPa	σ_c /MPa	E/GPa	ν	c/MPa	φ/（°）
煤层	12.52	1.68	17.04	3.09	0.19	11.68	38.57
硬厚岩柱	27.83	4.25	65.82	26.74	0.23	31.17	30.88
矿区内岩体	23.96	4.03	49.01	26.74	0.22	35.44	35.51
矿区外岩体	27.41	4.43	58.79	21.37	0.21	21.46	36.50
I 级～III 级断裂	23.96	4.03	49.01	2.67	0.22	35.44	35.51
IV 级和 V 级断裂	23.96	4.03	49.01	5.35	0.22	35.44	35.51

乌东矿区 375 m 采深（+425 m 水平）位置处的最大主应力等值线如图 8.7（a）所示，可以发现，与西采区和北采区相比乌东煤矿南采区处于高应力区，冲击风险程度更高，更容易发生冲击地压危险。从乌东煤矿南采区冲击地压与构造应力区的关系可以看出，大能量的微震事件与冲击地压有共同的能量源和控制因素，将乌东煤矿南采区 375 m 采深的大能量事件（$>10^6$ J）与构造应力区结合，可以发现高应力区和应力梯度区的大能量事件占比为 81.8%，如图 8.7（b）所示。

综合以上结果可知，地质动力区划计算结果与冲击风险评估结果对比可以发现，冲击风险评估结果是可靠的。本小节采用的椭球密度函数的模糊综合评估指标与地质动力区划方法相比，避免了五级断裂构造划分的烦琐程序，以及地质环境对冲击地压的影响，直接通过煤层物理力学参数对煤层冲击风险程度进行反映，使冲击风险评估过程更加简捷和有效。

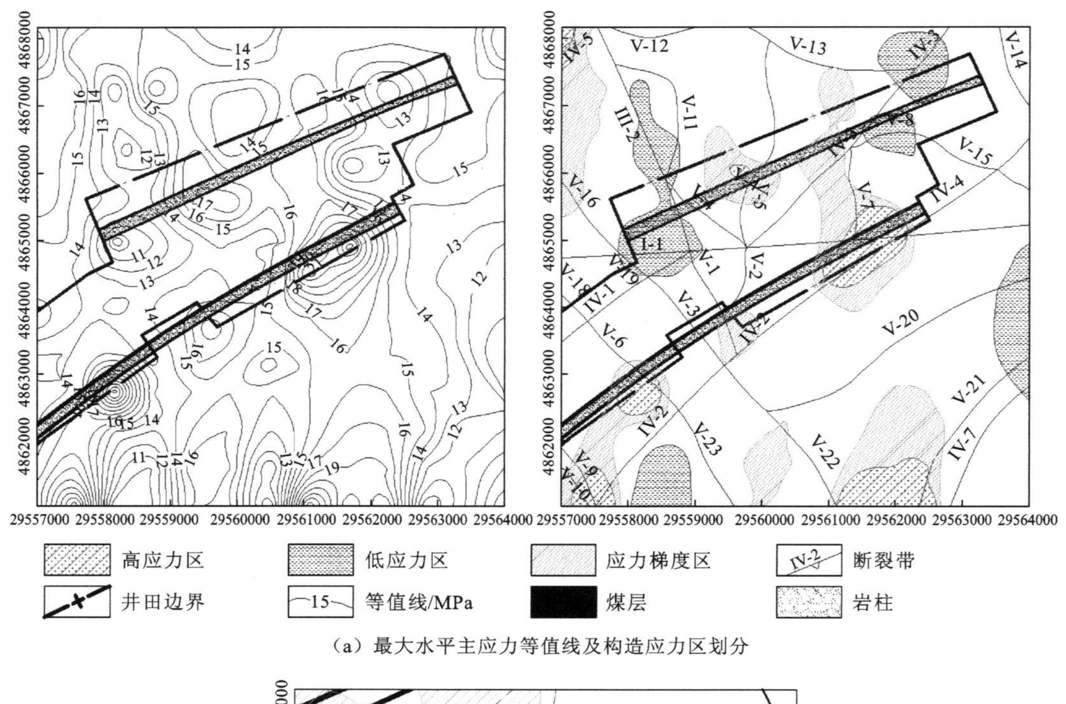

（a）最大水平主应力等值线及构造应力区划分

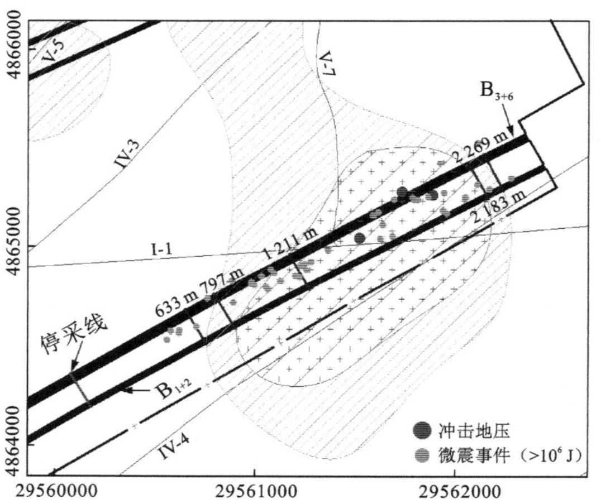

（b）南采区的冲击地压及大能量事件与构造应力区的关系

图 8.7　+425 m 开采水平的乌东煤矿地质动力区划计算结果

8.3　乌东煤矿断链增耗防冲实践及效果评价

采用基于实时微震的均值漂移冲击危险性评估指标对乌东煤矿南采区于 2020 年 10 月 8 日～2020 年 12 月 9 日区间正在回采的 B_{3+6} 煤层进行冲击风险的评估。在煤层回采期间，通过计算分析得到在 10 月 31 日当天的 L_C 突降至 0.03，出现异常降低情况，且微震能量和频次一直保持在一个较高的水平，因此在接下来的几天中须采取措施来避免可能发生的冲击地压。

8.3.1 断链增耗防冲措施参数设计

1. 微震探头布置和漂移半径确定

常规情况下，可以在乌东煤矿 B_{3+6} 煤层回采工作面前方 75 m（B_3）、75 m（B_6）、150 m（B_3）和 150 m（B_6）处布置 4 个微震探头，如图 8.8（a）所示。但由于乌东煤矿地质构造的特殊性，以及南采区冲击风险程度较高，为了提高微震定位精度、减少微震定位误差，根据乌东煤矿水平分段开采特点，采用井上下联合监测的微震探头布置方法。以 B_{3+6} 煤层为例，如图 8.8（b）所示，在回采工作面前方 80 m（B_3）、100 m（B_6）、160 m（B_3）和 200 m（B_6）处布置 4 个微震探头，并在工作面回采后方 50 m（B_2）处布置 1 个微震探头，地面布置 2 个拾震器，拾震器分布在硬厚岩柱中间回采工作面前后 50 m 处，地面拾震器位置与工作面相对位置不发生变化。其中，微震探头的监测范围为 200 m，拾震器的监测范围为 500 m。

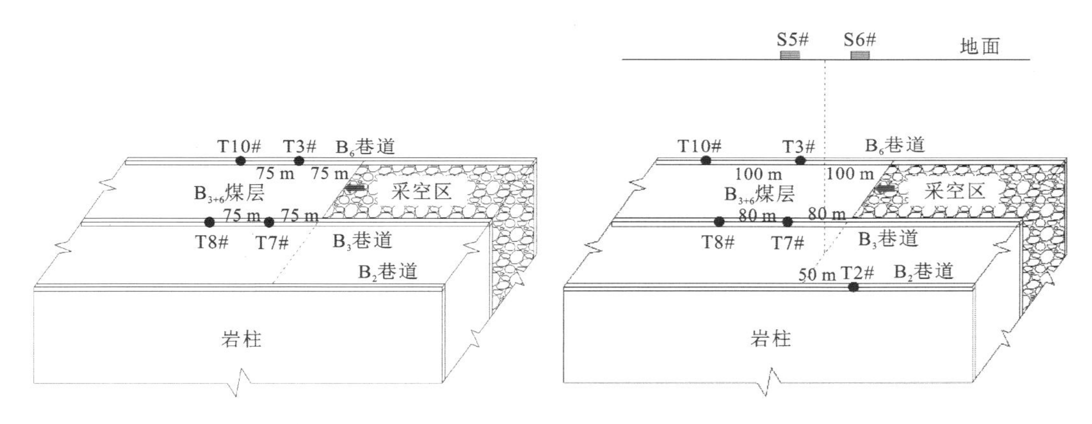

（a）常规微震探头布置方式　　（b）井上下联合监测微震探头布置方式

图 8.8　B_{3+6} 煤层工作面微震探头和拾震器的布置示意图

T 为微震探头，S 为拾震器

由 5.1 节的乌东煤矿煤层微震事件空间分布可知微震事件大多分布在回采工作面前后 200 m 范围内，为了避免统计滑移过程中遗漏个别微震事件导致结果出现错误，采用微震误差分析方法得到工作面前后 200 m 范围内部微震源定位误差分布，如图 8.9 所示。对比两种微震探头布置方式的微震误差发现，井上下联合监测布置方式在研究范围内的最大微震定位误差为 13.83 m，而常规探头布置方式在研究范围内的最大微震定位误差为 23.78 m，表明井上下联合监测微震探头布置方式可以有效降低微震定位误差。由于滑移半径要大于 1/10 的边长，选定的滑移半径为 h=20 m，为研究区域长边的 1/10，可以满足滑移计算要求。

2. 坚硬顶板和硬厚岩柱超前预裂爆破

对坚硬顶板和硬厚岩柱的超前预裂爆破处理可以降低最大水平主应力对工作面影响，在煤层、坚硬顶板和硬厚岩柱之间形成弱化区，降低最大水平主应力的传递，同时释放坚硬顶板和硬厚岩柱中储存的弹性应变能，从而降低冲击地压发生概率。

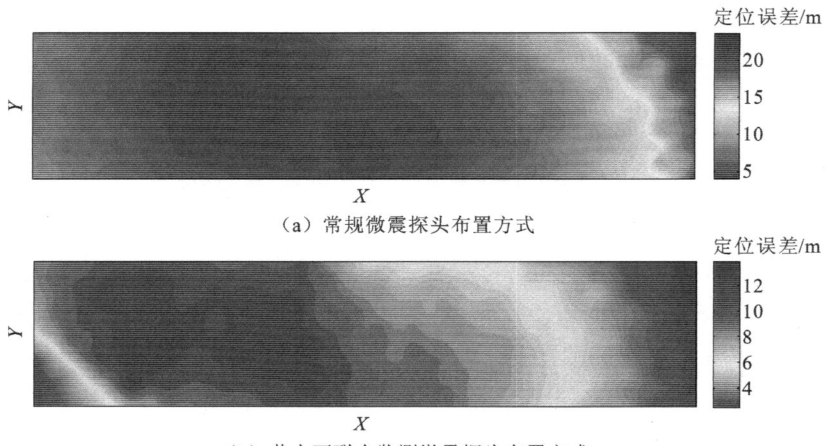

（a）常规微震探头布置方式

（b）井上下联合监测微震探头布置方式

图 8.9　不同探头布置方式的定位误差数值计算结果

为了对正在回采的 B_{3+6} 煤层开展超前预裂爆破措施，采用数值模拟分析不同爆破方案对爆破效果的影响，从而为现场确定预裂爆破措施提供参考。

模拟的思路如下：首先，采用 CASRock 软件动力版本模拟卸压爆破过程，获取爆破孔周围岩体的损伤破坏范围；其次，根据动力分析确定的损伤破坏范围，采用静力的方法模拟卸压爆破的效果，考虑卸压孔的角度、间距等对煤层应力释放的影响。

取水平地应力 $\sigma_H=25$ MPa，垂直地应力 $\sigma_V=15$ MPa，岩体弹性模量 $E=8$ GPa，泊松比 $\nu=0.22$，黏聚力 $c=19.5$ MPa，内摩擦角 $\varphi=38°$，c 和 φ 的极限塑性应变分别为0.002和0.004，质量密度 $\rho=2\,700$ kg/m^3，岩体抗拉强度 $\sigma_t=5.0$ MPa，均质度系数 $m=2.0$，采用拉伸截断莫尔-库仑强度准则和理想塑性模型。爆破峰值 $P_e=450$ MPa，爆破荷载上升时间 $t_r=50$ μs，总时间 $t_s=100$ μs。图 8.10（a）记录了爆破孔周围的岩体破坏度 RFD 的演化过程，RFD=0.8 意味着岩体开始损伤，RFD=2.0 意味着岩体完全失稳，模拟结果较好地反映了爆破后爆破孔周围岩体的损伤破坏过程。图 8.10（b）所示为沿观测线不同时间的 RFD 分布，可以看出，损伤破裂的程度和深度随着时间的推移而不断加强，起爆 450 μs 后，损伤的深度（RFD=0.8）约为钻孔半径的 9 倍，完全失稳的深度（RFD=2.0）约为钻孔半径的 7 倍。通过分析爆破损伤破坏的程度和深度，可以评估卸压爆破的效果。改变爆破参数和力学模型，爆破的程度和范围也将改变。

根据以上动力分析结果，结合前人的研究成果，卸压爆破的损伤范围可设定为孔径的 10 倍，实际的卸压爆破损伤范围可能有所不同，这里是为了定性分析卸压孔的角度对煤层应力释放效果的影响。

将卸压爆破的损伤范围输入静力分析中，即将卸压爆破孔 10 倍孔径范围内视为损伤区，分析卸压爆破后煤层应力（主要是构造应力）的释放效果。设置 4 种卸压爆破方案，研究不同倾角爆破孔径对煤层卸压效果的影响，以现场爆破方案为基础分别对爆破损伤区与水平面的倾角进行分析，如表 8.5 所示。

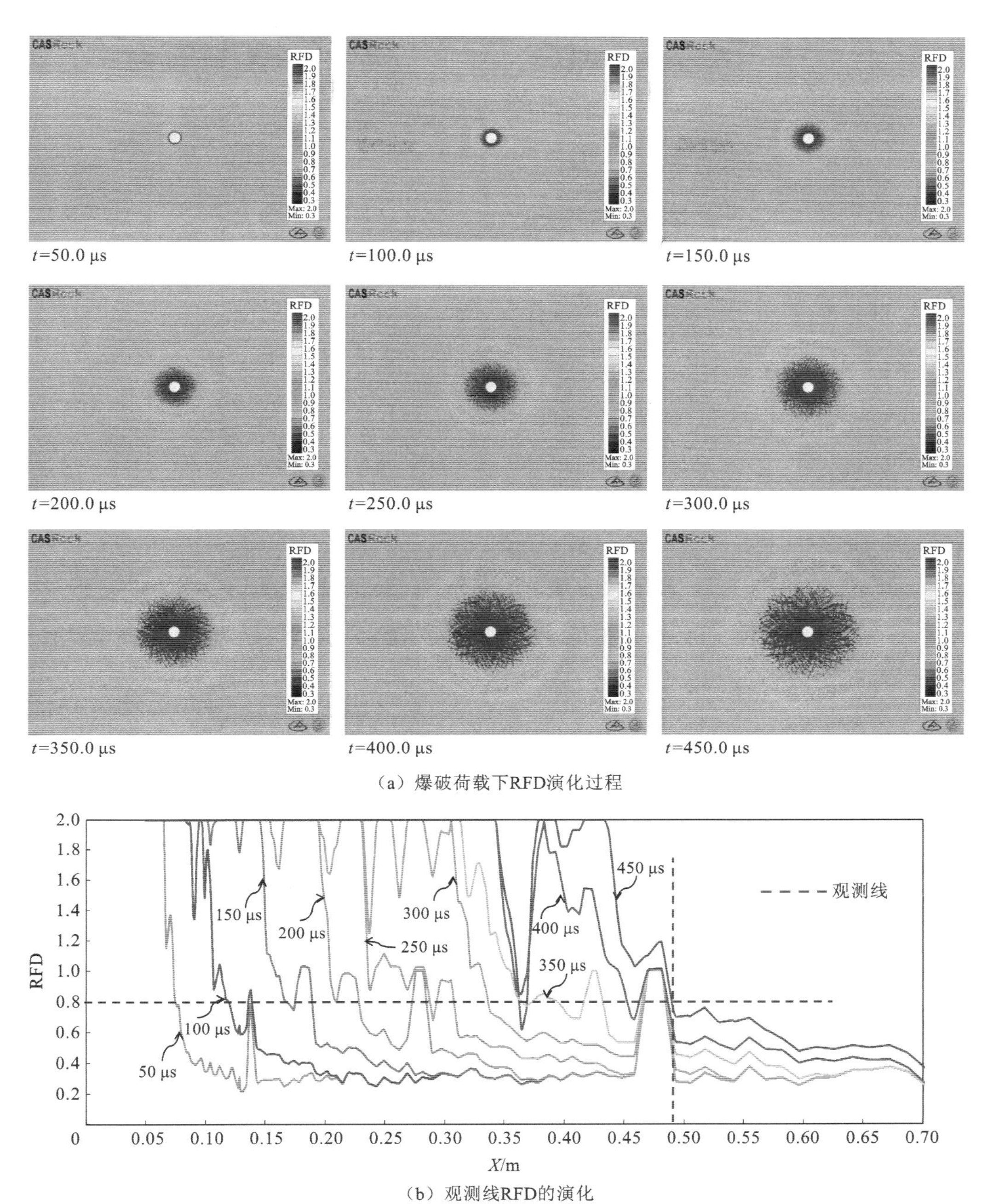

(b) 观测线RFD的演化

图 8.10　CASRock 模拟的卸压爆破结果

表 8.5　不同爆破孔角度方案　（单位：°）

方案	爆破孔三	爆破孔二	爆破孔一
方案一	70	55	35
方案二	60	45	25
方案三	50	35	15
方案四	40	25	5

模型主要由煤层、巷道、岩柱、爆破损伤区组成，其基本力学参数依据室内力学试验确定，如表 8.6 所示。

表 8.6　材料基本力学参数

力学参数	煤层	巷道	爆破损伤区	岩柱
黏聚力 c/MPa	2×10^3	1.58×10^3	6×10^3	6×10^3
内摩擦角 φ/（°）	38	23.8	50	50
抗拉强度 R_m/MPa	4×10^3	1.3×10^3	3×10^3	3×10^3
残余黏聚力 c_r/MPa	1	1	3	3
残余内摩擦角 φ_r/（°）	42	42	48	48
残余抗拉强度 R_r/MPa	1	1×10^{-1}	5	5
弹性模量 E/GPa	13	13	3×10^{-8}	30
泊松比 ν	0.21	0.21	0.23	0.23

图 8.11 的模拟结果显示，在水平构造应力方向上，随着爆破损伤区倾角的逐渐减小应力集中区影响区域也逐渐减小，当爆破损伤区倾角较大时，应力集中区域主要集中在巷道顶底板附近及模型边界区域，与之对应的巷道两帮会出现较小应力区域。且当爆破损伤区倾角越小爆破损伤区水平构造应力越小，直至趋近于零，而爆破损伤区倾角越小应力集中区区域范围也逐渐缩小。

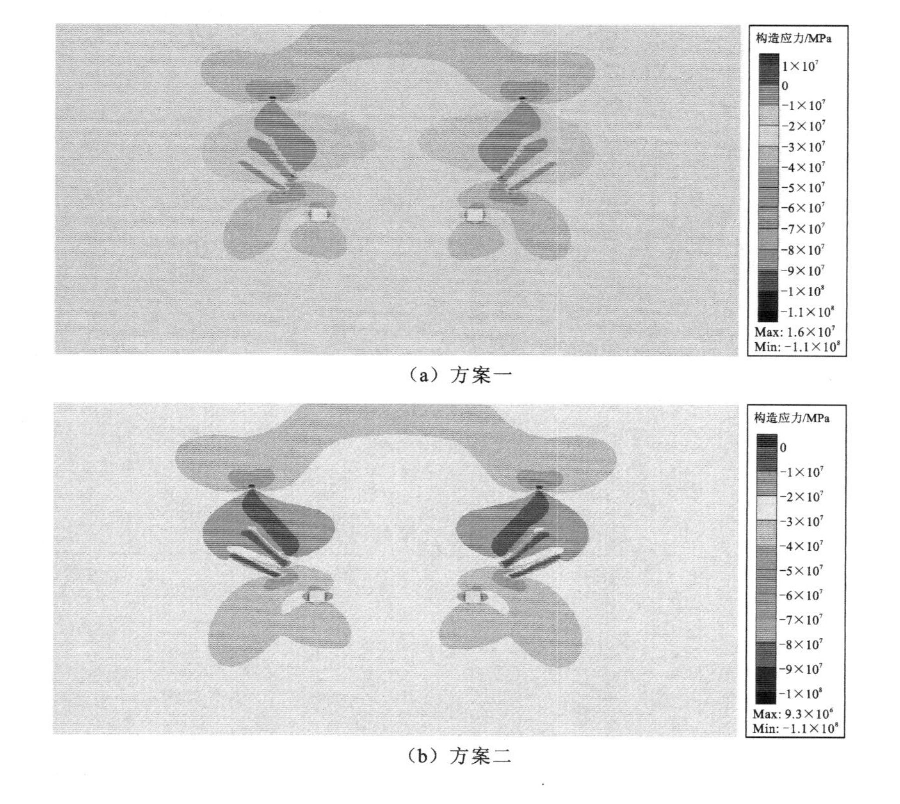

（a）方案一

（b）方案二

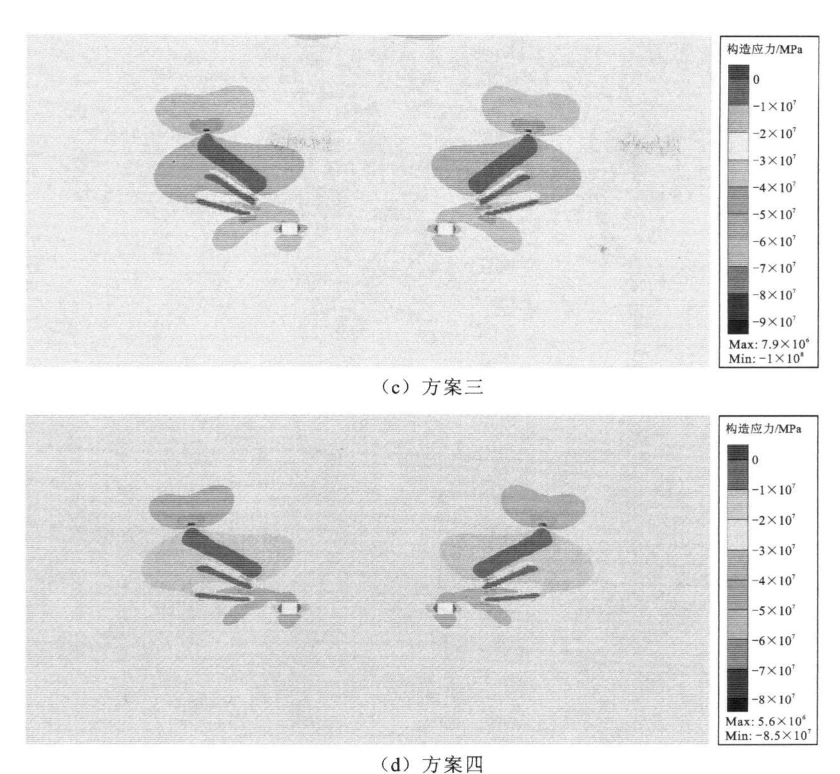

（c）方案三

（d）方案四

图 8.11　不同方案爆破后水平构造应力云图

通过对不同方案煤层水平构造应力进行汇总，可以获得不同方案的爆破孔倾角对煤层水平构造应力卸压效果的影响规律，如图 8.12 所示，结果表明，爆破孔水平倾角越小煤层应力卸压效果越差。

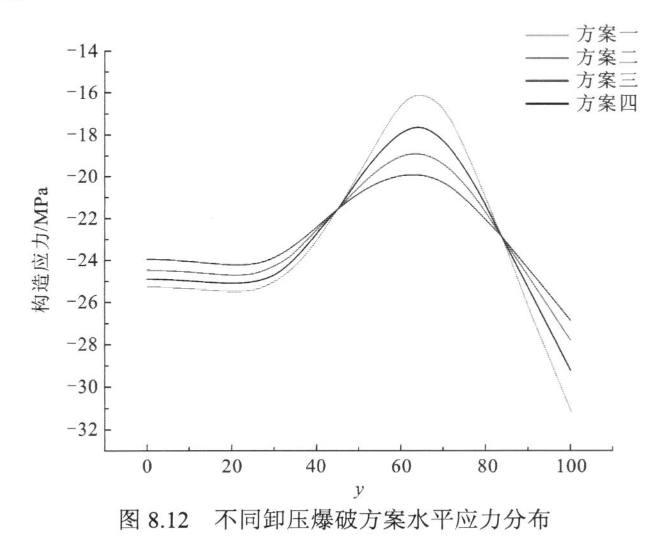

图 8.12　不同卸压爆破方案水平应力分布

基于数值分析的结果，并考虑实际的可操作性，采用方案二可以获得比较理想的煤层卸压效果。对正在回采的 B_{3+6} 煤层开展超前预裂爆破措施，在 B_3、B_6 巷道内进行深孔和浅孔交替布置，每隔 10 m 施工 1 组爆破孔，分别布置为 2 孔/组和 3 孔/组，爆破孔直径为

113 mm。深孔和浅孔的布置方式及具体参数如图 8.13 所示。

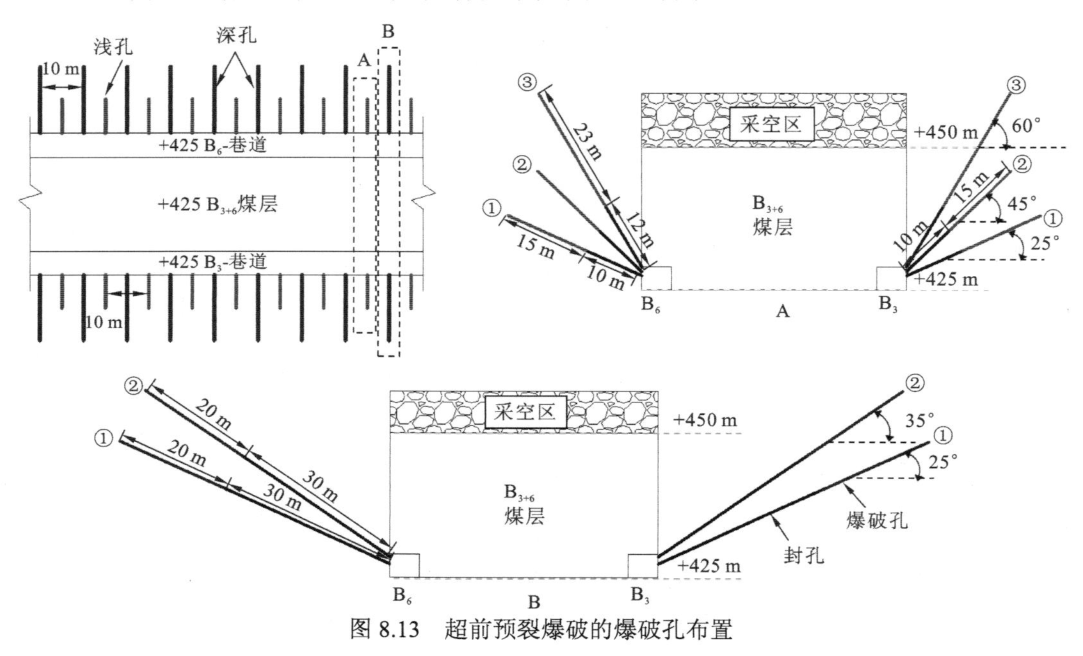

图 8.13　超前预裂爆破的爆破孔布置

8.3.2　断链增耗防冲措施效果评价

2020 年 10 月 8 日～2020 年 12 月 9 日，乌东煤矿 B_{3+6} 煤层工作面位置由 1 700 m 回采至 1 526 m，这段时间内采用基于实时微震均值漂移冲击危险性评估指标 L_C，其变化情况如图 8.14（a）所示。可以发现，乌东煤矿 B_{3+6} 煤层在经过 2020 年 11 月 1 日和 2020 年 11 月 3 日 2 天的断链增耗的防冲措施，2020 年 11 月 4 日～2020 年 12 月 9 日的煤层回采期间 L_C 一直在一个较高的值波动，说明冲击危险性较低，可以进行安全回采。

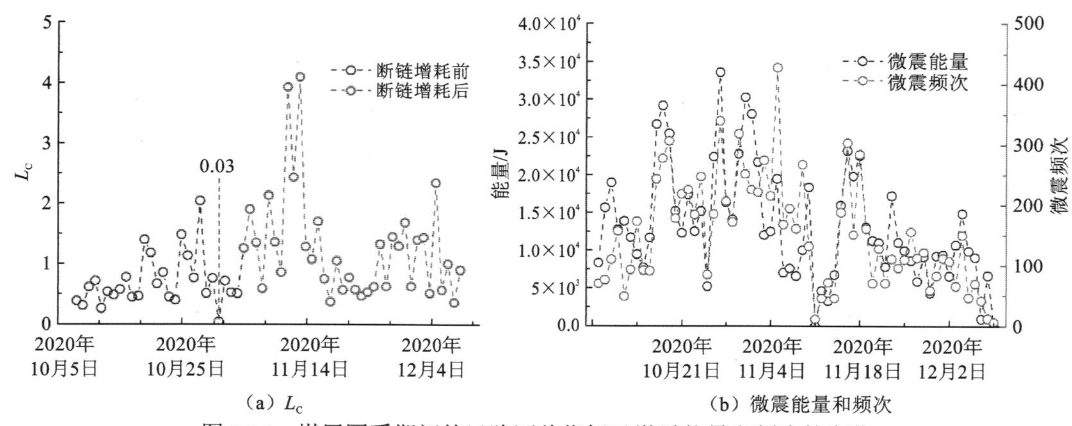

（a）L_C　　（b）微震能量和频次

图 8.14　煤层回采期间的风险评估指标及微震能量和频次的变化

这段时间的微震频次和能量变化情况如图 8.14（b）所示。经计算 L_C，发现 2020 年 10 月 31 日当天 B_{3+6} 煤层回采工作面呈现强冲击风险，在经过断链增耗防冲措施后，微震频次和能量都明显降低，并在之后的一个月内都维持在一个较低的水平，说明断链增耗的防冲措施在乌东煤矿冲击地压防控上效果显著，证明了评估方法和防冲措施的合理性。

参考文献

[1] 煤炭科学技术研究院有限公司. 乌东煤矿 B_{1+2}、B_{3+6} 煤层及其顶底板岩层冲击倾向性鉴定报告[R]. 神华新疆能源有限责任公司, 2017.

[2] 煤科总院北京开采研究所, 天地科技股份有限公司. 大洪沟、小红沟煤矿煤岩层冲击倾向性测定[R]. 神华新疆能源有限责任公司, 2011.

[3] 煤炭科学技术研究院有限公司. 乌东煤矿 43、45 煤层及其顶底板岩层冲击倾向性鉴定报告[R]. 神华新疆能源有限责任公司, 2017.

[4] 陈蓥, 张宏伟, 韩军, 等. 基于地质动力区划的矿井动力环境研究[J]. 世界地质, 2011, 30(4): 690-696.

[5] 张宏伟. 地质动力区划方法在煤与瓦斯突出区域预测中的应用[J]. 岩石力学与工程学报, 2003(4): 621-624.

[6] 辽宁工程技术大学. 神新矿区急倾斜煤层冲击地压的地质动力区划技术报告[R]. 神华新疆能源有限责任公司, 2015.

[7] 张宏伟, 荣海, 陈建强, 等. 基于地质动力区划的近直立特厚煤层冲击地压危险性评价[J]. 煤炭学报, 2015, 40(12): 2755-2762.

[8] 中华人民共和国住房和城乡建设部. 岩土工程勘察安全标准: GB/T 50585—2019[S]. 北京: 中国计划出版社, 2019.

[9] 张春营, 兰天伟, 曹博. 岩体应力状态分析系统在红阳三矿的应用[J]. 煤炭技术, 2008, 166(1): 129-131.

附录 A　应力转移诱发冲击地压动力显现统计

日期	23070 时间	21220 时间	事件
2015/2/2	14:29:41	14:30:05	21220 煤炮
2015/2/9	09:54:27	09:54:53	21220 煤炮
2015/2/11	13:21:15	13:21:26	21220 煤炮
2015/2/25	17:10:55	17:11:13	21220 煤炮
2015/2/26	18:01:08	18:01:13	21220 煤炮
2015/3/31	10:35:42	10:35:28	21220 煤炮
2015/4/8	20:05:00	20:04:59	21220 煤炮
2015/4/9	17:44:37	17:44:19	21220 煤炮、23070 煤炮
2015/4/16	18:08:38	18:08:44	21220 煤炮
2015/4/20	18:43:28	18:43:19	21220 煤炮、23070 煤炮
2015/4/21	18:14:20	18:14:23	21220 煤炮
2015/4/25	05:12:21	05:12:15	21220 煤炮
2015/4/28	08:59:50	08:59:50	21220 煤炮（相同时间）
2015/5/4	03:00:21	03:00:16	23070 煤炮
2015/5/5	20:02:02	20:01:46	21220 煤炮、23070 煤炮
2015/5/13	20:57:14	20:57:02	21220 煤炮
2015/5/24	10:19:28	10:19:04	21220 煤炮
2015/5/24	21:08:44	21:08:19	21220 煤炮
2015/5/27	13:41:27	13:41:33	21220 煤炮、23070 煤炮
2015/5/30	22:22:18	22:22:10	21220 煤炮
2015/6/26	15:35:23	15:35:05	21220 煤炮、23070 煤炮
2015/6/28	03:16:41	03:16:41	21220 煤炮（相同时间）
2015/7/17	05:40:11	05:39:57	23070 煤炮
2015/7/17	05:40:21		21220 煤炮
2015/7/17	13:11:23	13:10:56	21220 煤炮
2015/12/18	03:59:53	03:59:59	23070 煤炮
2015/12/20	08:58:01	08:57:00	23070 煤炮
2016/1/15	00:14:50	00:14:57	23070 煤炮
2016/3/12	16:41:03	16:40:18	21220 煤炮

附录 B　义马矿区煤层力学试验测试数据表

煤矿	采深/m	试验数据				标准化数据				结果
		D_T/ms	K_E	W_{ET}	R_C/MPa	D_T/ms	K_E	W_{ET}	R_C/MPa	
杨村煤矿	205	75	4.19	4.06	20.19	−0.46	−0.28	−0.41	0.69	高
		25	7.41	3.36	14.31	−0.78	0.58	−0.52	−0.37	
		46	3.87	5.35	14.06	−0.65	−0.36	−0.21	−0.42	
		38	2.39	3.81	21.22	−0.70	−0.75	−0.45	0.88	
耿村煤矿	515	188	1.82	1.60	3.00	0.26	−0.90	−0.79	−2.42	低
		157	3.69	4.33	9.90	0.06	−0.41	−0.37	−1.17	
		344	1.92	10.10	20.90	1.25	−0.88	0.52	0.82	
		235	4.57	4.15	8.50	0.56	−0.18	−0.40	−1.42	
	540	201	2.05	4.51	7.68	0.34	−0.84	−0.34	−1.57	低
		179	2.23	4.83	8.21	0.20	−0.80	−0.29	−1.48	
		215	2.21	2.28	9.85	0.43	−0.80	−0.69	−1.18	
	610	125	24.11	17.07	13.51	−0.14	5.00	1.61	−0.52	高
		109	10.17	21.65	17.69	−0.25	1.31	2.32	0.24	
		141	7.75	11.55	16.56	−0.04	0.67	0.75	0.04	
		188	9.61	12.17	14.04	0.26	1.16	0.84	−0.42	
		156	6.46	8.27	16.48	0.05	0.33	0.24	0.02	
		62	4.84	38.31	13.91	−0.55	−0.10	4.90	−0.44	
		63	1.86	7.22	9.74	−0.54	−0.89	0.08	−1.20	
	960	152	6.12	15.11	15.94	0.03	0.24	1.30	−0.08	高
		113	8.25	12.42	15.19	−0.22	0.80	0.88	−0.21	
		228	4.73	13.74	16.89	0.51	−0.13	1.09	0.10	
千秋煤矿	670	16	7.83	2.19	19.20	−0.84	0.69	−0.70	0.51	高
		70	5.68	3.64	25.27	−0.49	0.12	−0.48	1.62	
		14	4.35	5.49	9.60	−0.85	−0.23	−0.19	−1.23	
		22	3.52	4.04	15.66	−0.80	−0.45	−0.42	−0.13	
	684	400	4.81	3.65	14.65	1.61	−0.11	−0.48	−0.31	低
		581	2.96	5.87	19.45	2.77	−0.60	−0.13	0.56	
		8	3.33	3.36	22.07	−0.89	−0.50	−0.52	1.03	
		360	1.39	6.62	18.52	1.36	−1.02	−0.02	0.39	

续表

煤矿	采深/m	试验数据				标准化数据				结果
		D_T/ms	K_E	W_{ET}	R_C/MPa	D_T/ms	K_E	W_{ET}	R_C/MPa	
千秋煤矿	690	66	2.36	2.34	14.56	−0.52	−0.76	−0.68	−0.33	高
		42	3.53	1.06	24.35	−0.67	−0.45	−0.88	1.45	
		7	1.87	1.91	17.94	−0.90	−0.89	−0.75	0.29	
		8	9.68	2.5	23.59	−0.89	1.18	−0.66	1.31	
	704	216	1.68	2.31	11.28	0.44	−0.94	−0.68	−0.92	低
		89	4.48	4.53	13.23	−0.37	−0.20	−0.34	−0.57	
		108	3.25	2.76	12.15	−0.25	−0.53	−0.61	−0.76	
		201	1.47	2.09	7.26	0.34	−1.00	−0.72	−1.65	
		45	1.54	2.12	14.87	−0.65	−0.98	−0.71	−0.27	
		33	9.79	7.06	23.87	−0.73	1.21	0.05	1.36	
		53	5.94	4.01	19.73	−0.60	0.19	−0.42	0.61	
		33	6.50	7.05	18.64	−0.73	0.34	0.05	0.41	
		76	4.36	4.44	14.99	−0.46	−0.23	−0.35	−0.25	低
		35	3.10	9.65	15.83	−0.72	−0.57	0.45	−0.10	
跃进煤矿	810	80	2.27	2.59	14.0	−0.43	−0.79	−0.64	−0.43	低
		285	1.69	3.35	13.31	0.88	−0.94	−0.52	−0.55	
		989	6.29	2.93	11.60	5.37	0.28	−0.59	−0.86	
		95	4.19	3.25	15.22	−0.33	−0.28	−0.54	−0.21	
	850	31	9.1	14.9	30.85	−0.74	1.03	1.27	2.63	高
		140	1.9	3.8	18.97	−0.05	−0.88	−0.45	0.47	
		63	5.9	9.2	21.27	−0.54	0.18	0.38	0.89	
		109	3.4	13.6	24.49	−0.25	−0.49	1.07	1.47	
常村煤矿	560	62	1.42	22.8	11.93	−0.55	−1.01	2.49	−0.80	低
		78	3.25	5.32	9.52	−0.44	−0.53	−0.22	−1.24	
	630	131	12.53	2.261	25.30	−0.11	1.93	−0.69	1.62	高
		154	6.40	2.375	21.86	0.04	0.31	−0.67	1.00	
		184	8.93	2.261	26.55	0.23	0.98	−0.69	1.85	
	700	188	8.8	1.60	13.0	0.26	0.95	−0.79	−0.61	高
		157	5.69	4.33	19.9	0.06	0.12	−0.37	0.64	
		344	10.92	10.10	20.9	1.25	1.51	0.52	0.82	
		235	7.57	4.15	18.5	0.56	0.62	−0.40	0.39	

附录C　义马矿区煤样主成分因子得分

编号	F_1	F_2	F_3	编号	F_1	F_2	F_3
1	0.148	−0.858	0.295	31	0.292	−1.545	0.824
2	0.133	−0.531	−0.126	32	−0.369	−1.399	−0.105
3	−0.292	−0.557	−0.534	33	1.202	−1.041	0.930
4	0.035	−1.260	0.155	34	−1.270	−0.008	−0.037
5	−1.942	0.310	−0.826	35	−0.395	−0.318	−0.330
6	−0.903	0.118	−0.436	36	−0.783	−0.402	−0.272
7	−0.197	0.638	0.538	37	−1.625	0.126	−0.458
8	−1.037	0.626	−0.207	38	−0.722	−1.050	−0.301
9	−1.374	0.335	−0.623	39	1.456	−0.582	0.588
10	−1.252	0.240	−0.672	40	0.380	−0.793	0.306
11	−1.318	0.113	−0.133	41	0.568	−0.543	−0.136
12	2.950	2.415	−0.034	42	−0.247	−0.501	−0.212
13	1.685	1.294	−1.177	43	0.011	−0.447	−0.902
14	0.641	0.536	−0.314	44	−0.725	−0.738	−0.253
15	0.642	1.107	−0.310	45	−1.151	0.275	0.292
16	0.250	0.253	−0.027	46	−1.828	4.025	3.010
17	1.652	2.138	−3.780	47	−0.348	−0.531	−0.014
18	−0.852	−0.242	−1.212	48	2.393	−0.461	0.383
19	0.549	0.763	−0.814	49	−0.387	−0.689	0.273
20	0.688	0.594	−0.594	50	0.779	−0.443	−0.047
21	0.240	0.844	−0.416	51	0.882	−0.287	−0.213
22	0.550	−0.919	0.447	52	0.149	0.783	−2.631
23	0.762	−1.093	0.901	53	−0.812	−0.190	−0.885
24	−0.543	−0.391	−1.042	54	1.522	−0.350	1.757
25	−0.240	−0.894	−0.362	55	0.367	−0.534	1.063
26	−0.782	1.015	1.021	56	1.051	−0.472	1.802
27	−0.797	1.597	1.751	57	−0.150	0.291	0.611
28	0.257	−1.409	0.241	58	0.210	−0.312	0.641
29	−0.691	0.544	0.689	59	1.029	1.380	1.189
30	−0.657	−0.848	−0.218	60	0.213	0.278	0.942

附录 D 乌东煤矿煤层冲击倾向测试数据表

采区	采深/m	试验数据				标准化数据				结果
		D_T/ms	K_E	W_{ET}	R_C/MPa	D_T/ms	K_E	W_{ET}	R_C/MPa	
南采区	232	180	2.23	2.43	7.43	−0.12	−0.23	−0.86	−1.46	低
		65	2.24	1.79	10.36	−1.02	−0.22	−1.00	−1.06	
		455	0.97	2.43	10.86	2.02	−0.80	−0.86	−0.99	
		298	1.96	1.85	11.75	0.80	−0.35	−0.98	−0.87	
		184	1.10	7.26	10.96	−0.09	−0.74	0.14	−0.98	
		68	0.79	3.26	12.38	−0.99	−0.88	−0.69	−0.79	
		483	2.24	4.84	6.06	2.24	−0.22	−0.36	−1.65	
		296	2.42	3.73	8.53	0.78	−0.14	−0.59	−1.31	
		327	1.73	2.95	7.93	1.02	−0.45	−0.76	−1.40	
	245	311	1.46	5.67	17.41	0.90	−0.58	−0.19	−0.10	低
		154	1.32	2.69	21.72	−0.32	−0.64	−0.81	0.50	
		569	1.40	6.56	33.9	2.91	−0.60	0.00	2.17	
		134	1.65	3.86	15.21	−0.48	−0.49	−0.57	−0.40	
		213	1.92	3.91	15.23	0.14	−0.37	−0.56	−0.39	
		116	1.83	2.44	14.72	−0.62	−0.41	−0.86	−0.46	
		156	1.49	2.56	20.30	−0.31	−0.56	−0.84	0.30	
		158	1.60	3.18	13.06	−0.29	−0.51	−0.71	−0.69	
	255	11	1.50	3.48	16.17	−1.44	−0.56	−0.64	−0.27	低
		79	2.30	4.74	22.74	−0.91	−0.20	−0.38	0.64	
		53	3.17	2.82	19.70	−1.11	0.19	−0.78	0.22	
		67	1.53	5.15	18.53	−1.00	−0.54	−0.30	0.06	
		82	2.13	2.64	21.63	−0.88	−0.27	−0.82	0.48	
		297	1.10	1.86	16.93	0.79	−0.74	−0.98	−0.16	
		350	0.78	0.38	12.63	1.20	−0.88	−1.29	−0.75	
		264	2.17	1.83	10.47	0.53	−0.26	−0.99	−1.05	
		185	1.66	1.53	14.82	−0.08	−0.49	−1.05	−0.45	
	300	140	2.08	5.86	11.87	−0.43	−0.30	−0.15	−0.86	高
		83	2.17	8.63	25.53	−0.88	−0.26	0.43	1.02	
		46	3.59	1.80	8.34	−1.16	0.38	−0.99	−1.34	

续表

采区	采深/m	试验数据				标准化数据				结果
		D_T/ms	K_E	W_{ET}	R_C/MPa	D_T/ms	K_E	W_{ET}	R_C/MPa	
南采区	375	424	9.81	18.20	16.12	1.78	3.17	2.42	−0.27	高
		416	10.70	14.50	19.36	1.72	3.57	1.65	0.17	
		304	13.47	17.15	17.72	0.85	4.82	2.20	−0.05	
		336	4.45	10.28	13.60	1.09	0.77	0.77	−0.62	
		287	3.15	18.90	11.81	0.71	0.18	2.56	−0.86	
		291	3.64	16.24	12.80	0.74	0.40	2.01	−0.73	
		278	4.56	6.84	24.53	0.64	0.82	0.05	0.88	
		340	4.33	9.00	26.22	1.13	0.71	0.50	1.11	
		288	3.63	9.63	22.57	0.72	0.40	0.63	0.61	
	400	527	0.42	7.82	6.32	2.58	−1.04	0.26	−1.62	低
		523	1.50	2.84	7.07	2.55	−0.56	−0.78	−1.51	
		91	1.41	4.95	2.53	−0.81	−0.60	−0.34	−2.14	
		389	0.50	3.93	9.46	1.51	−1.01	−0.55	−1.19	
		425	0.70	3.64	3.65	1.79	−0.92	−0.61	−1.98	
		35	2.28	3.18	32.84	−1.25	−0.21	−0.71	2.02	
		21	1.68	2.64	23.75	−1.36	−0.48	−0.82	0.77	
		14	2.85	4.75	30.57	−1.41	0.05	−0.38	1.71	
		37	2.48	2.73	25.76	−1.23	−0.12	−0.80	1.05	
		58	1.96	4.85	33.84	−1.07	−0.35	−0.36	2.16	
西采区	382	128	3.62	12.73	17.14	−0.52	0.39	1.28	−0.13	高
		108	2.15	12.22	17.97	−0.68	−0.27	1.17	−0.02	
		88	2.04	10.12	16.93	−0.84	−0.31	0.74	−0.16	
		124	1.44	11.92	14.43	−0.56	−0.58	1.11	−0.50	
		182	1.24	10.83	12.81	−0.10	−0.67	0.88	−0.73	
		126	1.14	12.30	13.96	−0.54	−0.72	1.19	−0.57	
		112	0.57	14.52	20.57	−0.65	−0.97	1.65	0.34	
		106	0.66	15.96	18.66	−0.70	−0.93	1.95	0.08	
		92	1.27	12.09	17.85	−0.81	−0.66	1.14	−0.04	
		336	1.63	16.31	12.34	1.09	−0.50	2.02	−0.79	
		256	1.78	15.08	13.30	0.47	−0.43	1.77	−0.66	

续表

采区	采深/m	试验数据				标准化数据				结果
		D_T/ms	K_E	W_{ET}	R_C/MPa	D_T/ms	K_E	W_{ET}	R_C/MPa	
西采区	382	220	2.32	11.25	13.58	0.19	−0.19	0.97	−0.62	高
		169	2.02	8.38	17.63	−0.21	−0.32	0.37	−0.07	
		148	2.41	11.94	15.34	−0.37	−0.15	1.11	−0.38	
		160	2.61	8.31	15.92	−0.28	−0.06	0.36	−0.30	
		100	3.36	13.77	15.40	−0.74	0.28	1.49	−0.37	
		142	3.14	15.81	18.07	−0.42	0.18	1.92	0.00	
		97	2.66	14.77	19.30	−0.77	−0.04	1.70	0.16	
北采区	300	96	3.80	2.86	30.42	−0.77	0.48	−0.77	1.69	低
		72	4.08	3.98	27.64	−0.96	0.60	−0.54	1.31	
		108	3.09	4.07	31.84	−0.68	0.16	−0.52	1.88	
		84	3.26	3.52	24.99	−0.87	0.23	−0.64	0.94	
		109	3.60	2.36	19.81	−0.67	0.39	−0.88	0.23	
		90	2.93	4.42	22.61	−0.82	0.09	−0.45	0.62	
		172	4.30	4.82	26.09	−0.18	0.70	−0.37	1.10	
		184	4.33	3.48	19.76	−0.09	0.71	−0.64	0.23	
		184	3.68	4.48	22.57	−0.09	0.42	−0.44	0.61	
		156	2.64	3.15	28.42	−0.31	−0.05	−0.71	1.41	
		232	2.82	2.82	29.53	0.28	0.04	−0.78	1.57	
		252	1.77	4.19	32.25	0.44	−0.44	−0.50	1.94	
		124	1.98	3.02	25.17	−0.56	−0.34	−0.74	0.97	
		156	2.02	2.87	22.58	−0.31	−0.32	−0.77	0.61	
		100	2.32	2.75	24.40	−0.74	−0.19	−0.80	0.86	
		208	2.23	4.69	18.09	0.10	−0.23	−0.39	−0.01	
		101	2.51	4.51	26.17	−0.74	−0.10	−0.43	1.11	
		252	1.73	3.81	24.40	0.44	−0.45	−0.58	0.86	
		157	5.69	4.33	19.9	−0.30	1.32	−0.47	0.25	
		344	10.92	10.10	20.9	1.16	3.67	0.73	0.38	
		235	7.57	4.15	18.5	0.31	2.17	−0.51	0.05	

附录 E　乌东煤矿煤样主成分因子得分

编号	F_1	F_2	编号	F_1	F_2	编号	F_1	F_2
1	−0.133	−1.196	31	3.284	1.524	61	0.649	−0.295
2	−0.732	−0.711	32	2.923	1.830	62	−0.029	−0.051
3	0.526	−1.839	33	3.315	2.727	63	0.398	0.078
4	0.029	−1.199	34	1.352	−0.125	64	0.100	−0.042
5	0.017	−0.918	35	1.855	−0.016	65	0.562	0.508
6	−0.910	−0.805	36	1.657	0.034	66	0.773	0.690
7	1.273	−1.893	37	0.396	0.781	67	0.374	0.734
8	0.411	−1.263	38	0.729	0.837	68	−1.025	1.323
9	0.352	−1.585	39	0.619	0.522	69	−0.847	1.266
10	0.141	−0.670	40	1.398	−2.239	70	−1.042	1.313
11	−0.921	−0.126	41	1.057	−2.175	71	−0.887	0.803
12	0.524	0.149	42	−0.168	−1.460	72	−0.646	0.326
13	−0.569	−0.492	43	0.402	−1.834	73	−0.742	0.558
14	−0.226	−0.610	44	0.768	−2.377	74	−0.298	0.996
15	−0.723	−0.523	45	−1.578	1.336	75	−0.132	0.372
16	−0.841	−0.218	46	−1.432	0.436	76	−0.257	0.511
17	−0.471	−0.776	47	−1.315	1.406	77	−0.900	0.762
18	−1.122	−0.178	48	−1.303	0.757	78	−0.664	0.702
19	−0.866	0.467	49	−1.426	1.379	79	−0.746	0.714
20	−0.879	0.372	50	0.541	0.595	80	−1.019	0.404
21	−0.840	−0.016	51	0.129	0.348	81	−0.807	0.112
22	−1.046	0.219	52	−0.127	0.173	82	−1.044	0.460
23	−0.261	−1.214	53	0.174	−0.167	83	−0.223	−0.253
24	−0.326	−0.957	54	0.309	−0.542	84	−0.905	0.741
25	−0.163	−1.594	55	0.183	−0.261	85	−0.484	0.023
26	−0.012	−1.180	56	−0.009	0.312	86	0.083	0.804
27	−0.591	−0.762	57	0.200	0.261	87	2.207	1.952
28	−0.146	−0.586	58	−0.091	0.166	88	0.735	0.926
29	−0.604	0.863	59	1.497	−0.569			
30	−0.487	−0.525	60	1.071	−0.330			